WAJUEJI KATE
DIANPEN CHAIYOUJI
GOUZAO YU CHAIZHUANG WEIXIU

挖掘机卡特
电喷柴油机
构造与拆装维修

李波 主编

化学工业出版社

·北京·

本书全面介绍了工程机械卡特电喷柴油机系统的结构组成、工作原理和工作过程，重点介绍了电喷柴油机控制系统的拆装维修工艺、使用维护及故障诊断与排除。书中采用了大量的图片，结合实际工作中出现的问题给出了故障诊断的方法、故障诊断的程序，帮助挖掘机维修、保养技术人员快速、准确地排除故障。

本书资料新颖，内容翔实，图文并用，便于实际现场对照查阅，可供工程机械维修技术人员，特别是挖掘机维修技术人员、售后服务人员使用和参考。

图书在版编目（CIP）数据

挖掘机卡特电喷柴油机构造与拆装维修/李波主编. —北京：化学工业出版社，2012.2

ISBN 978-7-122-13234-5

Ⅰ.①挖…　Ⅱ.①李…　Ⅲ.①挖掘机-电子控制-柴油机-构造②挖掘机-电子控制-柴油机-维修　Ⅳ.①TU621

中国版本图书馆 CIP 数据核字（2012）第 004219 号

责任编辑：张兴辉　　　　　　　　　　　文字编辑：闫　敏
责任校对：边　涛　　　　　　　　　　　装帧设计：王晓宇

出版发行：化学工业出版社（北京市东城区青年湖南街 13 号　邮政编码 100011）
印　　装：三河市延风印装厂
787mm×1092mm　1/16　印张 20¼　字数 502 千字　2012 年 9 月北京第 1 版第 1 次印刷

购书咨询：010-64518888（传真：010-64519686）　售后服务：010-64518899
网　　址：http://www.cip.com.cn
凡购买本书，如有缺损质量问题，本社销售中心负责调换。

定　　价：79.00 元

前　言

当前，随着我国国民经济的快速发展，工程机械行业的技术水平有了较大提高，挖掘机也得到了飞快的发展。挖掘机由原来的全进口到目前的基本国产化，由原来的个别品牌到现在的多品牌、多种类、多型号，挖掘机的性能也由开始的机、液化，发展为机、液、电一体化高科技产品。

目前，挖掘机机、液、电一体化技术的发展，对挖掘机的使用、维护与修理提出了更高的要求，特别是电子控制已广泛应用于挖掘机的主要系统。挖掘机的源动力系统——电控柴油机的应用，使挖掘机的结构、效能、使用寿命等有了较大的提高，对挖掘机降低消耗、减少环境污染起到了关键作用。电控发动机的应用无疑对维修人员提出了一个新的挑战。维修人员唯有不断地巩固和拓展知识，才能适应现代挖掘机维修的需要。

为了帮助维修人员更快、更好地掌握这一技术，我们编写了《挖掘机卡特电喷柴油机构造与拆装维修》一书。本书讲述了卡特电喷柴油机在挖掘机上的配置应用，主要帮助读者全面了解挖掘机电喷柴油机系统的发展过程，具体讲述了卡特电喷柴油机系统的结构组成、工作原理和工作过程，有重点地介绍了电喷柴油机控制系统的维护、维修及故障诊断与排除。为了读者平时维修的方便性和可查性，书中采用了大量的图片，结合实际工作中出现的问题，给出了故障诊断的方法、故障诊断的程序，帮助挖掘机维修、保养技术人员快速、准确地排除故障。

本书由李波主编，李文强、李秋、朱永杰、徐文秀、马志梅等人参与编写。

由于编者水平有限，在编写过程中难免出现不足与纰漏之处，恳请广大读者批评指正。

编　者

目　录

第1章 电控柴油机类型

1.1 电控柴油机的发展阶段及特点

1.1.1 柴油机的发展

（1）柴油机电控技术的 3 个发展阶段

柴油机电控技术是在解决能源危机和排放污染两大难题的背景下，在飞速发展的电子技术控制平台上发展起来的。汽油机电控技术的发展为柴油机电控技术的发展提供了宝贵经验。

具体说来，柴油机电控技术发展大致分为 3 个阶段：位置控制、时间控制、时间-压力控制（压力控制），如表 1-1 所示。

表 1-1 柴油机电控技术的 3 个发展阶段

第一代	位置控制	常规压力电控喷油系统	喷油泵-高压管-喷油嘴系统
第二代	时间控制	高压电磁阀直接控制高压燃油的喷射	喷油泵-高压管-喷油嘴系统
第三代	时间-压力控制(压力控制)	高压电控喷油系统	电子控制共轨器

第一代柴油机电控燃油喷射系统即为常规压力电控喷油系统，其特点是结构不需要改动、生产继承性好、便于对现有柴油机进行升级换代，但缺点是系统响应慢、控制频率低、控制自由度小、控制精度不高、喷油压力无法独立控制。

第二代电控燃油喷射系统称为时间控制式，是指用高速电磁阀直接控制高压燃油的适时喷射。时间控制式可以是保留原来的喷油泵-高压管-喷油嘴系统，也可以采用新型的产生高压的燃油系统，用高压电磁阀直接控制高压燃油的喷射，喷油始点取决于电磁阀关闭时刻，喷油量取决于电磁阀关闭时间的长短。一般情况下，电磁阀关闭，执行喷油；电磁阀打开，喷油结束。因此，时间控制式既可实现喷油量控制又可以实现喷油定时的控制。时间控制式电控喷油系统中，喷油泵仍采取传统直列泵、单体泵、分配泵的原理，即通过由柴油机曲轴驱动的喷油泵凸轮轴，使柱塞压缩燃油，从而产生高压脉冲，这一脉冲以压力波的形式传至喷油嘴，并顶开针阀。柱塞只承担供油加压的功能。供油量、供油时刻则由高速电磁阀单独完成。因此，供油加压与供油调节在结构上就相互独立。

电控分配泵上采用时间控制式的有日本丰田公司的 ECD-2 型、电装公司的 ECD-V3 型等；电控泵喷嘴上采用时间控制式的有德国 Robert Bosch 公司研制的电控泵喷嘴系统；电控单体泵上采用时间控制式的有德国 Robert Bosch 公司研制的电控单体泵。

第三代柴油机电控燃油喷射系统称为时间-压力控制式（高压电控喷油系统），是目前国际上最先进的燃油系统，它改变了传统燃油供给系统的组成和结构，主要以电子控制共轨（各种喷油器共用一个高压油管）式喷油系统为特征，直接对喷油器的喷油量、喷油正时、喷油速率和喷油规律及喷油压力等进行"时间-压力控制"或"压力控制"。

通过设置传感器、电控单元、高速电磁阀和相关电/液控制执行元件等，组成数字式高频调节系统，由电磁阀的通、断电时刻和通、断电时间控制喷油泵的供油量和供油压力时间。但供油压力还无法独立控制。

共轨喷油系统摒弃了以往传统使用的泵-管-嘴脉动供油的形式，而拥有一个高压油泵，在柴油机的驱动下，以一定的速比连续将高压燃油输送到共轨（即公共容器）内，高压燃油再由共轨送入各缸喷油器。在这里，高压油泵并不直接控制喷油，而仅仅是向共轨供油以维持所需的共轨压力，并通过连续调节共轨压力来控制喷射压力，采用压力-时间式燃油计量原理，用高速电磁阀控制喷射过程。喷油压力、喷油量及喷油定时由电控单元（ECU）灵活控制。电控共轨喷射系统代表着未来柴油机燃油系统的一个发展方向，这是因为它具有以下鲜明的特点。

① 可实现高压喷射。

② 喷射压力独立于发动机转速，可以改善发动机低速/低负荷性能。

③ 可以实现预喷射，调节喷油速率形状，实现理想喷射规律。

④ 喷油定时和喷油量可自由选定。

⑤ 具有良好的喷射特征。

⑥ 结构简单，可靠性好，适应性强。

（2）按产生高压燃油的机构分类

柴油机电控喷油系统除了上述分类之外，还可以根据其产生高压燃油的机构，分为：直列泵电控喷射系统；电控分配泵喷射系统；泵喷嘴电控喷射系统；单体泵电控喷射系统；共轨式电控喷射系统。

1.1.2 柴油机燃油喷射技术的发展

柴油机燃油喷射系统是柴油机的核心，对柴油机的动力性、经济性和排放性能都有着决定性的影响，所以柴油机的技术进步，大多都与喷油系统的进步有着密切的关系。因而柴油机喷油系统在它的发展过程中出现了各种各样的技术。

① 高喷射压力 高喷油压力对于柴油机的工作过程有着重要的影响，提高喷油压力为解决 NO_x 和 PM 微粒排放的折中关系，同时降低 NO_x 和 PM 排放创造了先决条件。这是因为提高喷油系统压力，一方面可以使喷雾细化，另一方面可以增加喷雾的动量，增加了喷雾内部的紊流程度和吸入的空气量，这些都极大地加强了燃油和空气的混合，阻止形成过浓的混合气，降低了 PM 的排放量。另外，增加喷油压力可以加快缸内的燃烧过程，所以可以采用较小喷油提前角，缩短滞燃期，从而减少了在滞燃期内生成的大量的 NO_x 和碳烟。

② 油压不受发动机工况影响 传统的泵-管-嘴系统喷油压力受发动机转速的影响很大，所以低速时由于喷油压力低，燃油雾化质量差，使发动机的燃烧恶化，碳烟排放增加，同时限制了发动机的空气利用率，使发动机的低速转矩急剧恶化。采用先进的喷油系统（如共轨燃油系统）可以克服这一缺点，使发动机的排放性能和动力性能得到改善。

③ 高度柔性的调节能力（喷油压力、喷油量、喷油定时、喷油速率） 由于柴油机的燃烧过程是边混合边燃烧，所以喷油过程对柴油机的燃烧过程有着很大的影响，甚至是决定性的影响。只有实现对喷油系统高度的柔性调节，才能根据发动机的工况，控制燃烧过程，控制缸内的温度和压力，使发动机的排放和其他性能得到综合最优化。

④ 多次喷射和小喷油量的精确控制 多次喷射一方面是一种控制柴油机放热率曲线的

有效手段，另一方面也是采用先进燃烧概念和先进尾气后处理技术（如吸附型 NO_x 催化转换器）的必要手段。随着喷油压力的不断提高，给喷油量的控制，特别是小油量的精确控制带来了很大的困难，所以小油量的精确控制是未来柴油机电子控制技术的重要内容，对保证柴油机的工作均匀性具有决定性的意义。

随着柴油机技术和电子控制技术的不断进步，柴油机的燃油供给系统发生了巨大的变化，在发展过程中表现出下列特点。

① 燃油系统出现了多种结构　包括直列泵、可变预行程直列泵、转子泵（轴向压缩、径向压缩）、泵喷嘴（EUI、UIS）、单体泵（EUP、UPS）、共轨系统 CRS（蓄压式、液压式、高压共轨）等。

② 燃油加压原理　由受发动机转速影响的脉动式的喷油加压原理发展成为与发动机转速无关的稳定压力喷油。

③ 喷油量控制方式　由传统的位置式控制，发展到时间控制和压力-时间控制方式。

1.1.3　燃油喷射的几种形式

EUI 已被许多主要的发动机制造商广泛采用，如 Detroit Diesel、Caterpillar、John Deere、Cummins、MTU 和 Volvo 等公司。目前，单体式喷油器向燃烧室喷油的压力可以达到 $193.1 \sim 206.8$ MPa，各种电控单体式喷油器的电磁阀都由 ECM 电子控制模块发出的脉冲电信号进行控制，由 ECM 决定喷油的速率、定时、持续时间和结束时刻。

有许多发动机制造商采用了电子控制单体式喷油泵（EUP），采用单体式喷油泵的主要发动机制造商有 Mercedes-Benz、Volvo/Renault Ⅶ/Mack、MTU/DDC 等公司。单体式喷油泵就是发动机的每个气缸单独使用一个喷油泵，每个单体式喷油泵都由发动机的凸轮轴进行驱动，只用很短的高压油管将燃油输送给安装在发动机气缸盖上的喷油嘴。

目前，全世界仍有数百家发动机制造商采用 Bosch 公司从 1927 年就开始批量生产的基本喷油泵和调速器，当然，现在的喷油泵和喷油器都实现了电子控制，尽管许多仍然还是通过凸轮轴和推杆或顶置凸轮轴进行机械驱动，将燃油压力升高到足以开启喷油嘴或喷油器内由弹簧加载的喷油阀。由 International 公司和 Caterpillar 公司联合设计的液压驱动电子控制单体式喷油器（HEUI）被广泛用于其各自的发动机产品上，在 HEUI 中无需机械驱动，而是由发动机产生的高压润滑油进行驱动。

在柴油机上已经使用的 4 种基本机械或电子控制燃油喷射系统如下。

① 弹簧加压或蓄能器燃油喷射系统。

② 源于 Bosch 结构的脉动式喷油泵燃油喷射系统。

③ 分配泵燃油喷射系统。

④ 恒压或共轨燃油喷射系统。

电子控制分配泵燃油喷射系统是根据各种传感器的信息检测出发动机的实际状态，由计算机完成以下控制：一是喷油量控制；二是喷油时间控制；三是急速转速控制。此外，还有两项附加控制功能：一是故障诊断功能；二是故障应急功能。

根据不同的机型，电子控制的具体内容不同。有些机型可以实现上述的喷油量、喷油时间和急速转速的 3 项控制，有些机型仅对喷油时间进行控制。从原理方面来说，电控分配泵燃油系统的构成，除喷油泵外，和直列泵系统几乎一样。电控分配泵系统按喷油量、喷油时间的控制方法可分为两类：一类是位置控制式；另一类是时间控制式。

① 位置控制式电控分配泵系统就是将 VE 分配泵中的机械调速器换成电子控制的执行机构，在 Bosch 公司和杰克赛尔公司都曾大量生产。位置控制式电控分配泵系统的结构如图 1-1 所示，其采用旋转螺线圈式执行机构，由于转子的旋转，改变轴下端偏心球的位置来控制溢油环的位置。其工作原理如图 1-2 所示。

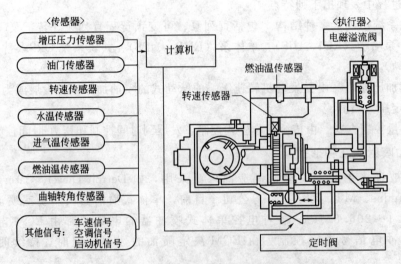

图 1-1　典型的电控分配泵的系统

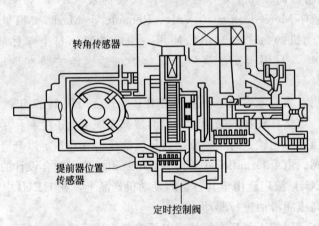

图 1-2　位置控制式电控分配泵系统

② 时间控制式电控分配泵系统（图 1-3）微型计算机内设有时钟，通过时钟控制喷油终了时间，从而控制喷油量。控制喷油终了的执行机构是电磁阀，对每次喷油都可以进行控制，因此，可以取消其他的喷油量控制机构。另外，在时间控制方式中电子回路比较简单。

典型的时间控制式分配泵产品有日本电装公司的 ECD-V3 型分配泵、德国 Bosch 公司的 VP44 型分配泵等。

③ 电控高压共轨燃油系统。20 世纪 90 年代研制出了一种全新的燃油喷射系统——电控共轨燃油系统。通过各种传感器检测出发动机的实际运行状态，通过计算机的计算和处理，可以对喷油量、喷油时间、喷油压力和喷油速率进行最佳控制。

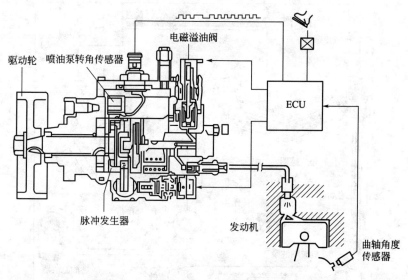

图 1-3　时间控制式电控分配泵系统

到目前为止，典型的高压电控共轨燃油系统最具有代表性的有日本电装公司的 ECD-U2 系统（图 1-4）和 UNIJET 系统（图 1-5）等。

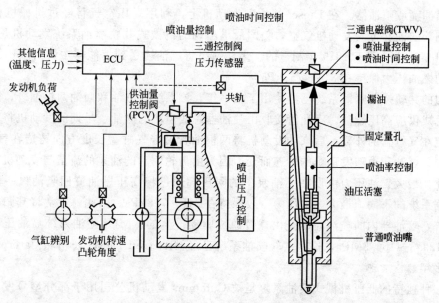

图 1-4　ECD-U2 共轨系统（早期）

日本电装公司的 ECD-U2 系统是世界上最早定型的电控共轨燃油系统。值得说明的是，UNIJET 系统是 Bosch 公司电控共轨系统的前身，也可以说，UNIJET 系统是欧洲最早基本定型的电控共轨系统。

1.1.4　共轨燃油喷射系统

目前，最广泛采用的一种燃油喷射系统是电子控制共轨燃油喷射系统，现在全球许多主要的发动机制造商都已在这一点达成共识。

"共轨"一词大约与柴油机同时出现，其基本含义是将燃油从共同油管或油轨以高压供

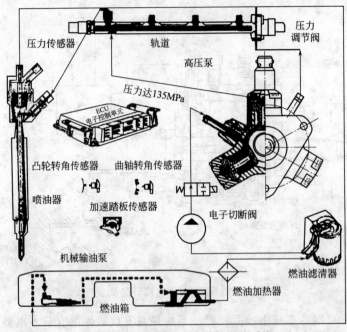

图 1-5 UNIJET 型电控共轨燃油系统

给所有喷油嘴或喷油器。在 Diesel 的原型发动机上，利用高压空气将经过机械机构计量的柴油以细碎的油雾带入发动机气缸，美国最早出现的机械式共轨喷油系统发动机是由 Atlas-slmperial 柴油机公司于 1919 年制造的。多柱塞泵将燃油输送到蓄能器中，由限压阀将公共油轨中的燃油压力保持在 344～758kPa。

类似的共轨燃油喷射系统已经使用了很多年，该系统有进油和回油两根油管，进油管向喷油器总成供应高压燃油，回油管接收由喷油器总成溢流的燃油。早期的发动机将两根油管平行固定在气缸盖的外部，后来的发动机将两根油管沿着气缸盖长度方向铸造在气缸盖中。进油管中的燃油压力随发动机的转速而变，因为由齿轮驱动的油泵的流量与发动机的转速成比例变化，最大燃油压力由设在燃油泵中的限压阀通过将高压燃油流回吸油口一侧进行控制，根据系统的不同，最大燃油压力一般保持在 345～758kPa。因此，通常将其归类为低压燃油系统，喷油器内的喷油高压是由摇臂总成驱动产生的。MUI 喷油系统喷油压力的范围一般是 129.3～156.5MPa，这些共轨喷油系统已经被 Detroit Diesel 公司和 Caterpillar 公司使用了多年。

另一种独特的低压机械式喷油系统是被 Cummins 发动机公司用于部分型号发动机上的压力时间（PT）系统中，其工作原理与共轨燃油喷射系统有些相似，由一个齿轮泵向旋转柱塞供油，机械调速器根据发动机的转速和负荷调节柱塞的位置，燃油在压力作用下通过气缸盖中的油道供给喷油器，发动机的转速决定了供油压力，供油压力又受限压阀控制，喷油器中的燃油计量时间决定了喷油量和喷油时间，PT 系统还能通过改变燃油泵的燃油旁通截面尺寸来改变燃油压力，在满负荷调速转速下，系统的共轨压力一般为 1034～2068kPa，而 PT 系统的喷油压力一般在 129.3～149.6MPa 范围内。现在，在大多数 Cummins 发动机上，PT 燃油系统已被新型电子控制燃油系统所取代。

① 蓄能器燃油喷射系统　目前，Cummins 发动机公司在其 ISC、QSC 8.3 和 ISL 等型号发动机上采用了 Cummins 蓄能器燃油喷射系统（CAPS），这种电子控制喷油系统的供油

压力范围为 34～102MPa，该系统能够对喷油量和定时（开始、持续和结束）进行电子控制，该系统还能在低怠速与高怠速设定值之间进行调速控制。系统中采用了许多发动机传感器，这些传感器与 Cummins 电子控制模块（ECM）相连。

② 脉动式喷油泵燃油系统　由 Bosch 公司及其授权公司自 1927 年开始生产的喷油泵-高压油管-喷油嘴（PLZ）燃油喷射系统就是典型的脉动式喷油泵系统。这些机械控制或电子控制的喷油泵有一根由发动机驱动的凸轮轴，凸轮轴位于喷油泵壳体底座内，在多缸发动机上，凸轮的凸起驱动一系列垂直布置的泵油柱塞进行上下运动，将燃油压力提升到足够高后输送给喷油嘴，再由喷油嘴喷入燃烧室中。脉动式喷油泵系统经过多年使用，其喷油压力范围已达 103.4～137.9MPa，可以配用不同形式的机械调速器或 Bosch 公司的电子柴油机控制（EDC）系统，这种最为普及的燃油系统已经并将继续被广泛地用于全球的柴油机上。

③ 分配式喷油泵系统　其分配泵小巧而紧凑，由比利时人 Francois Feyens 于 1914 年获得专利，这种喷油系统利用一个旋转的分配转子将经过计量的燃油送入气缸，其设计原理源于汽油机上的分电器转子，但它分配的不是高压电，而是按照发动机发火次序将高压柴油供给各缸喷油嘴。有些分配式喷油泵采用两个或多个泵油柱塞来产生所需的喷油高压，另有一些分配式喷油泵则采用一边做往复运动一边做旋转运动的单个泵油柱塞向喷油嘴供油。目前，分配式喷油泵被用于轻型、小功率、小排量柴油车及小到中功率工业用柴油机，这些分配式喷油泵（由于尺寸太小）的泵油能力受到限制，喷油压力大约只及电子控制单体式喷油器的一半，新型分配式喷油泵已经实现了电子控制，喷油压力大约为 96.5MPa。

1.2　电喷发动机的类型及特点

1.2.1　电喷发动机的类型

表 1-2 所示是 3 种典型的先进柔性高压喷油系统的原理，分别是 Bosch 公司的增压活塞共轨系统（APCRS 系统）、卡特皮勒公司的 HEUI-CRD 系统及 Delphi 公司的 E3-EUI 系统。这几个系统具有下列共同的特点。

表 1-2　3 种典型高压喷油系统原理

名　称	特　点	系　统　图
Bosch 喷油系统	①带压力放大的共轨系统 ②每缸两阀 ③油轨压力可达 1000bar，可灵活选择 ④ 喷油压力 2000bar（具有 2400bar 的潜力）	 Bosch的APCRS系统(增压活塞共轨系统)

续表

名　　称	特　　点	系　统　图
卡特(CAT)喷油系统	①带压力放大的共轨系统 ②每缸两阀 ③机油油轨压力可达 380bar，可灵活选择 ④ 喷油压力 20000bar（具有 2400bar 的潜力）	CAT公司的HEUI-CRD系统(液压驱动与电控制泵喷嘴，RDI减少直径) 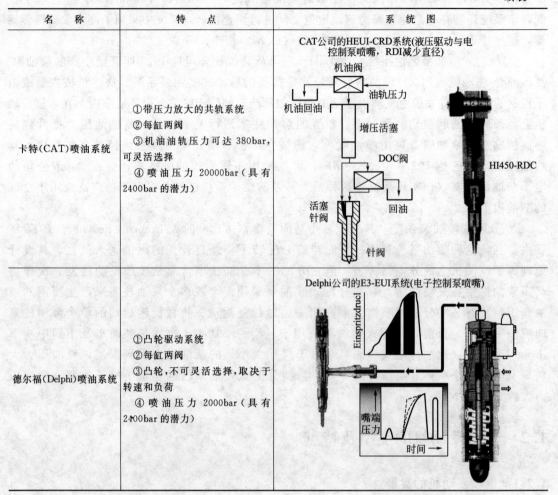
德尔福(Delphi)喷油系统	①凸轮驱动系统 ②每缸两阀 ③凸轮，不可灵活选择，取决于转速和负荷 ④ 喷油压力 2000bar（具有 2400bar 的潜力）	Delphi公司的E3-EUI系统(电子控制泵喷嘴)

① 在结构上都采用了两个控制电磁阀，一个用于喷油压力的控制 PCV，另一个用于喷油时刻和喷油量的控制 SCV。

② 都具有超过 2000bar（$1bar = 10^5 Pa$）的喷油压力，并具有达到 2400bar 喷油压力的潜力。

③ 具有实现多次喷射的能力。

④ 与共轨喷油系统相比，喷油压力控制的瞬态响应很快，在发出控制指令的下一个循环就可以实现对喷油压力的控制，因而避免了传统共轨系统中变工况时因油轨压力滞后产生的油量控制误差和转速的瞬时波动。

⑤ 通过两个控制电磁阀的配合可以实现喷射速率的柔性调节。

图 1-6 是高压共轨系统组成，图 1-7 是高压共轨系统控制系统组成和控制功能。

图 1-8 是 Bosch 公司的增压活塞共轨系统（APCRS 系统）的原理。燃油经加压后进入油轨，然后经高压管进入各缸的喷油器。燃油在喷油器内分为两路：一路进入增压活塞上部的油腔并经节流孔进入增压活塞内部，后经喷油压力控制阀 PCV 流回油箱；另一路经单向阀进入增压活塞小头的油腔、针阀压力室，并经节流孔进入控制活塞上部的控制油腔内。由于增压活塞的增压作用，被单向阀隔离的部分燃油压力升高，使喷油压力可以达到 2000bar 以上，由于高压部分位于喷油器内，所以提高了系统的可靠性。喷油压力的控制是通过喷油压力控制阀

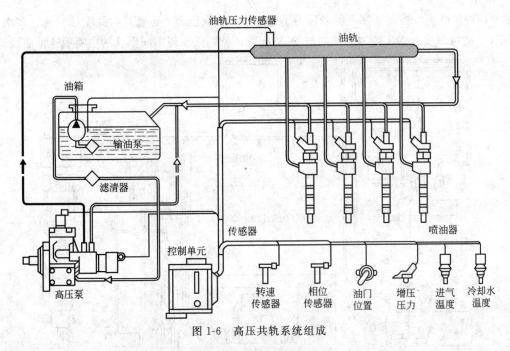

图 1-6　高压共轨系统组成

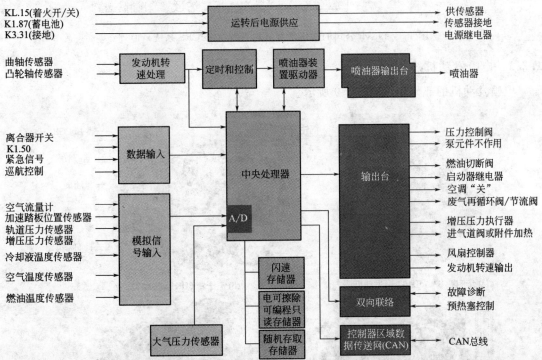

图 1-7　高压共轨系统控制系统组成和控制功能

PCV 实现的，改变控制信号就可以控制增压活塞大头上、下油腔的压力差大小，从而控制作用在增压活塞小头油腔内燃油上的压力，使针阀压力室内的喷射油压发生改变。喷油压力控制阀 SCV 的工作原理与普通的共轨系统的高速电磁阀的工作原理相同，即当 SCV 阀断电时，由于燃油压力产生的作用于控制活塞上部的压力大于作用于针阀承压面上的压力，所以喷油器不喷油；当 SCV 通电时，由于控制活塞上部油腔进油节流孔小于出油节流孔，所以控制活塞上部油腔内油压降低，控制活塞上部的压力迅速减小，针阀压力室迅速开启并喷油。通过多次接通 SCV，就可以实现多次喷油。如果与 PCV 配合，就可以实现不同形状的主喷射速率曲线。

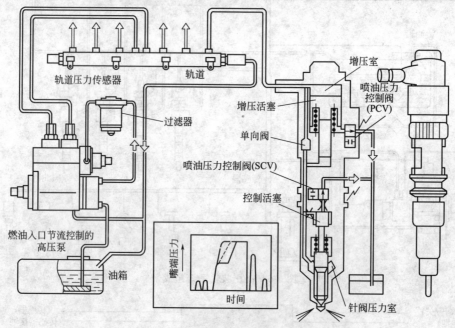

图 1-8　Bosch 公司的增压活塞共轨系统（APCRS 系统）原理

1.2.2　电喷发动机的品牌

电喷发动机的部分品牌如图 1-9 所示。

(a) 康明斯 SAA6D107E-1 发动机

(b) 五十铃 6HK1X 发动机

(c) 日野 J08 发动机

(d) 卡特 C-9 发动机

图 1-9　电喷发动机的部分品牌

品牌发动机在挖掘机上的配置见表 1-3。

表 1-3　品牌发动机在挖掘机上的配置

项　　目	小松 PC200-8	小松 PC200-7	日立 ZX200-3	卡特 320D	神钢 SK200-8
发动机厂家	小松	小松	五十菱	卡特	日野
发动机型号	SAA6D107E-1	SAA6D102E-2	AI-4HK1X	3066TA	J05E
净马力 /[kW/(r/min)] /[PS/(r/min)]	110/2000 (150/2000)	107/1950 (145/1950)	122/2000 (166/2000)	103/1800 (140/1800)	114/2000 (155/1800)
气缸数量	6	6	4	6	4
排量	6.69	5.883	5.19	6.37	5.12
符合的排放法规	三级	二级	三级	二级	三级

1.2.3　电喷发动机的特点

燃油喷射系统是柴油机的核心，无论低速、中速还是高速柴油机都是利用高压将适量燃油在活塞上止点前的适当角度喷入燃烧室，以提高柴油机的热效率并降低废气排放。到目前为止，在结构和控制方面属于常规压力电控技术的柴油机，其最终必将会被电子控制燃油系统完全取代，因此，掌握电子控制燃油系统势在必行。与采用普通机械式燃油系统的柴油机相比，电控共轨柴油机有以下重要的不同之处。

① 用供油泵代替了原来的喷油泵。利用发动机的转动，通过供油泵将燃油加压，并送入共轨中。在供油泵上配置了供油泵控制阀（Pump Control Valve，PCV），在 ECU 指令的控制下，调节泵入共轨中的燃油量。此外，供油泵带有输油泵。输油泵的作用是从油箱中抽油，并将燃油泵入供油泵的柱塞腔中。

② 取消了调速器和提前器；增加了储存高压燃油的共轨组件；由于采用共轨式电控燃油系统，原来安装喷油泵的托架变更了。

③ 机械式喷油器变更为电控式喷油器，可以最佳地控制喷油量、喷油时间和喷油率。

④ 高压配管（即高压油管）的形状变更了（图 1-10）。高压配管外径由 $\phi6.35$mm 变更为 $\phi8$mm，内径由 $\phi2.0$mm 变更为 $\phi4.0$mm。

日本五十铃公司 6HK1-TC 型发动机的燃油喷射系统的概念图如图 1-11 所示。燃油从油箱经输油泵供入供油泵中，在供油泵中提升压力之后送入共轨。共轨内的燃油压力始终保持在 25～120MPa。由 ECU 发出的指令，通过 PCV 控制送入共轨中的燃油量。共轨内的高压燃油供给各个气缸所对应的喷油器，设置在电控喷油器上的电磁阀严格按照 ECU 发来的指令动作，控制各个气缸的喷油时间和喷油量，向各个气缸内喷射最适量的燃油。

将发动机转速、发动机负荷等各种传感器信息、各种开关信号送入电控单元 ECU，ECU 根据这些信息，经过预先编制好的计算处理程序，经计算处理以后向供油泵、喷油器等执行器发出控制指令，从而实现对燃油喷射过程进行最佳控制。因此，电控共轨系统和传统的机械式燃油喷射系统的最大不同之处是：自由控制喷油压力；自由控制每循环的喷油量；自由控制喷油时间；自由控制喷油率。

① 喷油量控制方法　为了控制最佳喷油量，主要以发动机转速、加速踏板开度等信息为基础，控制二通阀（TWV）的开启与关闭，从而控制最佳喷油量。

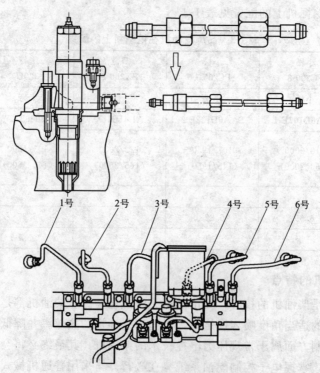

图 1-10　6HK1-TC 型发动机高压配管

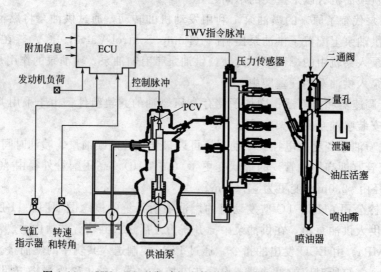

图 1-11　6HK1-TC 型发动机电控共轨燃油喷射系统概念图

②　喷油压力控制方法　通过控制共轨内的燃油压力，从而控制喷油压力。共轨内的燃油压力是根据发动机的转速和喷油量等参数计算出来的，通过控制供油泵，使之供出适量的燃油，并压送到共轨内。

③　喷油时间控制方法　电控共轨系统的部分功能取代了机械式燃油系统中的提前器。共轨系统根据发动机转速和喷油量等参数，计算出适当的喷油时间，通过控制喷油器，实现最佳喷油时间的控制。

④　喷油率控制方法　为了提高发动机气缸内的燃烧质量，在喷射初始阶段以很少量的

燃油进行"引导喷射"、着火；在着火完成的时候，再进行第二段喷射——主喷射，为了控制主喷射段的喷射时间和喷油量，ECU 通过 TWV 直接控制喷油器进行喷油。

柴油机电控燃油喷射系统的优点：有发动机低温启动性；降低氮氧化物和烟度的排放；提高发动机的稳定性；提高发动机的动力性和经济性；控制涡轮增力；适应性广。

1.2.4　使用中的维护事项

近年来，随着挖掘机市场的发展，特别是国外挖掘机的大量进口，电控柴油机已在挖掘机上应用。挖掘机使用的柴油机转速较低，因此挖掘机上使用的电控柴油机也有它独特的要求。厂家的配置不同，发动机品牌也不同，特别是电控系统中的数字稍一改变，具体问题就要具体解决，因此要"一把钥匙开一把锁"。

（1）柴油品质的选择

柴油是一种在 $533 \sim 625K$ 的温度范围内由石油提炼出来的碳氢化合物。柴油的使用性能指标如下。

① 发光性。燃油的自燃能力，用十六烷值表示。

② 蒸发性。由燃油的蒸馏试验确定，需要测定 50％、90％、95％馏出温度。

③ 黏度。燃油的流动性。

④ 凝点。柴油冷却到开始失去流动性的温度。

⑤ 柴油的净化程度。

柴油的标号根据凝点或十六烷值编定（我国按柴油的凝点编定柴油标号）。柴油的选择应注意以下几点。

① 使用符合发动机要求的合格燃油。

② 燃油加入前要经过沉淀和滤清，以保证燃油清洁。

③ 加油用具要清洁。

④ 严禁在柴油中掺入汽油。

（2）环境温度与柴油的选择

燃油选择还应考虑环境温度的要素。5 号轻柴油：适用于风险率为 10％的最低气温在 8℃以上的地区。0 号轻柴油：适用于风险率为 10％的最低气温在 4℃以上的地区。10 号轻柴油：适用于风险率为 10％的最低气温在 -5℃以上的地区。20 号轻柴油：适用于风险率为 10％的最低气温在 -14℃以上的地区。35 号轻柴油：适用于风险率为 10％的最低气温在 -29℃以上的地区。50 号轻柴油：适用于风险率为 10％的最低气温在 -44℃以上的地区。

（3）柴油添加剂的使用

目前国内柴油燃料质量不能完全满足柴油发动机的使用要求，生产厂家建议使用柴油添加剂定期清洗燃油系统。具体使用方法如下。

① 在油箱内油量少于 10L 时，先将一罐添加剂加入油箱，然后加满柴油。

② 随车携带的添加剂（6 罐，用 6 次），在走合期内连续使用。

（4）电控柴油机使用应注意的问题

① 发动机长时间高速运转后切勿立即关机，应以怠速继续运转约 2min，待温度降低后方可关机。

② 油箱中无油，添加燃油后需将供油系统内的空气排掉，方可启动发动机。

③ 一般电控柴油发动机均装有预热塞指示灯，该指示灯亮起提示预热塞正在加热。当

发动机处于冷态时，打开点火开关，该指示灯亮起，指示灯熄灭时即可启动发动机。若发动机处于暖态，则该指示灯不亮，可直接启动发动机。同时，该指示灯还具有报警功能，在行驶过程中，该指示灯闪亮，则表明发动机管理系统发生故障，须尽快检修。

（5）维修应注意的事项

为了防止损伤喷油和预热系统，应注意以下几点。

① 在断开喷油和预热系统导线和插接器之前，必须关闭点火开关。

② 进行缸压检查之前，必须拔掉喷油泵的插头。

③ 在断开或连接蓄电池电缆之前，必须关闭点火开关，否则可能损坏柴油机电控单元。

④ 对于带防盗密码的音响系统，在断开或连接蓄电池电缆之前，应先获得音响系统的防盗密码。

（6）对废气涡轮增压系统维修时的清洁规则

① 松开零部件前，清洁连接部位及其周围。

② 拆下零部件置于干净处，注意不要用有绒毛的抹布。

③ 打开的零部件要盖好。

④ 只能装用干净的零部件，安装前才能打开备件包装，不能使用散放的零部件。

⑤ 尽可能不使用压缩空气，尽可能不移动车辆。

第 2 章　卡特电控柴油机原理与特点

Caterpillar 公司生产的挖掘机配置的电控发动机比较具有代表性，卡特挖掘机 325C 配置的 3126B 电控柴油机、挖掘机 330D 配置的 C-9 电控柴油机，是目前独具特色的电控燃油系统之一。

本章将对 Caterpillar 公司生产的 C-9 和 3126B 电控柴油机结构原理、燃油系统、电子控制单体式喷油器（EUI）和液压驱动电子控制单体式喷油器（HEUI）等燃油系统的目标、功用和原理进行介绍；并对燃油系统的调整和检查进行介绍；还将对电控发动机在进行维护、诊断、排除故障时所需要的诊断仪器进行说明。

2.1　卡特电控柴油机结构特点

2.1.1　卡特电控柴油机特点

① C-9 柴油机和 3126B 柴油机是直列 6 缸配置，柴油机点火顺序是 1—5—3—6—2—4。从柴油机飞轮端观察，为逆时针转动。柴油机均使用涡轮增压器和中冷器。

② C-9 柴油机和 3126B 柴油机采用液压驱动电控喷油器（HEUI）式燃油喷射系统，与传统的高压燃油喷射系统相比，少了很多机械部件，提高了燃油喷射正时精度，实现了空燃比精确控制。

③ C-9 柴油机和 3126B 柴油机的转速控制通过控制燃油喷射持续时间（喷油量）来实现。有一个专用的正时齿轮为电控模块（ECM）提供各缸位置和柴油机转速。

④ C-9 柴油机和 3126B 柴油机控制系统有自我诊断功能。如果系统出现故障，那么机器的故障报警系统就向驾驶员报警，使驾驶员采取相应的措施。可以利用 ET（电子维修工具）或相应的仪表监视系统读取故障代码。

⑤ C-9 柴油机和 3126B 柴油机的高压液压油泵是一个由齿轮驱动的轴向柱塞泵。

⑥ 液压驱动电控喷油器（HEUI）式燃油喷射系统使用一个液压驱动的、电子控制的单体喷油器。

⑦ 喷油驱动压力传感器是一个测量油压的传感器，它向电控模块发送信号。

⑧ 喷油驱动压力控制阀是一个可变阀，它用来保持柴油机高压机油油道中的适当压力，由 ECM 控制。

⑨ 进气温度传感器是测量进气温度的传感器，它向电控模块发送信号。

常见英文缩写含义见表 2-1。

表 2-1　常见英文缩写含义

英文缩写	含　义	英文缩写	含　义
ECM	电控模块	FMI	故障模式识别代码
ET	电子维修工具	HEUI	液压驱动电控喷油器
PWM	脉冲宽度调制	IAP	喷油驱动压力

2.1.2 C-9 柴油机和 3126B 柴油机主要参数和技术规格

(1) C-9 柴油机主要参数和技术规格 (表 2-2)

表 2-2 C-9 柴油机主要参数和技术规格

项 目	参数和技术规格	项 目	参数和技术规格
形式	4 循环/水冷/直列 6 缸	点火形式	压缩点火
燃烧室形式	直喷式	喷油顺序	1—5—3—6—2—4
气缸套形式	湿式	润滑形式	压力式
气缸数量/个	6	润滑压力/kPa	240～480
气缸直径×行程/mm	112×149	冷却形式	水冷式
柴油机排量/L	8.8	喷油器驱动压力/MPa	6～25
单缸气门数	4	燃油系统	液压驱动电控喷油器式
进气门间隙/mm	0.38(冷态时)	涡轮增压器	带中冷器
排气门间隙/mm	0.64(冷态时)		

(2) 3126B 柴油机主要参数和技术规格 (表 2-3)

表 2-3 3126B 柴油机主要参数和技术规格

项 目	参数和技术规格	项 目	参数和技术规格
形式	4 循环/水冷/直列 6 缸	点火形式	压缩点火
燃烧室形式	直喷式	喷油顺序	1—5—3—6—2—4
气缸套形式	湿式	润滑形式	压力式
气缸数量/个	6	润滑压力/kPa	240～480
气缸直径×行程/mm	110×127	冷却形式	水冷式
柴油机排量/L	7.25	喷油器驱动压力/MPa	6～25
单缸气门数	3	燃油系统	液压驱动电控喷油器式
进气门间隙/mm	0.38±0.08(冷态时)	调速器形式	电子式
排气门间隙/mm	0.64±0.08(冷态时)	涡轮增压器	带中冷器

(3) C-9 柴油机总体结构 (图 2-1)

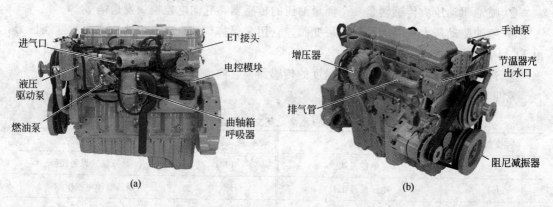

(a) (b)

图 2-1 C-9 柴油机总体结构

（4）3126B 柴油机总体结构（图 2-2）

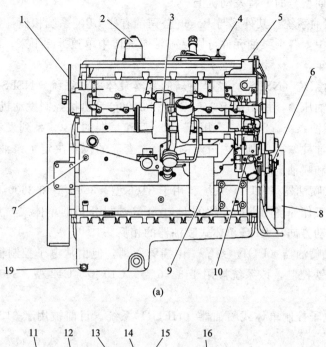

(a)

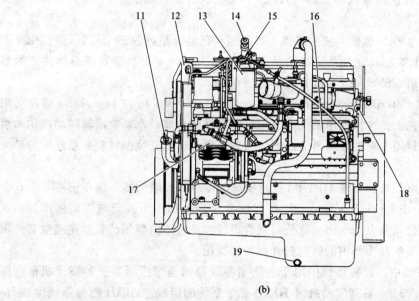

(b)

图 2-2　3126B 柴油机总体结构

1,12—吊装环；2—曲轴箱通风孔；3—涡轮增压器；4—加油口；5—节温器壳；6—张紧轮；7—放水螺塞；
8—减振器；9—机油滤清器；10—水泵；11—加油口；13—柴油滤清器；14—柴油加油泵（选装）；
15—机油尺；16—电控模块；17—空压机（选装）；18—气缸盖接地螺栓；19—放油螺塞

2.2　卡特电控燃油系统概述

　　多年以来，Caterpillar 公司在其不同系列的发动机上采用了多种不同形式的燃油系统，这些系统有以下几类。

① 锻造泵体燃油系统。装有泵油柱塞元件的泵体用螺栓通过其上的凸缘固定在喷油泵壳体顶部，用于早期型号的卡特发动机上。

② 紧凑泵体燃油系统。其外形与 Bosch 公司的有些 LPN 系统相似，备泵油柱塞和套筒装在同一个壳体之中，各个泵油元件可以从喷油泵壳体中单独拆卸下来，在卡特发动机系列产品中使用了很多年。

③ 新涡型燃油系统（NSFS）。这是更新的紧凑泵体燃油系统，NSFS 进行了强化设计，可以产生更高的喷油压力，最初用于 3406B 型和 2406C 型机械控制发动机上。

④ 套筒计量燃油系统（SMFS）。用于 3208 型和早期的 3300 系列发动机上。该系统采用了一个能够在泵油柱塞行程范围内滑动的套筒，套筒的位置决定了泵油柱塞的有效行程，进而决定了喷油量和喷油定时。

⑤ 机械单体式喷油器（MUI）系统。用于 3166 型、3500 型和 3600 型发动机，这种机械单体式喷油器的工作原理与前面介绍的 Detroit 柴油机公司的单体式喷油器相似，但其喷油量控制齿条的移动方向与 DDC 单体式喷油器的相反。

⑥ 电控单体式喷油器（EUI）系统。由摇臂驱动，但由从电子控制模块（ECM）接收信号而动作的电磁铁控制，该系统被用于 3176 型、C10 型、C12 型、3406E 型、3500 型和 3600 型发动机上。

⑦ 液压驱动电子控制单体式喷油器（HEUI）系统。目前被用于 3126 型、3408E 型和 3412E 型发动机上。

Caterpillar 公司的 PLN 燃油系统的基本工作原理与已经介绍过的 Bosch 公司的 PLN 燃油系统相似，而 MUI 和 EUI 燃油系统与已经介绍过的 Detroit 柴油机公司的单体式喷油器相似，本章将简要介绍 NSFS、EUI 和 HEUI 燃油系统。

现在 EUI 系统被 Caterpillar、Cummins、Detroit Diesel、Volvo 和 John Deer 等公司用于其高速大功率发动机上，这种燃油系统由凸轮轴驱动摇臂总成，推动喷油器随动机构和喷油柱塞向下运动，使封闭在喷油套筒内的燃油压力升高到足以打开喷油器喷头总成内的喷油针阀。

一种非常独特的电控喷油系统 HEUI（液压驱动电控单体式喷油器）现在正被 Caterpillar 公司和 International Truck Transportation（Navistar）公司用于其柴油机系列产品，该系统是由 Caterpillar 公司和 International 公司联合设计的，它不需要用凸轮轴使喷油套筒内的燃油压力升高到将喷油器头部内的针阀打开所需的高压。

在 HEUI 燃油系统中，代替摇臂作用于各喷油器端部的是增压活塞上的高压机油，图2-3 所示的是用于 CAT3100 系列发动机的 HEUI 燃油系统的组成。HEUI 燃油系统也被 International 公司用于其 T444E V8 型发动机上，这种发动机被 Ford（福特）公司广泛用于卡特挖掘机和中型货车上，International 公司在其自己的系列产品中也采用了这种发动机，另外，International 公司还将 HEUI 燃油系统用于其 DT-466 型直列 6 缸发动机和 530E 系列发动机上。Caterpillar 公司在其 3116 型、3126 型、3408E 型和 3412E 型发动机上采用了 HEUI 燃油系统。

HEUI-B（第二代）燃油系统首先被用于最近开发的工业、建筑和农业用途的 6 缸 8.8L C-9 型发动机上，Callenger 公司将这种发动机用于农业拖拉机，Lexion 公司将这种发动机用于联合收割机。HEUI-B 燃油系统及其 H3100B 型喷油器的一个主要特点是喷油速率易于改变，如斜向、直向和分次喷油，从而减小了发动机的噪声，降低了发动机的排放，减少了发动机的燃油消耗，能快速结束喷油和实现高压喷油。C-9 型发动机是第一种使用 ADEM Ⅲ ECM（第三代先进电控发动机管理 ECM）的非货车用发动机，ADEM Ⅲ 针对 HEUI-B 型燃油系统进行了包括增强传感和预测能力在内的强化设计。

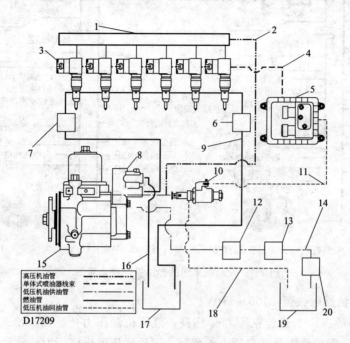

图 2-3　CAT3100 系列 HEUI 发动机燃油系统简图及其部件

1—高压机油油道；2—高压机油管；3—液压驱动电控单体式喷油器；4—单体式喷油器线束；
5—电子控制模块（ECM）；6—燃油压力调节器；7—燃油滤清器；8—燃油输油泵；9—燃油
回油管；10—喷油驱动压力控制阀（IAPCV）；11—由 ECM 供向 IAPCV 的电信号（控制
机油油道中的压力）；12—机油冷却器；13—第二级机油滤清器；14—低压机油供
油管；15—高压机油泵；16—燃油管；17—燃油箱；18—低压机油回油管；
19—机油池；20—机油泵（发动机润滑用）

（1）燃油系统的工作原理

HEUI 燃油系统采用液压方式而不是机械方式控制喷油速率，HEUI 燃油系统使喷油速率随发动机转速的变化而变化，从而提高了发动机的性能，改善了燃油经济性并降低了排放。HEUI 喷油器柱塞在喷油电磁阀未接到来自 ECM 的信号产生激励之前不会运动，不像机械驱动的 EUI 燃油系统中的柱塞运动要受到发动机凸轮转速和凸起持续时间的限制，所以定时控制更加精确。

在 HEUI 系统中，除了所用的液压驱动单体式喷油器以外，燃油系统的布局和排列与用于 3176B、C10、C12 和 3406E 型发动机上的 Coterpillar EUI 燃油系统很相似。图 2-4 所示的是用于 3406E 型发动机的 EUI 燃油系统和用于 3408E 型及 3412E 型发动机上的 HEUI 燃油系统的对比，其间的主要差别是在 HEUI 系统中采用了一个喷油驱动压力传感器和一个喷油驱动压力控制阀。3408E 及 3412E 型发动机所用的 HEUI 燃油系统中电子控制系统的供电电压如下。

① ECM：24V。

② 转速及定时传感器：12.5V。

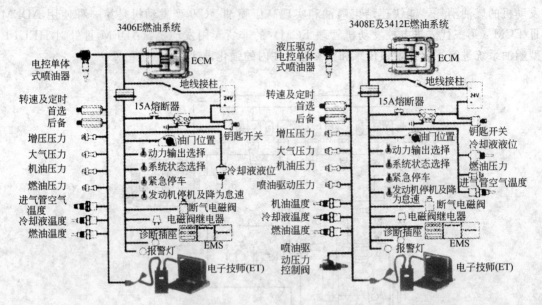

(a) 3406E型发动机采用的EUI燃油系统简图　　　(b) 3408E型和3412E型发动机采用的HEUI燃油系统简图

图 2-4　发动机采用的燃油系统对比简图

③ HEUI 喷油器电磁阀：105～110V。

④ 模拟传感器：5V。这包括下列传感器：液压机油压力传感器；冷却液温度传感器；大气温度传感器；涡轮增压器进口压力传感器；涡轮增压器出口压力传感器；润滑机油压力传感器；液压机油温度传感器；燃油温度传感器。

⑤ 数字传感器：8V。包括下列传感器：油门位置传感器；油泵控制阀信号传感器；排气温度传感器。

⑥ 油泵控制阀：0～24V。

（2）低压燃油系统

HEUI 系统属于低压燃油系统，在 3408E 型和 3412E 型发动机上，由齿轮式输油泵和燃油压力调节器将燃油压力保持在 310～415kPa 之间，如图 2-3 所示，燃油从燃油箱被吸出，通过燃油滤清器及油水分离器进入输油泵，输油泵将燃油泵入 ECM 冷却板，使 ECM 中电子元器件的温度在发动机运转期间保持在许可范围之内。在燃油供油系统中安装一个燃油温度传感器，用于在发动机运转期间补偿因燃油温度升高所引起的功率损失，燃油流过第二级燃油滤清器后直接流入位于气缸盖顶部的低压供油道，向各个喷油器供给低压燃油，向各个喷油器的供油量是其喷油量的 4 倍以上，以保证对喷油器提供充分的润滑和冷却，没有喷出的燃油离开油道，经过一个压力调节阀后通过公共回油管流回燃油箱。3116 型和 3126 型发动机低压燃油系统的压力一般在 400～525kPa 之间。

（3）高压机油系统

图 2-5(b) 是 CAT 3408 型发动机 HEUI 燃油系统的高压机油系统，高压机油泵由齿轮驱动，通过机油滤清器和机油冷却器将机油从发动机的油底壳中吸出。

图 2-4 所示的简化机油油路由低压油路和高压油路两部分组成，低压油路是从发动机润滑机油泵到液压机油泵，高压油路是从液压油泵到喷油器增压活塞，高压机油压力由调压控制阀（RPCV）控制。当调压控制阀开启时，机油被溢流回发动机的油底壳中。调压控制阀

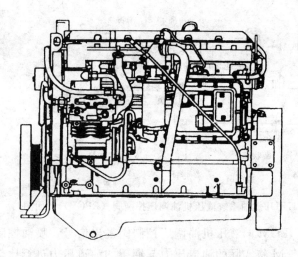

(a) 3100型发动机采用的HEUI燃油系统的组成

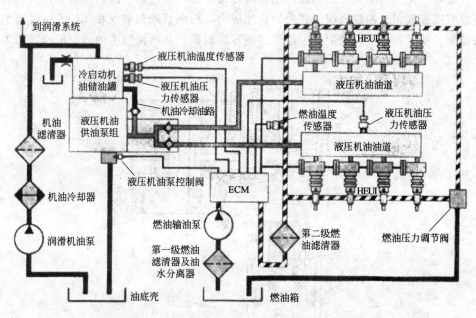

(b) 3408E型和3412E型发动机所用HEUI燃油系统的高压机油系统

图 2-5　发动机所用 HEUI 燃油系统的高压机油系统

是一个电控溢流阀，用于控制液压机油泵的泵油压力，ECM 通过改变供给电控溢流阀的信号电流决定机油泵的输出压力。图 2-6 是调压控制阀的剖面图，在发动机停机时，调压控制阀内部的滑阀被回位弹簧推到右侧，将机油溢流口关闭；在发动机启动时，ECM 向调压控制阀发出信号，使电磁线圈产生磁场，衔铁就会对菌状阀和推杆产生推力，弹簧力和流入滑阀腔内的机油压力共同作用使滑阀保持在右端，使机油溢流油口继续保持关闭，从而使全部机油进入各气缸盖内铸造的机油油道中，直到机油油道内达到期望的机油压力为止。

（4）发动机启动时的工作原理

发动机暖机启动时要求的机油压力大约为 10.34MPa，如果发动机进行冷启动（冷却液温度低于 0℃），ECM 将要求机油压力达到 20.68MPa。

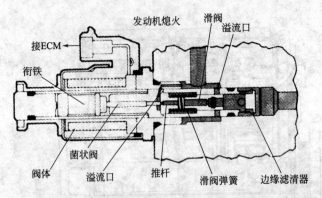

图 2-6　HEUI 燃油系统液压机油调压控制阀（RPCV）剖面图

当发动机着火运转后，ECM 向液压机油调压控制阀发出信号，喷油控制压力传感器将监测油道内的实际压力，ECM 将实际的油道压力与期望的油道压力进行比较，并调节发送给液压机油调压控制阀的信号，以获得期望的油道压力。通过调节菌状阀位置使滑阀腔中部分机油泄流来控制调压控制阀滑阀腔内的机油压力，而菌状阀位置又由 ECM 通过调节磁场强度来控制，所以，滑阀位置决定了溢流口的开启面积，从而控制了油道内的机油压力。

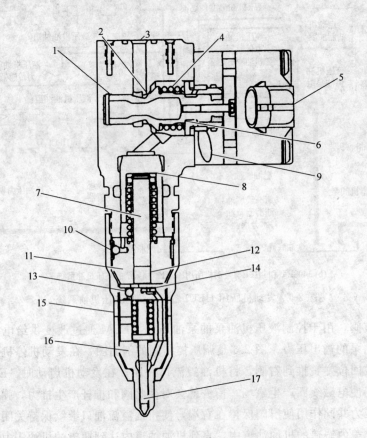

图 2-7　HEUI 喷油器总成的组成

1—菌状阀；2—菌状阀下阀座；3—高压机油进口；4—电磁阀回位弹簧；5—电磁阀；6—菌状阀上阀座；
7—柱塞；8—增压活塞；9—菌状机油腔；10—弹簧施压止回球阀；11—套筒；12—燃油活塞腔；
13—进油单向球阀；14—逆流止回阀；15—燃油充油口；16—喷油嘴组件；17—喷油阀

（5）喷油器内的燃油油路

HEUI 喷油器内的主要零、部件如图 2-7 所示，在充油过程中，增压活塞 8 下方的内部弹簧将所有零、部件推到非驱动位置。高压液压机油从铸造在气缸盖内的油道通过跨接油管供入喷油器的油路，如图 2-8 所示，低压燃油由燃油供油总管经油道供入喷油器的情况如图 2-9 所示。燃油的压力不足以使柱塞充油止回阀落座关闭，从而使柱塞腔内充满燃油，当增压活塞被推向套筒顶端使止回阀关闭时，充油过程结束。由于喷油器电磁阀处于非激励状态（ECM 无信号输入电磁阀），油道内的高压机油就不会进入喷油器中。

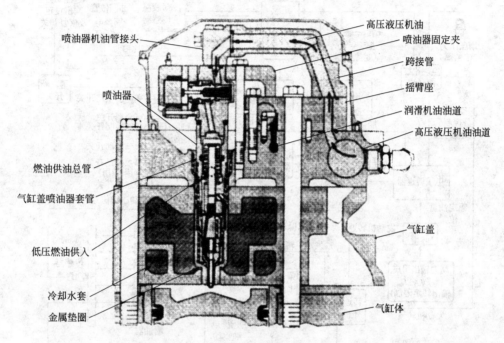

图 2-8　HEUI 燃油系统中高压机油从铸造在气缸盖内的油道经各跨接管供入各喷油器

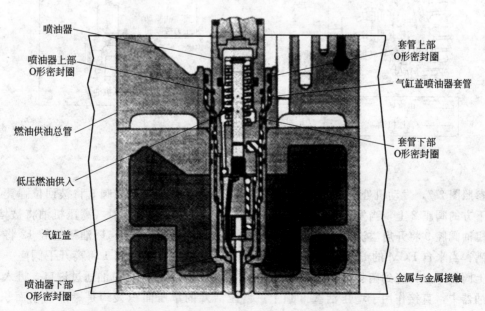

图 2-9　低压燃油从气缸盖内钻出的燃油供油总管经油道供入喷油器内

喷油器工作时电磁阀从 ECM 喷油控制电路接收 105～110V 的电压脉冲，所以在发动机运转期间一定要将手离开喷油器电磁阀一定距离；否则，将会被严重电击。

HEUI 电控系统的所有部件如图 2-10 所示，ECM 将根据各种传感器输入的信号向某个喷油器驱动模块输出决定喷油量的脉宽调制（PWM）信号驱动该喷油器喷油，当电磁阀被驱动时，将克服菌状阀保持关闭的弹簧压力，将菌状阀打开，同时会关闭所有机油溢流通道，允许高压机油流到菌状阀周围，并进入增压活塞的顶部，如图 2-7 所示。

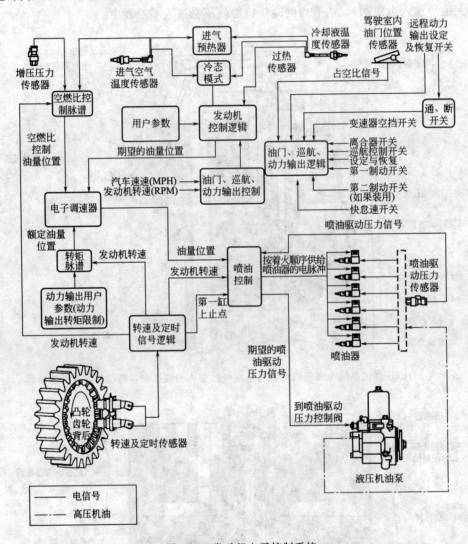

图 2-10　发动机电子控制系统

参照图 2-7，发动机处于熄火状态时 HEUI 喷油器不喷油，电磁阀 5 将被回位弹簧 4 压紧在下方的阀座 2 上，当发动机处于运转状态而某个喷油器不喷油时，高压机油将被堵塞，菌状机油阀腔 9 将开启溢流，增压活塞 8 和柱塞 7 被推到套筒顶部，燃油活塞腔 12 将被燃油充满，当来自 ECM 的 PWM 信号驱动喷油器电磁阀 5 时，菌状阀 1 将离开下阀座 2 而顶靠在上阀座 6 上，将到菌状机油阀腔 9 的油道关闭，从而允许高压机油通过进口 3 进入单体式喷油器中，直接作用于增压活塞 8 顶上。增压活塞的承压面积大约是燃油柱塞面积的 7 倍。因此，当液压油路供给油压 21000kPa 时，燃油柱塞下方的燃油压力将升高到约

145000kPa。当作用在增压活塞 8 顶上的液压机油的压力足够高时，将推动增压活塞 8 和燃油柱塞 7 向下运动，升高套筒 11 和燃油活塞腔 12 内的柴油压力。当燃油压力超过喷油器喷油阀的开启压力（约 31000kPa）时，喷油阀将会开启，将燃油通过喷头上钻出的小孔直接喷入发动机燃烧室中。3408E 型和 3412E 型发动机喷油器头部有 6 个以 140°排列的直径为 0.252mm 的喷孔，逆流止回阀 14 防止燃油回流，使压力燃油作用于喷油阀 17 上。当电磁阀 5 不被激励时，喷油过程结束，允许菌状阀 1、增压活塞 8 和燃油柱塞 7 回到其等待喷油位置。在燃油柱塞 7 向上移动期间，会将燃油通过油道吸入燃油活塞腔 12 内，再通过燃油充油口 15 和进油单向球阀 13 进入喷油器，为下一次喷油做好准备。

除了进油单向球阀 13 和逆流止回阀 14 以外，喷油嘴还是传统结构，在柱塞 7 下移行程中，进油单向球阀 13 不会落座密封，保证燃油活塞腔 12 内充满燃油，逆流止回阀 14 只允许燃油流入喷油嘴，而不允许燃油从喷油器端部回流，逆流止回阀的作用与各种单体式喷油器中由上方弹簧压紧在阀座上保持关闭防止燃气进入喷嘴的针阀相似。

（6）记录故障码

图 2-10 所示为发动机电子控制系统，当传感器产生的信号超出正常工作参数范围时，将在 ECM 存储器中记录诊断故障代码，并与其他电控发动机一样点亮仪表板上的报警灯进行报警，能够产生故障代码记录的事件包括：冷却液温度超过 107℃；冷却液流失；润滑机油压力过低　（根据机油压力脉谱判定）；喷油驱动压力不正常（低或高）；喷油驱动压力系统故障；进气节气门（如果安装）；发动机超速直方图；燃油压力过低。

第3章 卡特电喷柴油机结构组成

3.1 C-9柴油机和3126B电喷柴油机外观结构

图3-1所示为C-9电喷柴油机结构，图3-2所示为3126B电喷柴油机结构。

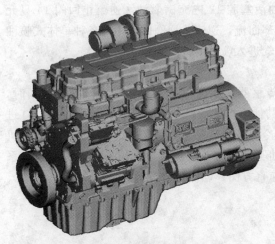

图3-1 C-9电喷柴油机结构

图3-2 3126B电喷柴油机结构

3.2 电喷柴油机机械结构部分

3.2.1 柴油机曲轴连杆机构

（1）气缸盖

图3-3所示的缸盖是通过一个带钢衬里的非石棉纤维衬垫和缸体分开。冷却液通过衬垫开口从缸体流出并进入缸盖。衬垫也能密封住缸体和缸盖之间的供油道和排油道。空气进口在缸盖左侧，而出口在缸盖右侧。每个气缸有两个进气门和两个排气门。每一套进气门和每

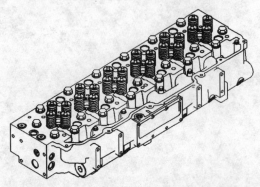

- 4气门，保证充分的进、排气，改善了燃油经济性和排放
- 优化的结构设计，改善了缸盖的密封性、可靠性和耐用性
- 缸盖—缸体用6根螺栓紧固，改善了燃气的密封性，最大程度减小气缸套的变形

图3-3 缸盖

一套排气门都使用气门横梁同时驱动。气门横梁由推杆驱动。可更换的气门导管压入缸盖。液压促动的电控单体式喷油器位于 4 个气门之间。燃油以非常高的压力直接喷入气缸。推杆阀系统控制气门。

结构特点如下。

① 燃烧室采用直接喷射式。

② 3126B 柴油机采用三气门结构，两进一排。C-9 柴油机采用四气门结构。

③ 喷油器装入气缸盖内。

（2）气缸体

图 3-4 所示的缸体有 7 个主轴承。主轴承盖紧固到缸体上，每个主轴承盖用两个螺栓紧固。

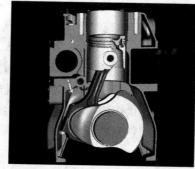

- 更坚固的缸体增加了缸套的承压能力以获得更佳燃油经济性
- 整体式机油冷却器减少了发动机的重量和宽度及泄漏的可能性
- 弯曲的表面既保证了缸体的强度，又减少发动机的重量和噪声

图 3-4　缸体

拆下油盘能够接近下列零件：曲轴；主轴承盖；活塞冷却喷嘴；机油泵。

（3）活塞连杆组

具有高气缸压力的高输出功率的发动机需要使用对开式铰接活塞。对开式铰接活塞由铸钢活塞头以及通过活塞销和铸钢活塞头连接的铝制活塞裙组成。图 3-5 所示为活塞连杆。图 3-6 所示为活塞。

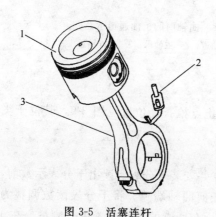
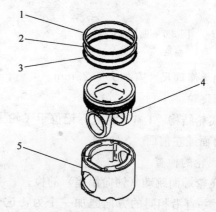

图 3-5　活塞连杆

1—活塞；2—活塞冷却喷嘴；3—连杆

图 3-6　活塞

1—压缩环；2—中间环；3—油环；4—铸钢活塞头；5—铝制活塞裙

所有的活塞环都位于活塞销孔上方。压缩环是一个梯形活塞环。梯形活塞环呈减缩形。活塞环槽中梯形活塞环的作用是有助于防止活塞环卡住。梯形活塞环卡住由积炭造成。中间

环为矩形，下边缘尖锐。油环为标准型或常规型。机油通过油环槽内的油孔流回曲轴箱。机油从活塞冷却喷嘴喷向活塞下侧。喷射的油雾使活塞得到润滑和冷却。喷射的油雾也能提高活塞和梯形活塞环的使用寿命。

连杆在活塞销孔的末端有一定锥度。两个螺栓把连杆盖固定到连杆上。连杆可以穿过气缸拆下。连杆适应于大负荷的设计，锻钢增加连杆强度，加大的轴承表面增加了轴承寿命。连杆轴承修理尺寸有加大 0.25mm、0.5mm 两种。

（4）曲轴

锻钢曲轴增加了强度和寿命，感应淬火的轴径和过渡圆角增加了可靠性，可修磨，从而节约成本。

图 3-7 所示的曲轴将活塞的直线运动转换为自身的旋转运动。曲轴的前端装有减振器，用以降低扭转振动（曲轴的扭曲），防止造成发动机损坏。曲轴驱动发动机前面的一组齿轮。齿轮组驱动下列装置：机油泵；凸轮轴；液压机油泵；空气压缩机；动力转向泵。

另外，曲轴前端的带轮驱动下列零件：散热器风扇；水泵；交流发电机；制冷剂压缩机。

曲轴的两端都使用液压密封件以控制机油泄漏。随着曲轴的旋转，密封唇内的液压槽使润滑油流回曲轴箱。前密封件位于前壳体内，后密封件安装在飞轮壳内。

压力油通过缸体腹部的钻孔供应给所有主轴承，然后机油流过曲轴内的钻孔以供应给连杆轴承。曲轴通过 7 个主轴承固定到位。靠近后主轴承的止推轴承控制曲轴的轴向间隙，如图 3-8 所示。

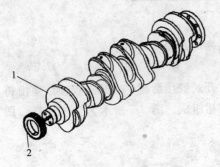

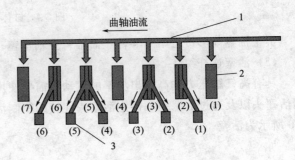

图 3-7　曲轴
1—曲轴；2—齿轮

图 3-8　曲轴内的机油通道示意图
1—油道；2—主轴承；3—连杆轴承

主轴承修理尺寸有加大 0.25mm、0.5mm 两种。

（5）飞轮

① 飞轮结构　1 缸上止点标记位于飞轮上，1 缸上止点检查孔位置见图 3-9，其位于飞轮壳右前面或左前面。

② 飞轮的检查

a. 飞轮端面跳动（轴向偏差）的检查。参考图 3-10 并安装千分表。读出千分表示数前，在曲轴上一直沿相同的方向施加一个力，这能够消除任何曲轴端隙。将千分表读数调整为0.0mm（0.00in）。转动飞轮，每隔 90°读出千分表示数。在所有的 4 个位置进行测量。在 4 个位置进行测量所得到的较小值和较大值之间的差值不应超过 0.15mm（0.006in），该数值为所允许的飞轮端面跳动（轴向偏差）的最大值。

b. 飞轮径向跳动（径向偏差）的检查　参考图 3-11，安装 7H-1942 千分表 3。调整

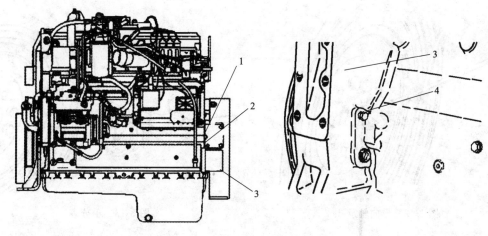

图 3-9　1 缸上止点检查孔位置

1—上止点锁栓；2—检查孔；3—飞轮壳；4—塞子

7H-1940 通用附件 4，使千分表接触飞轮。将千分表读数调整为 0.0mm（0.00in）。转动飞轮 90°并读出千分表示数。在所有的 4 个位置进行测量。在 4 个位置进行测量所得到的较小值和较大值之间的差值不应超过 0.15mm（0.006in），该数值为所允许的飞轮端面跳动（径向偏差）的最大值。

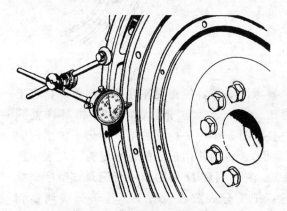

图 3-10　检查飞轮的端面跳动

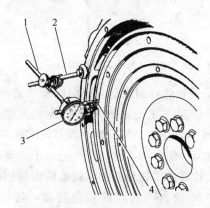

图 3-11　检查飞轮的径向偏斜

1—7H-1945 操纵杆；2—7H-1645 操纵杆；
3—7H-1942 千分表；4—7H-1940 通用附件

图 3-12 所示为用前面的步骤检查导向轴承孔的跳动（偏差）。飞轮内导向轴承孔的跳动（偏差）一定不能超过 0.13mm（0.005in）。

③ 飞轮壳的检查

a. 飞轮壳端面跳动（轴向偏差）的检查。图 3-13 所示为千分表测试和调整部分。如果使用除此以外的任何其他方法，记住一定要消除轴承间隙以得到正确的测量尺寸。将千分表紧固到飞轮上，使其测砧接触飞轮壳的表面。在每个位置读出千分表的示数前，使用橡胶锤向后敲曲轴。

参考图 3-14 检查飞轮壳的端面跳动，千分表在位置 A 调整到 0.0mm（0.00in），同时转动飞轮。在位置 B、C 和 D 读出千分表示数。在 4 个位置进行测量所得到的较小值和较大值之间的差值不应超过 0.38mm（0.015in），该数值为所允许的飞轮壳端面跳动（轴向偏差）的最大值。

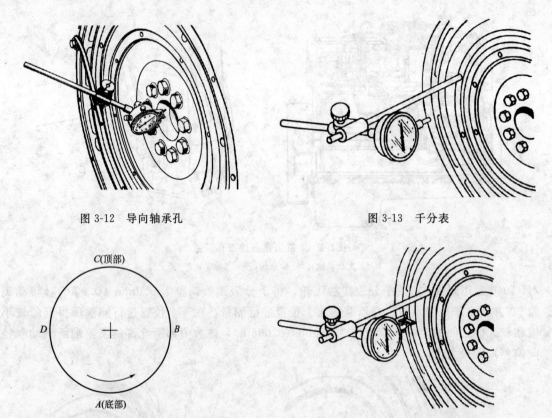

图 3-12　导向轴承孔　　　　　　　　　图 3-13　千分表

图 3-14　检查飞轮壳的端面跳动　　　　　图 3-15　飞轮壳的径向跳动

b. 飞轮壳径向跳动（径向偏差）的检查。参考图 3-15，检查飞轮壳的径向跳动，将千分表紧固到飞轮上，使其测砧接触飞轮壳的孔。当千分表位于位置 C 时，将其调整到 0.0mm（0.00in）。朝着轴承顶部向上推曲轴。参考图 3-16，在 C 列的第一行记下轴承间隙的测量值（注：用正确的符号记录千分表的测量值）。必须使用正确的符号是为了在表中进行正确计算。用得到的轴承间隙的测量值除以 2。在 B 列和 D 列的第一行记录该数字。参考图 3-16 检查飞轮壳的径向跳动，转动飞轮，把千分表放在位置 A。将千分表调整到 0.0mm（0.00in）。逆时针转动飞轮以将千分表放在位置 B。将测量值记录下来。逆时针转动飞轮以将千分表放在位置 C。将测量值记录下来。逆时针转动飞轮以将千分表放在位置 D。将测量值记录下来。将各列中每行的数据相加。用 B 列和 D 列中较大的数字减去较小的数字。将差值放入第二行。该结果即为水平偏差（不圆度）。C 列中第三行的数值为垂直偏差。

在图 3-17 所示的偏差线（垂直偏差和水平偏差）的交叉部分，如果交叉点位于"允许值"范围，说明孔是对齐的；如果交叉点位于"不允许值"范围，则必须更换飞轮壳。

(6) 减振器

① 减振器结构　气缸内燃烧产生的力将使曲轴扭曲，这称之为扭转振动。如果扭转太剧烈，曲轴将损坏。减振器将扭转振动限制在合理的范围内，以防止曲轴损坏。

a. 橡胶减振器（如有配备）。橡胶减振器安装在曲轴 1 前端。毂 4 和轴环 2 由一个橡胶环 3 隔离开。橡胶减振器在毂口轴环上有对齐标记 5。这些标记表明橡胶减振器的状况，如图 3-18 所示。

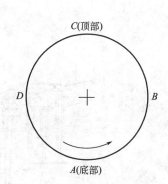

图 3-16　检查飞轮壳的径向跳动

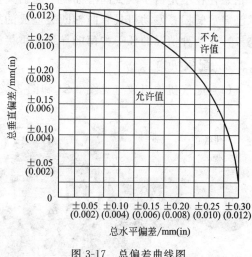

图 3-17　总偏差曲线图

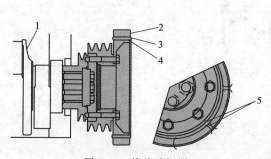

图 3-18　橡胶减振器

1—曲轴；2—轴环；3—橡胶环；4—毂；5—对齐标记

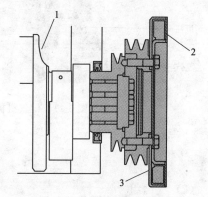

图 3-19　黏滞减振器的横剖面

1—曲轴；2—配重；3—壳体

b. 黏滞减振器（如有配备）。黏滞减振器安装在曲轴 1 的前端。黏滞减振器的壳体 3 内有一个配重 2。配重和壳体之间的空间充满黏液。配重在壳体内移动以限制扭转振动，如图 3-19 所示。

② 减振器拆装　减振器损坏或发生故障会加剧振动并会导致曲轴损坏。如果减振器损坏、弯曲或者安装螺栓孔磨损，那么应更换减振器。

减振器安装时应对准轮毂和环上的对准标记。

减振器径向跳动量不能超过 2.03mm。检测方法参考飞轮检测。

③ 减振器的检查　图 3-20 所示的减振器安装在曲轴 3 的前端。减振器总成 2 的壳体内有一个配重。配重和壳体之间的空间充满黏性液体。配重在壳体内移动以限制扭转振动。

如果存在下列任何状况则更换减振器：减振器凹陷、破裂或泄漏；减振器上的油漆因热而褪色；

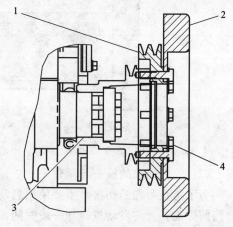

图 3-20　减振器和带轮

1—带轮；2—减振器总成；3—曲轴；4—螺栓

齿轮系存在不是由于缺少润滑油而引起的大量磨损；通过对润滑油进行分析，表明前部主轴承已严重磨损；发动机具有曲轴断裂造成的故障；检查黏性减振器壳体是否有泄漏或损坏的迹象，这两种情况的任一种都能导致配重接触壳体，这种接触能够影响减振器的工作。

3.2.2 配气机构

（1）配气机构组成（见图 3-21 和图 3-22）

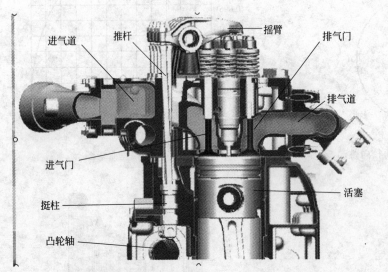

图 3-21 配气机构

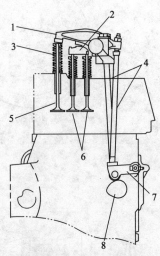

图 3-22 配气机构组件

1—摇臂；2—横臂；3—弹簧；4—推杆；5—排气门；6—进气门；7—凸轮随动件；8—凸轮轴

（2）气门组

4 气门保证充分的进、排气，改善了燃油的经济性和排放。优化的结构设计，改善了缸盖的密封性、可靠性和耐用性，缸盖-缸体用 6 根螺栓紧固，改善了燃气的密封性，最大程度地减小气缸套的变形，如图 3-23 和图 3-24 所示。

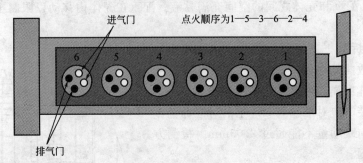

图 3-23 4 气门位置

（3）气门间隙的检查与调整

为了防止可能的伤害，不要使用启动机来转动飞轮。热的发动机组件能导致烧伤。测量气门间隙前，允许发动机冷却一段时间。该发动机使用高电压来控制燃油喷射。断开电子燃油喷射器的启动电路接头以防止人身伤害。当发动机运转时，不要接触喷油器端子。在摇臂和气门横梁之间测量气门间隙。所有的测量和调整都必须在发动机停转并且气门完全关闭时

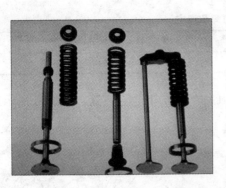

图 3-24　气门、摇臂

进行。

① 气门间隙检查　如果气门间隙的测量值在表 3-1 所列的规定范围内，就不必进行调整。图 3-25 所示为气缸和气门位置。

表 3-1　门间隙检查

进气/mm	0.30～0.46
排气/mm	0.56～0.72

如果测量值不在规定的范围内，有必要进行调整。

(a)

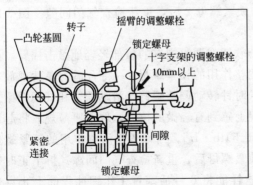
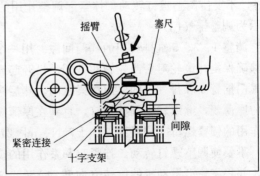

(b)

图 3-25　气缸和气门位置

② 气门间隙调定（表 3-2）

表 3-2　气门间隙调定

进气/mm	0.38
排气/mm	0.64

③ 调整气门间隙的步骤　将 1 号活塞置于压缩冲程的上止点位置。图 3-26 所示为进气门调整。

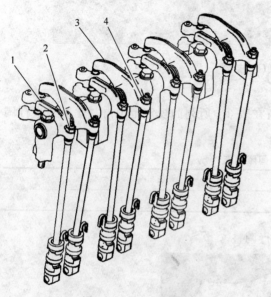

图 3-26　进气门调整
1—进气门摇臂；2,4—起调整作用的
锁紧螺母；3—排气门摇臂

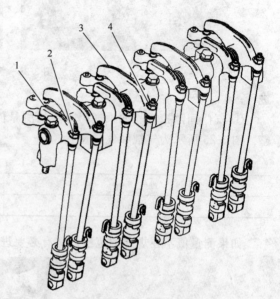

图 3-27　调整排气门
1—进气门摇臂；2,4—起调整作用的
锁紧螺母；3—排气门摇臂

调整 1、2、4 缸进气门的气门间隙。用一个软锤在调整螺钉的顶部轻轻地敲击摇臂。这能够确保挺杆滚轮对着凸轮轴的基圆。松开起调整作用的锁紧螺母 2，将合适的厚薄规放在进气门摇臂 1 和进气门的气门横梁之间，然后顺时针转动调整螺钉。滑动摇臂和气门横梁之间的厚薄规。继续转动调整螺钉，直到在厚薄规上感到有轻微的拉力。取下厚薄规，将起调整作用的锁紧螺母 2 拧紧到（29±7）N·m[（21±5）lb·ft]。当拧紧起调整作用的锁紧螺母 2 时，不要使调整螺钉转动。拧紧起调整作用的锁紧螺母 2 后，重新检查气门间隙。图 3-27 所示为调整排气门。

调整 1、3、5 缸排气门的气门间隙。用一个软锤在调整螺钉的顶部轻轻地敲击摇臂。这能够确保挺杆滚轮对着凸轮轴的基圆。松开起调整作用的锁紧螺母 4。将合适的厚薄规放在排气门摇臂 3 和排气门的气门横梁之间，然后顺时针转动调整螺钉。滑动摇臂和气门横梁之间的厚薄规，继续转动调整螺钉，直到在厚薄规上感到有轻微的拉力。取下厚薄规，将起调整作用的锁紧螺母 4 拧紧到（29±7）N·m[（21±5）lb·ft]。当拧紧起调整作用的锁紧螺母时，不要使调整螺钉转动。拧紧起调整作用的锁紧螺母后，重新检查气门间隙。拆下正时螺栓，并将飞轮沿发动机的旋转方向转动 360°。这样能将 6 号活塞置于压缩冲程的上止点位置。将正时螺栓安装到电轮内。

调整 3、5、6 缸进气门的气门间隙。用一个软锤在调整螺钉的顶部轻轻地敲击摇臂。

这能够确保挺杆滚轮对着凸轮轴的基圆。松开起调整作用的锁紧螺母 2，将合适的厚薄规放在进气门摇臂 1 和进气门横梁之间，然后顺时针转动调整螺钉。滑动摇臂和气门横梁之间的厚薄规。继续转动调整螺钉，直到在厚薄规上感到有轻微的拉力。取下厚薄规。将起调整作用的锁紧螺母 2 拧紧到（29±7）N·m[（21±5）lb·ft]。当拧紧起调整作用的锁紧螺母时，不要使调整螺钉转动。拧紧起调整作用的锁紧螺母后，重新检查气门间隙。

调整 2、4、6 缸排气门的气门间隙。用一个软锤在调整螺钉的顶部轻轻地敲击摇臂。这能够确保挺杆滚轮对着凸轮轴的基圆。松开起调整作用的锁紧螺母 4，将合适的厚薄规放在排气门摇臂 3 和排气门的气门横梁之间，然后顺时针转动调整螺钉。滑动摇臂和气门横梁之间的厚薄规。继续转动调整螺钉，直到在厚薄规上感到有轻微的拉力。取下厚薄规，将起调整作用的锁紧螺母 4 拧紧到（29±7）N·m[（21±5）lb·ft]。当拧紧起调整作用的锁紧螺母时，不要使调整螺钉转动。拧紧起调整作用的锁紧螺母后，重新检查气门间隙。

调整好所有的气门间隙后，从飞轮上拆下正时螺栓。重新安装正时盖。

（4）凸轮轴

凸轮轴位于缸体左上方。凸轮轴由发动机前面的齿轮驱动。4 个轴承支承着凸轮轴。凸轮轴的驱动齿轮和轴肩之间安装有止推板，用以控制凸轮轴的轴向间隙。

凸轮轴由惰轮驱动，惰轮是由曲轴齿轮驱动的。凸轮轴和曲轴的旋转方向一致。从发动机的飞轮端看发动机，曲轴应按逆时针方向旋转。曲轴齿轮、惰轮、凸轮轴齿轮上有正时标记，以确保凸轮轴相对曲轴正确正时，使气门正确工作。图 3-28 所示为凸轮轴。

凸轮轴位于缸体左上方，由发动机前面的齿轮驱动。4 个轴承支承着凸轮轴。凸轮轴的驱动齿轮和轴肩之间安装有止推板，用以控制凸轮轴的轴向间隙。

图 3-28　凸轮轴

凸轮轴由惰轮驱动，惰轮是由曲轴齿轮驱动的。凸轮轴和曲轴的旋转方向一致。从发动机的飞轮端看发动机，曲轴应按逆时针方向旋转。曲轴齿轮、惰轮、凸轮轴齿轮上有正时标记，以确保凸轮轴相对曲轴正确正时，使气门正确工作。

随着凸轮轴的转动，各个凸角便驱动挺杆组件。每个气缸有两个挺杆组件。每个挺杆组件驱动一个推杆。每个推杆驱动进气门或排气门。凸轮轴必须相对曲轴正时。凸轮凸角相对曲轴的位置关系使得各缸气门能按正确时间工作。

凸轮轴通过压入缸体的轴承来支承。有 4 个凸轮轴轴承。渗碳处理增加寿命，高位置允许使用短的推杆，改善了配气机构的超速能力。

3.2.3　进气、排气系统

（1）进气、排气系统组成结构

① 3126B 柴油机进气、排气系统结构如图 3-29 所示。

3126B 柴油机进气、排气系统工作情况如图 3-30 所示。空气经空气滤清器进入涡轮增压器。由涡轮增压器增压，中冷器给空气降温，使其温度约为 43℃，然后空气被吸入气缸。

② C-9 柴油机进气、排气系统结构见图 3-31、图 3-32。

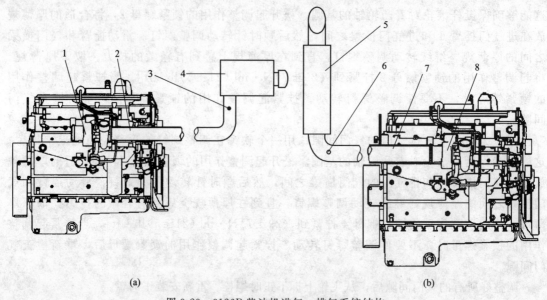

图 3-29　3126B 柴油机进气、排气系统结构

1,8—涡轮增压器；2—进气管；3,6—测试位置；4—空气滤清器；5—消声器；7—排气管

（2）涡轮增压器

涡轮增压器系统设有旁通阀，旁通阀布置见图 3-33。在高速高负荷时，施加到旁通

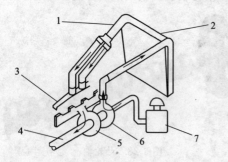

阀气室膜片上的增压压力较高，通过推杆打开阀门，使部分废气排掉，防止增压器转速过大和增压过高。

（3）空气进气加热装置

空气进气加热装置用来在寒冷条件下辅助柴油机启动，减少冷启动时白烟排放量。

① 结构特点。空气进气加热装置主要包括进气加热器、加热器继电器、冷却液温度传感器、进气温度传感器、ECM 和指示灯。进气加热器结构见图 3-34 和图 3-35。

图 3-30　3126B 柴油机进气、排气系统工作情况
1—空气管；2—中冷器；3—进气管；4—涡轮增压器排气出口；5—涡轮增压器涡轮机一侧；6—涡轮增压器压气机一侧；7—空气滤清器

② 工作情况。ECM 根据进气温度传感器和冷却液温度传感器的信号决定是否使进气加热器工作。ECM 通过控制安装在进气歧管上的

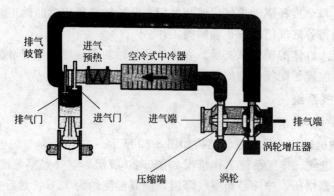

图 3-31　C-9 柴油机进气、排气系统结构原理

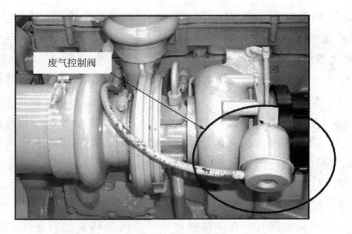

图 3-32　C-9 柴油机进气、排气系统结构外形

加热器继电器来控制进气加热器工作。

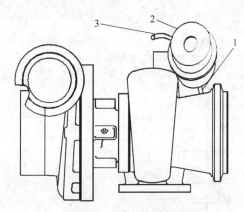

图 3-33　旁通阀布置

1—推杆；2—旁通阀气室；3—感压管路（增压压力）

加热器继电器根据来自 ECM 的信号接通或断开进气加热器。进气加热器在柴油机启动前和柴油机启动过程中能够工作 30s。在柴油机启动后，系统还能够持续加热 7min，或者系统循环加热 13min。在循环加热过程中，进气加热器每加热 10s，就停止 10s，如此反复。进气加热器有以下几种状态：

a. 通电。当 ECM 初次通电时，进气加热器和指示灯就工作 2s，这种状态与柴油机温度和转速无关。

b. 预热循环。通电后，如果此时柴油机在低海拔（低于 1678m）的地方，冷却液温度与进气温度之和小于 25℃，或者在高海拔（高于 1678m）的地方，冷却液温度与进气空气温度之和小于 53℃，ECM 就会控制进气加热器和指示灯工作 30s。工作 30s 后，如果柴油机转速仍保持为 0，ECM 就使进气加热器和指示灯停止工作，而此时与柴油机温度无关。

图 3-34　加热器电磁阀外形

图 3-35　进气加热器结构

c. 启动循环。当 ECM 检测到柴油机转速不为 0 时，ECM 就使进气加热器和指示灯继

续工作。如果此时柴油机在低海拔（低于 1678m）的地方，冷却液温度与空气进气温度之和小于 35℃时，或者在高海拔（高于 1678m）的地方时，冷却液温度与进气空气温度之和小于 63℃，ECM 就会控制进气加热器和指示灯继续工作。

柴油机启动后进入到怠速运转状态，在上述条件下，ECM 使进气加热器和指示灯继续工作 7min。

d. 启动后循环。如果柴油机在低海拔（低于 1678m）的地方，冷却液温度与空气进气温度之和小于 35℃，或者在高海拔（高于 1678m）的地方，冷却液温度与空气进气温度之和小于 63℃，那么循环加热，即进气加热器每加热 10s，就停止 10s，如此反复。

在柴油机启动后，ECM 根据进气温度传感器和冷却液温度传感器信号来决定进气加热器的工作方式。循环加热有连续加热和间歇加热两种方式：

a. 连续加热。在连续加热时，在柴油机启动后进气加热器仍旧连续工作 7min。如果柴油机温度仍较低，ECM 就会控制进气加热器转为间歇加热方式。

b. 间歇加热。在间歇加热过程中，进气加热器每加热 10s，就停止 10s。进气加热器最长工作时间为 13min。

进气加热装置电路见图 3-36。

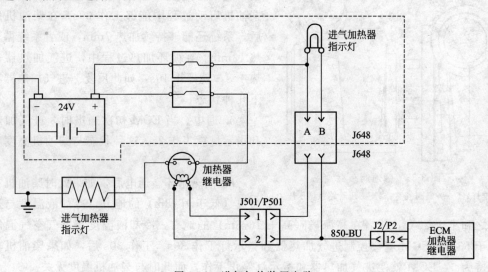

图 3-36　进气加热装置电路

③ 当进气加热装置有故障时的工作情况。当两个温度传感器中的一个发生故障时，系统就会按以下方式工作：

a. 冷却液温度传感器短路或断路，进气温度低于 10℃，ECM 控制进气加热器工作。

b. 进气温度传感器短路或断路，冷却液温度低于 40℃，进气加热器进入加热工作状态。

如果进气加热器出现故障，那么柴油机仍旧能够启动和运转，只是在低温时可能有大量白烟出现。

3.2.4　润滑系统

（1）润滑系统组成

C-9 柴油机润滑系统组成见图 3-37，3126B 柴油机润滑系统组成见图 3-38。

（2）润滑系统的结构特点

除机油冷却器安装在机体内部外，该润滑系统其他方面与传统的润滑系统基本相同。机

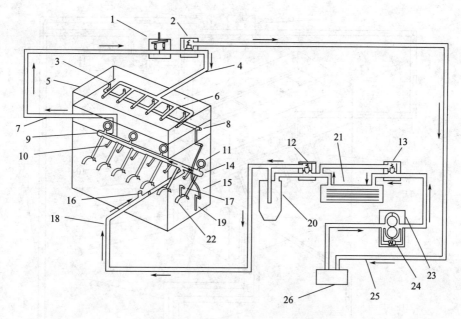

图 3-37　C-9 柴油机润滑系统组成

1—液压泵；2—高压安全阀；3—到摇臂的油道；4,6—高压机油油管；5—气缸盖罩；7—到液压泵的
油道；8—气缸盖油道；9—油堵；10—活塞冷却机油喷嘴；11—凸轮轴轴承；12—机油滤清器旁通阀；
13—机油冷却器旁通阀；14—主油道；15—到前正时齿轮室的油道；16—涡轮增压器油管；17—到
凸轮轴惰轮轴承的油道；18—油道；19—到机油泵轴惰轮的油道；20—机油滤清器；21—机油
冷却器；22—主轴承；23—机油泵；24—机油泵旁通阀；25—通油底壳的油道；26—油底壳

油冷却器安装在机体内部，减轻了柴油机重量，减少了机油泄漏的可能性，如图 3-39、图
3-40 所示。

3126B 柴油机和 C-9 柴油机机油润滑系统分为两个部分：低压系统和高压系统。低压系
统就是传统的柴油机润滑系统，一般机油压力为 240～480kPa。高压系统为喷油器提供高压
喷射驱动压力，一般压力范围为 6～25MPa（3126B 柴油机为 4～23MPa）。高压机油泵压到
气缸盖内，油道与喷油器连通。图 3-41 所示为活塞冷却机油喷嘴。

机油泵旁通阀限制机油泵的最高压力，当机油泵泵出的液压油压力过高时，机油泵旁通
阀打开，使机油泵泵出的机油直接进到机油泵的吸油孔。图 3-42 所示为机油泵旁通阀外形。

当柴油机在冷态启动时，机油泵旁通阀和机油冷却器旁通阀会打开，可以使机油立即进
入到所有部件，实现运动部件的润滑。若冷态机油的黏度过高，则进入到机油冷却器和机油
滤清器时会造成堵塞。这两个旁通阀打开就可以使机油泵泵出的机油经过旁通阀直接进入到
涡轮增压器油管和气缸体内主油道。在机油温度升高后，作用到旁通阀上的压力差减小，旁
通阀关闭，机油进入正常工作状态。当柴油机的机油滤清器或机油冷却器堵塞时，旁通阀也
会打开。

机油安全阀（限压阀）将润滑系统的最高压力限制在 695kPa。当机油安全阀打开时机
油直接回到油底壳。机油经过滤清器后进入冷却器，机油得到冷却。当机油温度达到 100℃
时，机油冷却器旁通阀内的温度控制装置将机油输送到机油冷却器。在机油冷却器旁通阀内
有一个温度控制装置，当机油温度达到 127℃（温度控制装置触发温度）时，旁通阀就完全

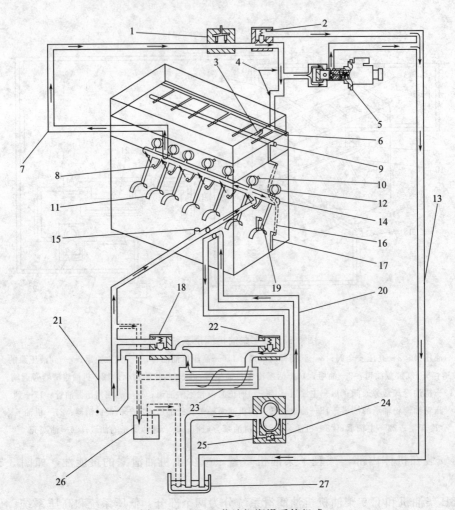

图 3-38　3126B 柴油机润滑系统组成

1—液压泵；2—高压安全阀；3—到摇臂的油道；4—高压机油油管；5—喷射驱动压力控制阀；6—高压
机油油道；7—到液压泵的油道；8—活塞冷却喷嘴；9—气缸盖油道；10—通凸轮随动件轴承的油道；
11—主轴承；12—凸轮轴轴承；13—通油底壳的油道；14—主油道；15—涡轮增压器油管；
16—到前正时齿轮室的油道；17—到机油泵惰轮的油道；18—机油滤清器旁通阀；
19—到凸轮轴惰轮轴承的油道；20—到凸轮轴中间齿轮轴承的油道；21—机油
滤清器；22—机油冷却器旁通阀；23—机油冷却器；24—机油泵；25—机
油泵旁通阀；26—辅助滤清器（选配）；27—油底壳

图 3-39　机油冷却器位置

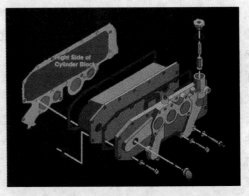

图 3-40　机油冷却器构件

图 3-41　活塞冷却机油喷嘴

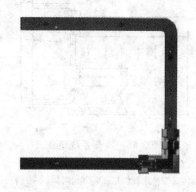

图 3-42　机油泵旁通阀外形

关闭，机油全部进入机油冷却器进行冷却。当机油冷却器旁通阀失效时，该装置就处于完全关闭位置。旁通阀同时还有压力差控制功能，如果机油冷却器压力差达到 （155±17）kPa（C-9 柴油机）、 （125±30）kPa（3126B 柴油机）时，那么旁通阀打开，机油不经过机油冷却器，而直接进入润滑系统。

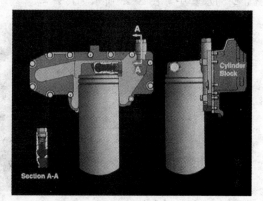

当经过机油滤清器的机油压力差达到 170kPa（C-9 柴油机）、（125±30）kPa（3126B 柴油机）时，旁通阀打开，此时机油不经过滤清器，而直接进入润滑系统。当柴油机处于冷态时，如果机油滤清器两侧的压力差达到 170kPa（C-9 柴油机）、（125±30）kPa（3126B 柴油机）时，那么旁通阀也会打开。机油滤清器及旁通阀见图 3-43。

图 3-43　机油滤清器及旁通阀

发动机机油泵安装在缸体底部。机油泵位于油盘内，如图 3-44 和图 3-45 所示。发动机机油泵从发动机油盘中吸取机油。

图 3-44　发动机机油泵总成

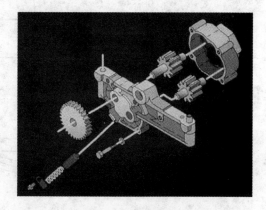

图 3-45　机油泵构件

发动机机油泵通过油道将机油泵入发动机机油冷却器。然后机油流经发动机机油滤清器。过滤后的机油进入涡轮增压器机油供油管，并且还要进入主油道。

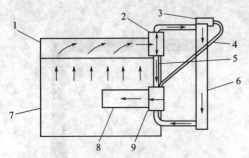

图 3-46 冷却系统组成

1—气缸盖；2—节油器；3—膨胀箱；4—分路
软管；5—并联软管；6—散热器；7—气缸
体；8—机油冷却器；9—水泵

3.2.5 冷却系统

（1）冷却系统组成

冷却系统组成见图 3-46。与普通柴油机冷却系统相同，采用压力循环系统，水泵在发电机缸体右侧，由皮带驱动。

（2）冷却系统主要部件

水泵位于缸体右侧，由曲轴带轮提供动力的皮带驱动，如图 3-47 所示。冷却液可以从几处进入水泵：水泵底部的进口；位于水泵顶部的旁通软管；位于水泵顶部的分流管。

散热器底部的冷却液通过叶轮的旋转吸入水泵底部进口。冷却液从泵的后部出来，并被导入缸体的机油冷却器腔室。

所有的冷却液流经机油冷却器芯，并进入缸体的内部水总管，水总管将冷却液疏散到环绕缸壁的水套中。图 3-48 所示为冷却器。

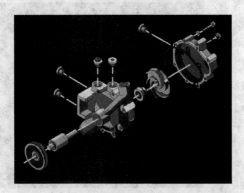

(a) 水泵构件

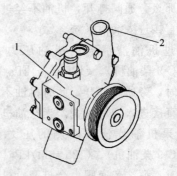

(b) 水泵总成

图 3-47 水泵

1—水泵；2—旁通入口

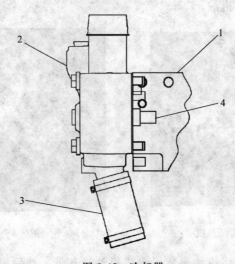

图 3-48 冷却器

1—缸盖；2—水温调节器壳；3—旁通软管；4—水温调节器

冷却液从缸体流入缸盖内的通道，通道将冷却液输送到喷油器衬套以及进、排气道的周围。冷却液进入缸盖右前方的水温调节器壳。图 3-49（a）所示为水温调节器壳。

(a) 水温调节器壳　　　　　　　　　　　　　　　(b) 水温调节器

图 3-49　水温调节

水温调节器用于控制冷却液的流动方向。当冷却液温度低于正常工作温度时，水温调节器关闭。冷却液流经旁通软管并进入水泵的顶部进口。当冷却液温度达到正常工作温度时，水温调节器打开。当水温调节器打开时，旁路关闭。大部分冷却液通过旁通入口流入散热器进行冷却。其余的冷却液通过旁通软管进入水泵。图 3-49（b）所示为水温调节器。

① 一些冷却系统可能包括两个水温调节器。分流管从水泵顶部延伸到膨胀水箱。分流管的布置路线必须正确，以避免聚集空气。通过为水泵提供恒定流量的冷却液，分流管使得水泵无气蚀现象发生。

② 水温调节器是冷却系统的重要组成部分。水温调节器在散热器和旁路之间将冷却液分开，以保持正常的工作温度。如果系统没有安装水温调节器，就不存在机械控制，大部分冷却液将以最小的阻力通过旁路。这将使发动机在炎热天气下过热，并在寒冷天气下达不到正常工作温度。

③ 当散热器充满冷却液时，通气阀将允许空气从冷却系统流出水温调节器。正常工作时，通气阀将关闭，以防止冷却液流过水温调节器。

3.2.6　燃油系统

C-9 柴油机和 3126B 柴油机燃油系统采用液压驱动电控喷油器（HEUI）式燃油喷射系统，实现燃油喷射和喷射正时的电子控制。当 ECM 输出电流到喷油器时，喷油器开始喷油。当断电时，停止喷射燃油。通过控制燃油喷射开始时刻来实现喷油正时的精确控制，通过控制喷射时间来实现喷油量的精确控制。

（1）液压驱动电控喷油器式燃油喷射系统组成

C-9 柴油机液压驱动电控喷油器（HEUI）式燃油喷射系统见图 3-50，3126B 柴油机液压驱动电控喷油器（HEUI）式燃油喷射系统见图 3-51。

HEUI 式燃油喷射系统由液压泵、液压驱动电控喷油器、喷油驱动压力控制阀、喷油驱动压力传感器、燃油输油泵和电控模块（ECM）等零、部件组成。

HEUI 式燃油喷射系统可分为低压燃油系统和液压喷射驱动系统两个系统。

（2）低压燃油系统

低压燃油系统有两个作用：为喷油器提供喷射的燃油；输送过量的燃油，将燃油系统内部的空气带走。

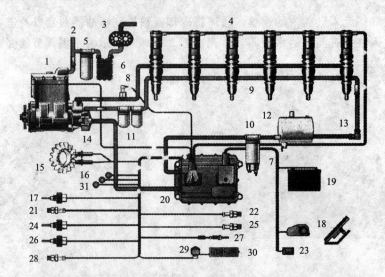

图 3-50 C-9 柴油机液压驱动电控喷油器（HEUI）式燃油喷射系统

1—液压泵；2—柴油机机油油道；3—机油泵；4—喷油器；5—机油滤清器；6—机油冷却器；7—燃油粗滤器/油水分离器；8—喷油驱动压力（IAP）传感器；9—燃油供给油管；10—燃油输油泵；11—2μm 二级柴油精滤器；12—油箱；13—燃油压力调节阀；14—IAP 控制装置；15—凸轮轴齿轮背面；16—速度/正时传感器；17—涡轮增压器入口压力传感器；18—油门位置传感器；19—蓄电池；20—ECM；21—冷却液温度传感器；22—机油湿度传感器；23—数据自动传输器；24—进气湿度传感器；25—燃油压力传感器；26—机油压力传感器；27—涡轮增压器出口压力传感器；28—大气压力传感器；29—预热继电器；30—预热；31—预热、自动怠速、检查指示灯

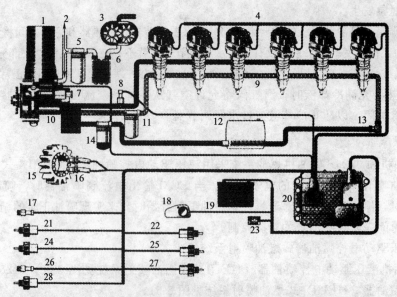

图 3-51 3126B 柴油机液压驱动电控喷油器（HEUI）式燃油喷射系统

1—液压泵；2—柴油机机油油道；3—机油泵；4—喷油器；5—机油滤清器；6—机油冷却器；7—喷油驱动压力（IAP）控制阀；8—IAP 传感器；9—燃油供给油管；10—燃油输油泵；11—次级燃油滤清器；12—油箱；13—燃油压力调节阀；14—燃油粗滤器/油水分离器；15—凸轮轴齿轮背面；16—速度/正时传感器；17—涡轮增压器入口压力传感器；18—油门位置传感器；19—蓄电池；20—ECM；21—冷却液温度传感器；22—机油温度传感器；23—数据自动传输器；24—进气温度传感器；25—燃油压力传感器；26—机油压力传感器；27—涡轮增压器出口压力传感器；28—大气压力传感器

低压燃油系统见图 3-52。

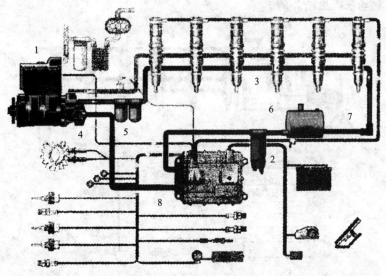

图 3-52　低压燃油系统

1—液压泵；2—燃油粗滤器/油水分离器；3—燃油供给油管；4—燃油输油泵；
5—2μm 二级柴油精滤器；6—油箱；7—燃油压力调节阀；8—ECM

　　燃油从油箱和油水分离器（13μm）中被吸出，油水分离器首先将较大的颗粒和杂质从燃油中分离，同时油水分离器将燃油中的水分离，分离的水沉积在油水分离器底部的玻璃杯内。燃油经过燃油输油泵和 2μm 二级柴油精滤器后进入到位于气缸盖内燃油供给油管。燃油供给油管是一个贯通气缸盖的钻孔，其扩展到气缸盖的后端，与每个喷油器连通，这样燃油就进入到喷油器内。过量的燃油从气缸盖的后端流出，进入燃油压力调节阀。

　　燃油压力调节阀见图 3-53，其包含一个节流孔和弹簧加载的单向阀。节流孔限制燃油的流量，使燃油的压力能够得以保持。弹簧加载的单向阀在压力达到 35kPa 时就会打开，使燃油经节流孔流回到燃油箱。当柴油机停止运转或没有燃油压力时，单向阀关闭。关闭弹簧加载的单向阀可以防止缸盖燃油道内的燃油流回到燃油箱。

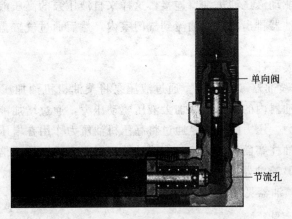

图 3-53　燃油压力调节阀

（3）液压喷射驱动系统

液压喷射驱动系统有两个功能：为喷油器提供高压喷射驱动动力；通过控制液压油的驱

动压力来控制每个喷油器的喷射压力。

液压喷射驱动系统见图 3-54。

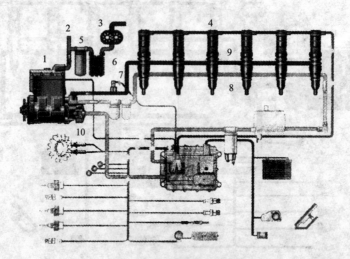

图 3-54　液压喷射驱动系统

1—液压泵；2—机油油道；3—机油泵；4—喷油器；5—机油滤清器；6—机油冷却器；

7—IAP 传感器；8—燃油供给油管；9—高压机油道；10—IAP 控制阀

来自机油泵的机油除满足柴油机润滑系统的润滑需求外，还满足液压喷射驱动系统中液压泵的需要。机油泵将机油从油底壳吸出，加压后机油经过机油冷却器和滤清器后进入主油道，从主油道上分出一部分机油进入到液压泵。在柴油机左侧有一根钢管，将柴油机主油道和液压泵进油孔连接。

机油从液压泵的进油口进入液压泵储油池中。储油池的作用是在柴油机启动期间向液压泵提供机油，直到柴油机机油泵的压力建立起来为止。液压泵储油池同时还为高压油道补油。柴油机熄火冷却后，机油温度降低，体积收缩。液压泵单向阀使液压油从液压泵泵侧储油池进入机油高压油道，使机油高压油道始终保持充满状态。

来自储油池的机油被液压泵加压后通过出油口进入气缸盖内的高压机油油道。高压机油油道和每个喷油器的驱动液压油进油口连接，这样来自液压泵的高压液压油通过气缸盖进入每个喷油器。每个喷油器排出的液压油流到气门室内，然后通过气缸盖内的泄油孔流回到油底壳。

（4）燃油系统主要部件

① 液压驱动电控喷油器（HEUI）　通过液压泵将柴油机机油加压到 6～25MPa 来驱动电控喷油器。利用喷油器内的增压活塞加大液压驱动压力，通过增加液压驱动压力使喷油器产生非常高的喷射压力。压力的增加是通过将高压机油压力作用在增压活塞上实现的。增压活塞的面积大约是喷油柱塞面积的 6 倍，使喷油器喷射压力增大约 6 倍。

a. 结构。HEUI-B 喷油器由控制部分（上部）、增压部分（中部）、喷射部分（下部）3部分组成。HEUI-B 喷油器见图 3-55。

喷油器组成见图 3-56。

喷油器控制部分由电磁线圈、衔铁、回位弹簧、滑阀、滑阀弹簧、提升阀、增压活塞单向阀组成。

喷油器增压部分由增压活塞、回位弹簧、喷油柱塞、柱塞腔壳体组成。

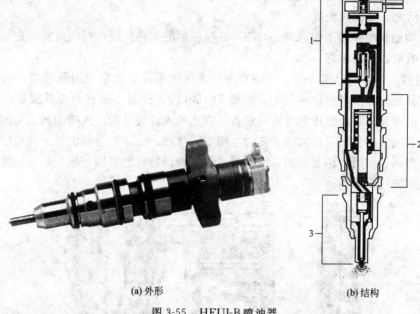

(a) 外形　　　　　　　　　　　(b) 结构

图 3-55　HEUI-B 喷油器

1—控制部分；2—增压部分；3—喷射部分

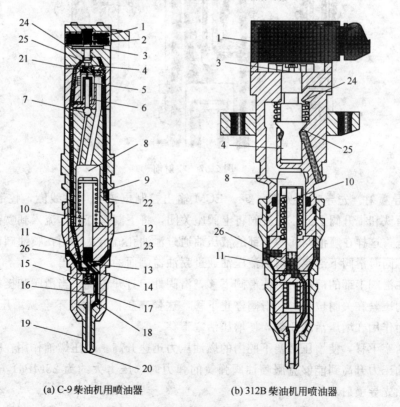

(a) C-9柴油机用喷油器　　　　(b) 312B柴油机用喷油器

图 3-56　喷油器组成

1—电磁线圈；2,9—回位弹簧；3—衔铁；4—提升阀；5—滑阀弹簧；6—滑阀；7—增压活塞单向阀；8—增压活塞；10—柱塞；11—柱塞腔壳体；12—喷油嘴壳体；13—进油单向阀；14—限位器；15—喷油阀弹簧；16—喷油阀活塞；17—阀套；18—回油单向阀；19—喷油阀阀芯；20—喷油嘴；21—泄油孔；22—液压油进油孔；23—柴油进油口；24—上阀座；25—下阀座；26—柱塞腔

　　喷油器喷射部分由喷油嘴壳体、限位器、进油单向阀、阀套、回油单向阀、喷油阀弹簧、喷油阀活塞、喷油阀组成。

　　b. C-9 柴油机喷油器工作原理。HEUI-B 喷油器的工作阶段包括喷射前、先导喷射、延迟喷射、主喷射、燃油填充。

　　• 喷射前。喷射前见图 3-57。喷油柱塞和增压活塞位于活塞腔的最顶端，柱塞腔内充满了燃油，其压力等于燃油供油压力，大约为 450kPa。此时，衔铁和提升阀被回位弹簧压紧在下阀座的位置。高压液压油进入喷油器，液压油流经提升阀进入喷油阀活塞的顶部，这样液压油就对喷油阀施加了正向的下压力，喷油阀关闭。此时，滑阀上、下两端同时受到高压液压油的作用，作用力相互抵消，滑阀被滑阀弹簧保持在滑阀腔的顶部，此时滑阀阻止高压液压油流入增压活塞腔。

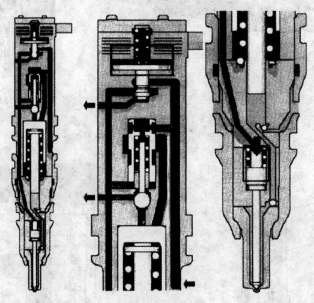

图 3-57　喷射前

　　• 先导喷射。先导喷射见图 3-58。ECM 输出控制电流到电磁线圈，控制电流产生磁场，吸引衔铁和提升阀上升。提升阀将上阀座关闭，将下阀座打开，流入到喷油阀的高压液压油被阻止，这样在喷油阀活塞顶部的液压油通过泄油孔流出，作用在喷油阀活塞上的作用力会消除，同时滑阀下部空腔内的液压油通过喷油器侧面的小孔排出。

　　作用在滑阀上部的液压压力使滑阀下移，滑阀处于打开位置，当滑阀和挺杆将增压活塞腔的单向阀压紧在关闭位置时，滑阀停止下移，这样高压液压油就不会从增压活塞腔流出，压力升高而作用在增压活塞顶部，使增压活塞下移。

　　增压活塞下移，使增压活塞下腔内的燃油压力迅速升高。高压燃油作用在喷油阀下锥面上。当燃油压力升高到能够克服喷油阀弹簧的弹力时（压力大约为 28MPa），喷油阀上升，喷油器开始先导喷射。

　　如果电磁线圈通电，滑阀打开，喷油阀活塞上没有液压油作用，那么喷油器就会继续进行先导喷射。

　　• 延迟喷射。延迟喷射见图 3-59。电磁线圈断电，提升阀在弹簧的作用下将下阀座关闭，上阀座打开，高压液压油进入喷油阀活塞上端。作用在喷油阀活塞上端的高压液压油迅

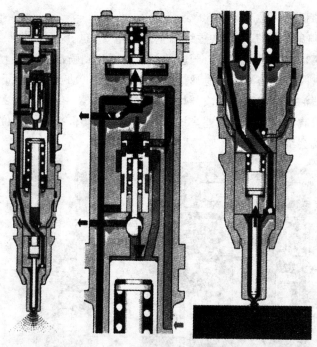

图 3-58　先导喷射

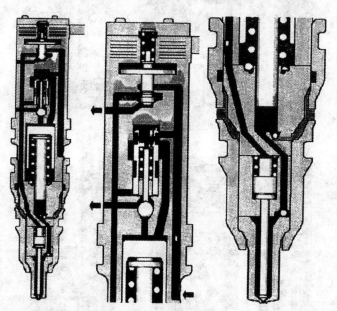

图 3-59　延迟喷射

速升高燃油喷射压力,将喷油阀关闭,停止喷油。

　　作用在滑阀下部的液压油压力升高,与作用在滑阀上部的液压油压力抵消,只有较弱的滑阀簧弹力作用在滑阀上,因此滑阀的关闭过程较慢,滑阀仍旧保持打开的位置,喷射驱动液压油继续进入增压活塞腔,此时由于喷油阀处在关闭位置,喷油嘴内和柱塞腔内的燃油喷射压力会迅速升高。

　　先导喷射可降低排放和燃烧噪声。先导喷射后有一个短暂的延迟喷射,建立一个火焰前沿,主喷射在延迟喷射之后,有助于使主喷射燃烧更为完全,从而大大减少了微粒和氮氧化合物排放量，使柴油机燃烧噪声降低50%。

• 主喷射。主喷射见图3-60。电磁线圈重新通电，磁场瞬间产生吸引，将衔铁和提升阀吸引，关闭上阀座，打开下阀座。上阀座关闭，切断流到喷油阀活塞上的驱动液压油，打开喷油阀活塞腔和滑阀下部的液压油泄油油道。增压活塞带动喷油柱塞下移，使燃油喷射压力迅速升高，打开喷油阀，主喷射阶段开始。喷射压力在34～162MPa之间变化，压力取决于柴油机的需要。滑阀上仍存在压力差，该压力差使单向阀保持在关闭位置。如果电磁线圈保持通电，主喷射就会继续。

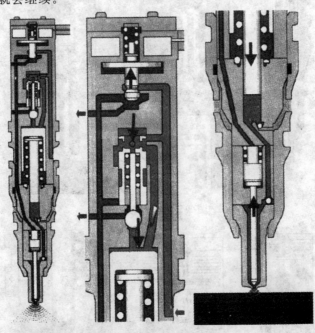

图3-60 主喷射

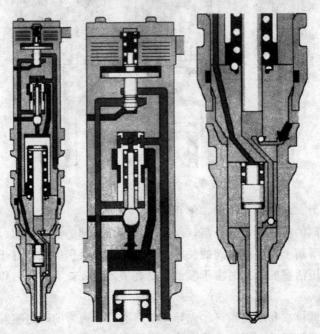

图3-61 燃油填充

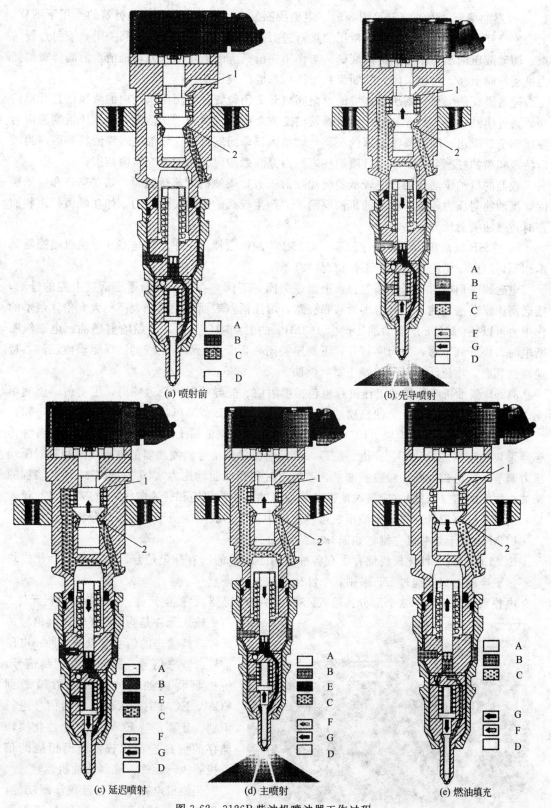

图 3-62　3126B 柴油机喷油器工作过程
1—上阀座；2—下阀座；A—排油通道；B—燃油供油通道；C—高压驱动液压油通道；
D—运动零件；E—喷射燃油通道；F—燃油流动方向；G—机械运动方向

• 燃油填充。燃油填充见图3-61。电磁线圈断电，衔铁和提升阀在弹簧的作用下下移，上阀座打开，下阀座关闭。驱动液压油重新进入喷油阀活塞腔，使喷油阀关闭，喷射过程结束。驱动液压油压力作用在滑阀底部，与作用在滑阀上的液压油压力相抵消，滑阀弹簧的弹力推动滑阀上移，慢慢关闭，切断流到增压活塞腔的液压油。

随着滑阀的上移，增压活塞腔的单向阀离开关闭位置。增压活塞腔内的液压油打开单向阀，通过泄油孔进入到泄油道。回位弹簧向上推动喷油柱塞和增压活塞，使增压活塞腔内的液压油全部泄出。随着喷油柱塞的上移，燃油入口单向阀打开，燃油进入喷油柱塞腔。当增压活塞和喷油柱塞上升到顶端且喷油柱塞腔内充满燃油时，燃油填充阶段结束。

较低的机油驱动压力产生较低的燃油喷射压力，柴油机低速运转时，如在怠速和启动期间，燃油喷射压力较低。较高的机油驱动压力产生较高的燃油喷射压力，如在峰值扭矩和加速时，燃油喷射压力较高。

c. 3126B柴油机喷油器工作原理。3126B柴油机喷油器工作原理与C-9柴油机喷油器基本相同，但由于结构有差异，工作情况略有不同。

电磁线圈通电时，提升阀上移，上阀座关闭，下阀座打开，切断增压活塞上腔的排油，接通高压驱动液压油，下推增压活塞和柱塞，增压活塞表面积比柱塞表面积大6倍，倍增的作用力可以使24MPa的驱动油压产生162MPa的燃油喷射压力，开始喷射燃油。电磁线圈断电时，提升阀下移，上阀座打开，下阀座关闭，切断增压活塞上腔的高压驱动液压油，接通排油管道，增压活塞上移，停止喷射燃油。

3126B柴油机喷油器的工作过程也包括喷射前、先导喷射、延迟喷射、主喷射、燃油填充。详细过程可参考C-9柴油机喷油器工作原理。3126B柴油机喷油器工作过程见图3-62。

② 电控模块　电控模块（ECM）相当于调速器和燃油系统的计算机。ECM利用各种传感器采集的数据进行计算、分析、整理，然后输出触发信号到喷油器的电磁线圈和喷射驱动压力调节阀的电磁线圈，调整喷油量、喷油正时和喷油驱动压力（IAP）。ECM存有编程的柴油机性能图谱（软件），能精确地控制柴油机的功率、扭矩和转速曲线。ECM可以与仪表显示系统通信，记录并显示柴油机在运转过程中发生的故障，便于维修人员分析。

ECM安装于柴油机左侧，如图3-63所示。

ECM内部的个性化模块储存了在各种应用工况时的所有标定信息。现在的个性化模块是不能更换的，只能通过ET来刷新个性化模块。

电控系统包括以下3个部分：输入元件（各个传感器）、控制元件（ECM）、执行元件。

输入元件是为ECM输送电信号的元件，其输送的信号有以下3种：电压信号、频率信号、脉冲宽度调制信号。传感器将柴油机的各种参数输送到ECM，ECM对输入的传感器信号进行识别、计算，与ECM内部个性化模块储存的信息进行比较，输出相应的信号控制执行元件，控制柴油机运转。

柴油机电控系统有自我诊断功能。如果系统出现故障，机器的故障报警系统就会对驾驶员报警，让驾驶员采

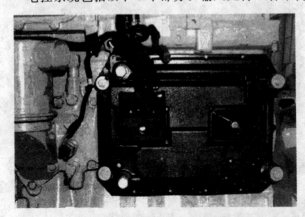

图3-63　ECM的安装位置

取相应的措施。可以利用 ET 或相应的仪表监视系统读取故障代码。

　　C-9 柴油机传感器位置见图 3-64。3126B 柴油机传感器位置见图 3-65。

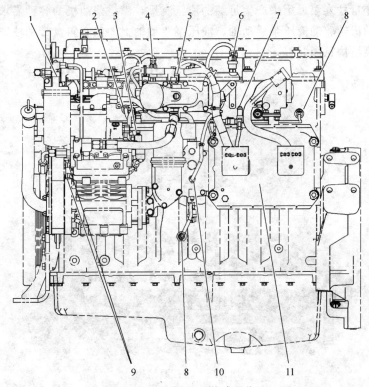

图 3-64　C-9 柴油机传感器位置

1—冷却液温度传感器；2—喷油驱动压力传感器；3—燃油压力传感器；4—涡轮增压器出
口压力传感器；5—进气温度传感器；6—大气压力传感器；7—正时标记接头；8—喷射
驱动液压油温度传感器；9—速度/正时传感器；10—机油压力传感器；11—ECM

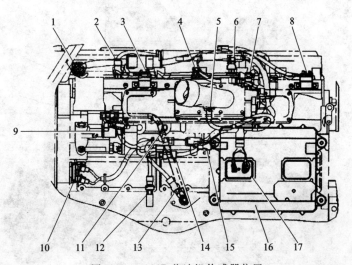

图 3-65　3126B 柴油机传感器位置

1—喷油器线束橡胶密封圈；2—IAP 传感器；3—加热器继电器；4—油温传感器；5—进气温度传感器（选配 1）；
6—大气压力传感器；7—增压压力传感器；8—进气温度传感器（选配 2）；9—喷油驱动压力控制阀；10—柴
油机正时传感器；11—冷却液温度传感器；12—油压传感器（选配 1）；13—油压传感器（选配 2）；14—燃
油压力传感器（选配 1）；15—燃油压力传感器（选配 2）；16—ECM；17—柴油机线束连接器

③ **液压泵**　液压泵位于柴油机前正时齿轮室左侧，液压泵将来自柴油机的机油加压，驱动喷油器。

液压泵是变量柱塞泵，用来产生足够的液压流量，满足柴油机的各种需求，通过位于柴油机齿轮室内的齿轮驱动液压泵驱动轴，液压泵驱动轴上的偏心斜盘带动柱塞在柱塞套内往复运动。液压泵结构见图 3-66。

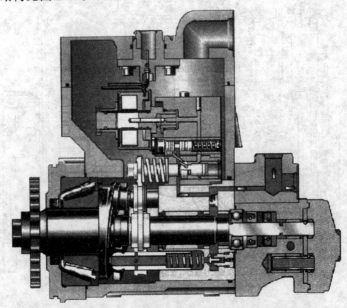

图 3-66　液压泵结构

柱塞在柱塞套内做往复直线运动，改变柱塞腔容积，容积变化完成吸油和压油动作，每一个柱塞上都有泄油孔，液压油能够从柱塞上的泄油孔流出或经过出油口单向阀进入液压泵

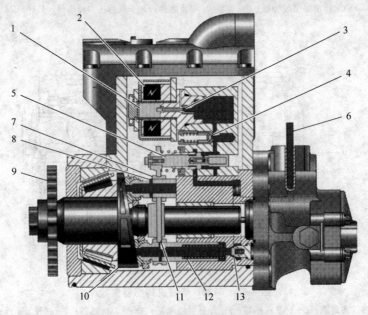

图 3-67　液压泵组成

1—衔铁；2—喷油驱动压力调节电磁线圈；3—提升阀；4—压力安全阀；5—伺服活塞；6—液压泵出油；7—滑套；8—泄油孔；9—驱动齿轮；10—偏心斜盘；11—拨叉；12—柱塞；13—单向阀

出油口。液压泵组成见图 3-67。

④ 喷油驱动压力控制阀

a. 3126B 柴油机喷油驱动压力（IAP）控制阀。IAP 控制阀装在液压泵出油口处，由电枢、滑阀、弹簧、提升阀、推杆、电磁线圈等组成，见图 3-68。

液压泵出油口的液压油通过滑阀的控制孔进入滑阀弹簧腔。IAP 控制阀利用来自 ECM 的可变电流通过电磁线圈产生一个磁场，作用于电枢上并产生吸力，该吸力将电枢推向右边，通过推杆关闭提升阀，即切断了弹簧腔的泄油道，弹簧腔的压力升高。当弹簧腔的压力升高到大于提升阀关闭时的电磁力时，提升阀打开，弹簧腔泄油，使弹簧腔的压力

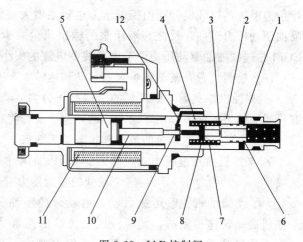

图 3-68　IAP 控制阀

1—排油口；2—阀体；3—控制孔；4—弹簧腔；5—电枢；6—滑阀；7—弹簧；8—降低了压力的油；9—提升阀；10—推杆；11—电磁线圈；12—泄油道

下降。当压力下降到小于提升阀的电磁力时，提升阀再度关闭。控制电流的大小就可以控制弹簧腔的压力。弹簧腔的压力和弹簧力作用在滑阀左侧，液压泵出油口压力作用在滑阀右侧，这 3 个力的平衡情况决定了滑阀的位置，也决定了排油口的通道面积，从而调节了液压泵出油口压力。因此，通过 ECM 控制电磁线圈的电流大小就可以控制喷油驱动压力。

在柴油机启动时，大约需要 6MPa 的喷油驱动压力才能启动喷油器。低的喷油驱动压力产生了大约 35MPa 的燃油喷射压力。为了快速启动，应迅速提高喷油驱动压力，ECM 向 IAP 控制阀发送一个强电流，使滑阀保持关闭。由于滑阀处于关闭位置，因此阻挡了流向排油口的所有液流，直到喷油驱动压力达 6MPa 为止。

b. C-9 柴油机喷油驱动压力控制装置。IAP 控制装置在液压泵内部，由喷油驱动压力调节电磁线圈、伺服活塞、滑套、提升阀等组成。喷油驱动系统的压力控制是通过控制液压泵的输出流量来满足喷油驱动系统所需的流量来实现的。改变滑套位置就能够控制液压泵的输出流量，使滑套向左运动，覆盖柱塞泄油孔的长度多一些就可以增加液压泵的有效行程，从而增加液压泵的输出流量。使滑套向右运动，覆盖柱塞泄油孔的长度少一些就可以减少液压泵的有效行程，从而减少液压泵的输出流量。所有滑套都通过拨叉和伺服活塞连接，伺服活塞左右移动可以使拨叉和滑套左右移动相同的距离。作用在伺服活塞上的作用力有 3 个，分别是弹簧的弹力、液压泵的出油口压力和控制压力。弹簧的弹力和控制压力与泵的出油口压力作用相反，其合力决定了伺服活塞的位置。

液压泵的出油口压力作用在伺服活塞左侧，此作用力使伺服活塞向右移动，使液压泵的输出流量减少。控制压力和弹簧的弹力作用在伺服活塞右侧，这两个力使伺服活塞向左移动，使液压泵的输出流量增加。

控制压力的大小取决于 ECM 输送到喷油驱动压力调节电磁线圈的电流大小。少量的液压泵泵出的液压油通过一个通道进入压力控制腔，压力控制腔内的压力由提升阀控制。提升阀打开可以使压力控制腔内液压油泄出。作用到提升阀的喷油驱动压力调节电磁线圈的吸力使提升阀保持关闭。控制电磁线圈的电流，使电磁强度增强，从而使作用到衔铁和提升阀的

作用力增大，打开提升阀的控制压力也随之增大，伺服活塞左移，液压泵的输出流量增加，喷油驱动压力升高；反之，液压泵的输出流量减少，喷油驱动压力降低。因此，通过控制ECM输送到喷油驱动压力调节电磁线圈电流的大小，即可控制喷油驱动压力。

IAP控制装置有柴油机熄火、启动和运转3个工作阶段。

• 柴油机熄火后，液压泵的出油口压力为0，ECM的输出控制电流为0，此时伺服活塞只受到弹簧的弹力作用，向左移动，这样滑套将柱塞的泄油孔覆盖，此时液压泵处于最大排量状态。柴油机熄火时的调节阀状态见图3-69。

• 柴油机启动过程中，大约需要6MPa的喷油驱动压力才能使喷油器工作，此时的燃油喷射压力大约为35MPa，这个较低的喷射压力有助于冷启动。

为了使柴油机能够迅速启动，启动时的喷油驱动压力就必须迅速升高。液压泵是由柴油机启动转速控制的，此时液压泵的输出流量非常低。ECM输出非常大的电流到电磁线圈，使提升阀保持在关闭位置，当提升阀在关闭位置时，没有液压油从压力控制腔泄出，此时控制压力就等于液压泵的输出压力，弹簧使伺服活塞保持在左侧位置，液压泵产生最大的液压流量，直到达到所需的6MPa喷油驱动压力为止。此后，ECM减小电磁线圈的控制电流和控制压力，使伺服活塞右移，减小液压泵的输出流量，保持所需的6MPa喷油驱动压力。

如果柴油机已经处于暖机状态，那么启动柴油机所需的喷油驱动压力可能会高于6MPa，此时所需的压力值就储存在ECM内部的性能软件内。柴油机温度不同，启动所需的喷射启动压力就不同。一旦喷油器开始工作，ECM就将喷油驱动压力保持为6MPa，直到柴油机启动为止。

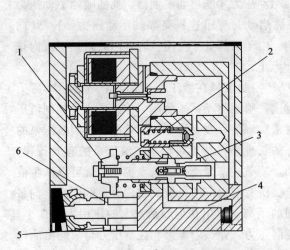

图3-69 柴油机熄火时的调节阀状态
1—伺服活塞；2—弹簧；3—控制压力油；4—液压泵出口压力油；5—滑套；6—泄油孔

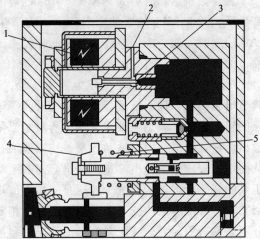

图3-70 柴油机启动过程中的调节阀状态
1—喷油驱动压力调节电磁线圈；2—泄油孔；3—提升阀；4—伺服活塞；5—弹簧

柴油机启动过程中的调节阀状态见图3-70。

• 柴油机启动后，ECM将实际的喷油驱动压力（IAP）和理想的喷油驱动压力进行比较（67次/s），当实际的IAP和理想的IAP不相符时，ECM就会调整输出的控制电流大小，控制实际的IAP和理想的IAP保持相等。

在大多数情况下，提升阀和滑阀在部分打开位置工作，仅在加速、减速和快速改变柴油机负荷的情况下提升阀和滑阀才完全打开或完全关闭。

综上所述，无论是 3126B 柴油机还是 C-9 柴油机，都是由 ECM 通过控制输出到电磁线圈的控制电流大小来控制液压泵的输出压力大小的。

IAP 的大小是 ECM、IAP 传感器和液压泵的 IAP 控制阀这 3 个部件通过闭合回路共同作用的结果。

ECM 收集来自各个传感器的输入信号，与内部的软件图谱进行比较，经过计算来决定此时理想的 IAP，不断地改变输送到液压泵压力调节器电流的大小，从而控制液压泵的输出压力。

为了优化柴油机的性能，实际的 IAP 必须尽量与理想的 IAP 相同。理想的 IAP 是由 ECM 内部储存的柴油机性能软件决定的。ECM 根据各个传感器的输入信号来决定理想的 IAP。ECM 的输入信号包括油门（加速踏板）位置传感器信号、涡轮增压压力传感器信号、速度/正时传感器信号、冷却液温度传感器信号、燃油压力传感器信号、燃油温度传感器信号、大气压力传感器信号、大气温度传感器信号及 IAP 传感器信号。

理想的 IAP 是随着柴油机的运转工况和工作条件时刻发生变化的，如随着各种传感器的输入信号的变化而变化、随着柴油机的转速和负荷的变化而变化。

实际的喷油驱动压力是用来驱动喷油器的实际液压油压力。ECM 和液压泵的压力调节器不停地改变和调整液压泵的输出流量，从而调整液压泵的输出压力即实际的喷油驱动压力，尽量使液压泵的输出压力与理想的喷油驱动压力相等。

这种设定—控制—检测—反馈—调整—再控制的闭合（伺服）控制回路进行 67 次/min 比较（实际的喷油驱动压力和理想的喷油驱动压力的比较），实现液压泵输出压力的精确控制。液压泵输出压力变化范围为 6～25MPa。闭合控制框图见图 3-71。

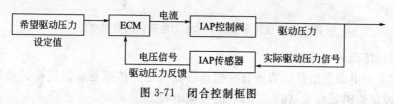

图 3-71　闭合控制框图

⑤ 燃油输油泵　3126B 柴油机的燃油输油泵安装在液压泵的背后，是一个简单的齿轮泵，可将燃油增压到 450kPa，送至喷油器。燃油输油泵内装一个整体安全阀，将燃油压力限制在 400～800kPa 范围。

C-9 柴油机的燃油输送泵是电动燃油泵，安装在油水分离器上。燃油输送泵将燃油从油箱中吸出并加压到 450kPa，然后输送到喷油器。电动燃油泵是由 ECM 控制的，当打开点火钥匙开关时，电动燃油泵开始工作，当燃油达到一定的压力时，电动燃油泵停止工作。

C-9 柴油机电动燃油泵电路见图 3-72。

⑥ IAP 传感器　IAP 传感器安装在高压机油油道上。高压机油经过高压机油油道进入各个喷油器。IAP 传感器检测 IAP 的大小，将电

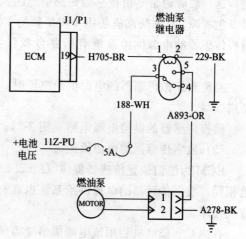

图 3-72　C-9 柴油机电动燃油泵电路

压信号输送到 ECM，ECM 将输入的压力信号与理想的喷油驱动压力信号进行比较，输出相应的控制电流，控制液压泵的输出压力。

3.3 柴油机电子控制系统

柴油机电子控制系统主要由传感器、ECM 和执行元件组成，具有正时控制、燃油量控制、速度控制和系统标定等功能。

3.3.1 电源系统

(1) 液压泵喷油驱动压力电磁阀的电源供给

ECM 向液压泵喷油驱动压力电磁阀输送脉冲宽度调制信号。液压泵喷油驱动压力电磁阀及供电电源可以借助电子维修设备在柴油机上通过喷油驱动压力试验进行检测。在试验时可以利用电子维修设备将压力在最大和最小喷油驱动压力之间进行调节，可以验证电磁阀、ECM 输出电源和系统工作是否正常。

液压泵喷油驱动压力电磁阀的供给电压没有具体数据，其电流可以在 250～1000mA 范围内变化。

液压泵喷射驱动压力电磁阀的电源电路见图 3-73。

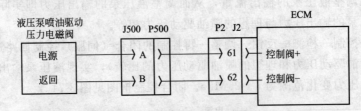

图 3-73 液压泵喷射驱动压力电磁阀的电源电路

(2) 模拟传感器的电源供给

模拟传感器的电源供给是指为所有模拟传感器（压力传感器和温度传感器）提供电源。ECM 为每个模拟传感器提供 (5±0.5)V 的直流电源。

如果一个模拟传感器的电源供给出现故障，就会导致所有模拟传感器的电源供给产生问题，这一故障通常是由传感器短路引起的。如果公用导线发生故障，那么也会导致其他传感器发生故障。C-9 柴油机使用 4 根单独的 ECM 模拟电源供给导线（两个输出、两个返回）。模拟传感器的电源供给系统有短路自我保护功能。传感器短路或导线短路不会导致 ECM 损坏。

当检查模拟传感器的电源供给电压时，必须使用模拟传感器的公用（返回）导线，而不是搭铁线。

模拟传感器的供给电源电路见图 3-74。

(3) 数字传感器的电源供给

ECM 为油门位置传感器提供 (8±0.5)V 的直流电源。和模拟传感器的电源供给系统供给相同，数字传感器的电源供给系统也具有短路自我保护功能，即传感器短路不会对 ECM 造成损坏。

有的 C-9 柴油机利用该电源供给线为风扇速度传感器和排气温度传感器提供电源。当测量供给电压时，应该利用传感器的返回导线。

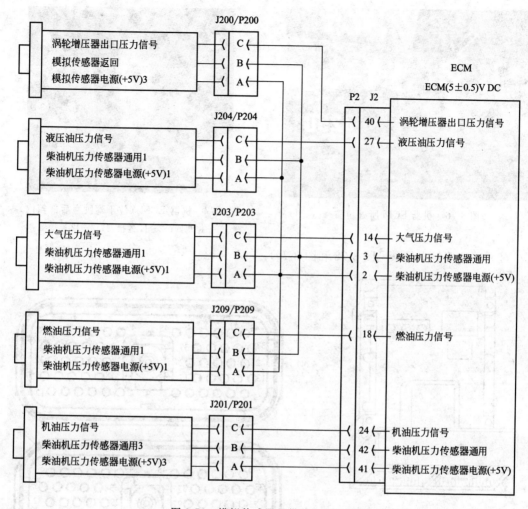

图 3-74　模拟传感器的供给电源电路

数字传感器的供给电源电路见图 3-75。

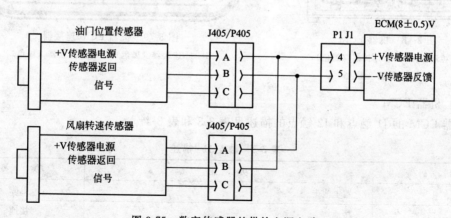

图 3-75　数字传感器的供给电源电路

3.3.2　电控模块

（1）CAT325D 电子控制模块（机器）（见图 3-76 和图 3-77）

图 3-76 机器 ECM 所处位置

图 3-77 机器 ECM（位于驾驶室后部箱内）

1—控制器；2—J1 连接器；3—J2 连接器

（2）连接器触点号（见图 3-78 和图 3-79）

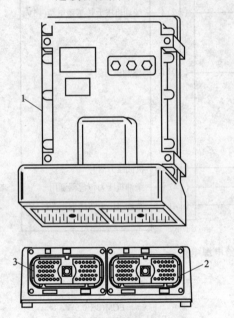

图 3-78 机器 ECM

1—控制器；2—J1 连接器（黑色）；

3—J2 连接器（褐色）

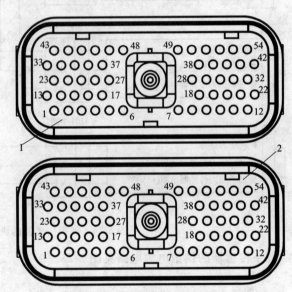

图 3-79 机器 ECM 连接器

1—J1 连接器（黑色）；2—J2 连接器（褐色）

（3）机器 ECM

机器 ECM 的 J1 触点和 J2 触点的描述见表 3-3 和表 3-4。

表 3-3　触点 J1[①] 描述

号　码[②]	功　　能	类　　型
1	蓄电池＋	电源
2	接地	接地
3	RS422 RX＋	输入/输出
4	工作环境温度（滑臂位置传感器）	输入
5	大臂角度传感器	输入

续表

号　码[②]	功　　能	类　　型
6	小臂角度传感器	输入
7	附件 4 状态	输入
8	5V 电源	电源
9	机具压力开关	输入
10	节流阀 1	输入
11	节流阀 4	输入
12	单触点低怠速	输入
13	蓄电池＋	电源
14	接地	接地
15	RS422 RX－	输入/输出
16	压力传感器	输入
17	PWM 输入	输入
18	模拟返回	接地
19	节流阀 2	输入
20	节流阀 3	输入
21	左手柄前部开关	输入
22	左手柄上部开关	输入
23	钥匙开关	输入
24	RS422 TX＋	输入/输出
25	RS422 TX－	输入/输出
26	PWM 输入	输入
27	8V 电源	电源
28	备用开关	输入
29	右手柄前部开关(用于大臂)	输入
30	右手柄上部开关(脚踏)	输入
31	左行走压力开关	输入
32	附件 1 状态	输入
33	卡特数据线＋	输入/输出
34	泵压力传感器 1	输入
35	泵压力传感器 2	输入
36	大臂油缸杆压力	输入
37	大臂油缸头压力	输入
38	左操纵杆	输入
39	直线行走压力开关	输入
40	右行走压力开关	输入
41	附件 2 状态	输入
42	附件 3 状态	输入

续表

号　码②	功　能	类　型
43	卡特数据线一	输入/输出
44	右操纵杆	输入
45	解除开关(用于升降)	输入
46	铲斗伸出压力开关(用于升降)	输入
47	脚踏开关	输入
48	大臂提升压力开关	输入
49	备用(PWM IN/STG)	输入
50	备用(PWM IN/STG)	输入
51	备用(PWM IN/STG)	输入
52	备用(PWM IN/STG)	输入
53	附属左踏板	输入
54	附属右踏板(直线行走)	输入

① 只有当所有必要条件都满足后，ECM 才会对当前输入作出反应。
② 未列出的连接器触点不使用。

表 3-4　触点 J2① 描述

号　码②	功　能	类　型
1	直线行走电磁阀	输出
2	附件 4 缩回比例减压阀	输出
3	行走速度电磁阀	输出
4	PS 比例减压阀	输出
5	附件 4 伸出比例减压阀	输出
6	备用(STB)	
7	可变风扇电动机比例减压阀(离合器、风扇电动机)	输出
8	反向风扇电磁阀(330D)	输出
9	流量限制比例减压阀	输出
10	2 泵合流电磁阀	输出
11	液压锤回流至油箱电磁阀	输出
12	大臂提升限制比例减压阀(用于升降)	输出
13	比例减压阀 19	输出
14	备用(OC)	输出
15	带 ECM-1 阀的 CAN 数据线　3(S)	输出
16	发动机转速一	输入
17	夹角传感器	输入
18	可变溢流比例减压阀 1	输出
19	回油比例减压阀	接地
20	回油比例减压阀	接地

续表

号 码②	功　　能	类　　型
21	回油比例减压阀	接地
22	回油比例减压阀	接地
23	回转制动电磁阀	输入
24	风扇速度	输入
25	发动机转速＋	输入
26	带 ECM-2 阀的 CAN 数据线 4(S)	接地
27	液压锁定解除开关	输入
28	可变溢流比例减压阀 2	输入
29	可变溢流单向阀 1	输入
30	可变溢流单向阀 2	输入
31	重物提升电磁阀	输入
32	附件 1 缩回比例减压阀	输入
33	小臂输出限制电磁阀(用于升降)	输出
34	铲斗锁定电磁阀(用于升降)	输出
35	回油比例减压阀	接地
36	带 ECM-2 的 CAN 4 数据线＋	输入/输出
37	带 ECM-2 的 CAN 4 数据线－	输入/输出
38	附件 1 伸出比例减压阀	输入
39	附件 2 缩回比例减压阀	输入
40	附件 2 伸出比例减压阀	输入
41	附件 3 缩回比例减压阀	输入
42	附件 3 伸出比例减压阀	输入
43	备用(比例减压阀)	输出
44	发动机转速命令	输出
45	带 ECM-1 的 CAN 3 数据线＋	输入/输出
46	带 ECM-1 的 CAN 3 数据线－	输入/输出
47	带 MSS 的 CAN 2 数据线＋	输入/输出
48	带 MSS 的 CAN 2 数据线－	输入/输出
49	带 MSS 的 CAN 2(S)数据线	接地
50	带监控器和开关面板的 CAN1(＋)数据线	输入/输出
51	带监控器和开关面板的 CAN1(－)数据线	输入/输出
52	带监控器和开关面板的 CAN1(S)数据线	接地
53	液压锁定电磁阀	输入
54	备用(频率输入)	输入

① 只有当所有必要条件都满足后，ECM 才会对当前输入作出反应。

② 未列出的连接器触点不使用。

3.3.3 开关

（1）发动机转速旋钮开关（见图3-80）

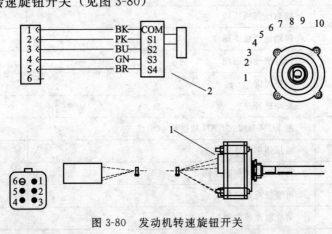

图3-80 发动机转速旋钮开关

1—开关；2—电路

机器ECM转换发动机转速旋钮信号为脉冲宽度调制（PWM）信号。发动机ECM收到PWM信号为了将发动机转速控制在10个挡位内。发动机转速旋钮位置显示在监控器屏幕上。

（2）右控制台开关面板（见图3-81）

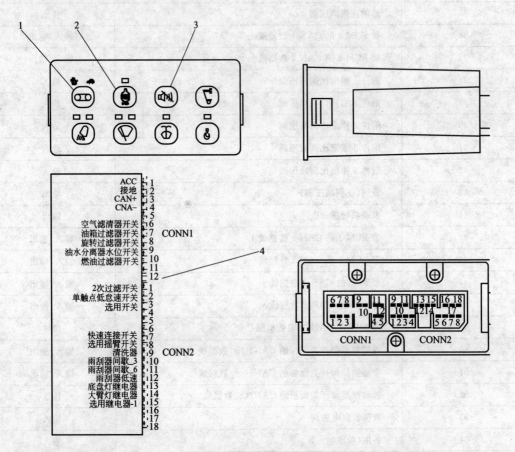

图3-81 右控制台开关面板

1—行走模式开关；2—发动机自动转速控制开关；3—备用报警开关；4—电路图标志

（3）单触点低怠速开关

单触点低怠速开关位于右操纵杆上（见图 3-82 和图 3-83）。单触点低怠速开关将自动减少发动机转速至 1020r/min。发动机减速前，左、右操纵杆必须都置于空挡位置。

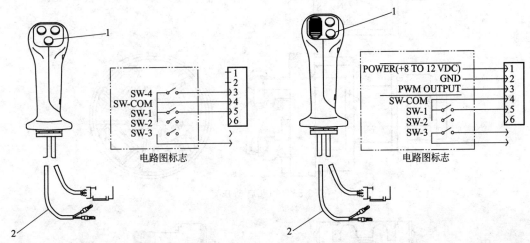

图 3-82　右操纵杆（3 个按钮、触发开关）
1—低怠速开关（SW-3）；2—低怠速开关（SW-3）连接线

图 3-83　右操纵杆（2 个按钮、滑动、触发开关）
1—低怠速开关（SW-3）；2—低怠速开关（SW-3）连接线

注意：开关 2 是一个触发开关，并不显示在图 3-82 和图 3-83 上。

（4）压力开关（见图 3-84）

压力开关包括行走压力开关、机具压力开关、中压开关、操纵杆压力开关、附属踏板压力开关（液压锤）。

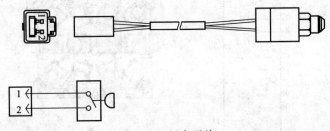

图 3-84　压力开关

以上这些压力开关将监控液压系统。在正常工作情况下这些开关是打开的，它们通知控制器所需的压力状态。当无液压需求时，这些开关断开。发动机自动转速控制（ECM）将使用这些开关来确定发动机转速和泵的控制。

（5）钥匙启动开关（见图 3-85）

钥匙启动开关是对发动机和泵控制器的输入。钥匙启动开关通知 ECM 将要启动发动机。然后，ECM 激活启动程序。

在机器正常运行期间，钥匙启动开关的启动接线端是断开的。当钥匙启动开关置于 START 位置时，启动接线端关闭，蓄电池正极电压提供到启动接线端上。当所有启动条件满足时，ECM 送出蓄电池正极信号到启动继电器上，发动机开始启动。

注意：当钥匙启动开关旋至 START 位置时，开关将不会从 ON 位置返回到 START 位置。开关必须先转到 OFF 位置，然后才可以转到 START 位置。

（6）备用开关（见图 3-86）

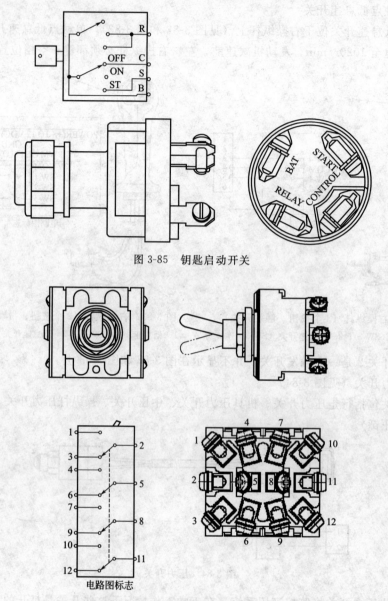

图 3-85　钥匙启动开关

图 3-86　备用开关

3.3.4　传感器

　　传感器将各种工作变化信息提供给控制器，提供的信息有转速、温度和液体位置。传感器信息按正比方式变化。这个变化代表变化着的状况。控制器识别下列类型的传感器信号。

　　• 频率：在状况发生变化时，传感器产生按频率（Hz）方式变化的交流信号（正弦波或方波）。

　　• 脉冲宽度调制：在状况发生变化时，传感器产生断续负荷方式变化的数字信号（PWM）。信号的频率保持不变。

　　（1）发动机转速传感器（见图 3-87）

　　发动机转速传感器安装在飞轮壳上。当飞轮的轮齿通过传感器探头时，产生交流电压。电压的频率与飞轮的齿轮齿经过传感器探头时的速度成正比。控制器利用这个信号对液压泵

导线表		
管脚	电路	颜色
1 2	信号- 信号+	黑色 白色

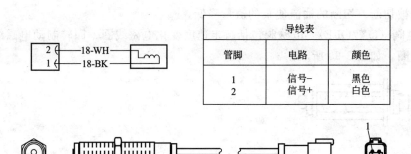

图 3-87　发动机转速传感器

和发动机的状况做出判定。

（2）压力传感器（见图 3-88）

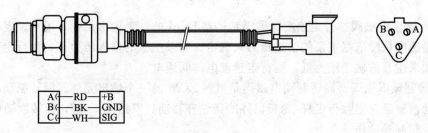

A — RD — +B
B — BK — GND
C — WH — SIG

图 3-88　压力传感器

这些传感器向控制器发送信号。控制器利用这些信号调整液压泵下列项目。

- 调整功率。
- 改变行走速度。
- 确定轻负载和"AEC"位置 1。

（3）电磁阀

① 泵压力电磁阀　泵压力电磁阀是机器 ECM 的一个输出元件。该电磁阀是一个比例减压阀（见图 3-89）。ECM 使用脉冲宽度调制信号（PWM）来改变通往电磁线圈的电流。电磁阀阀芯行程距离与电流成正比。电磁阀位置或者打开或者切断至泵的油流。当电磁阀断开

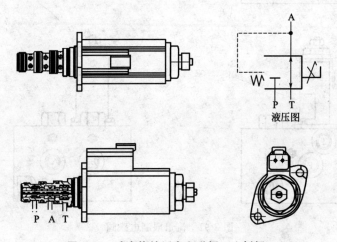

液压图

图 3-89　动力换挡压力电磁阀（比例阀）

时，油流将被切断。切断的油流使泵的流量降低。

② 电磁阀（ON/OFF） 电磁阀包括行走速度变化电磁线圈、回转制动电磁线圈、液压锁定电磁线圈，如图 3-90 所示。

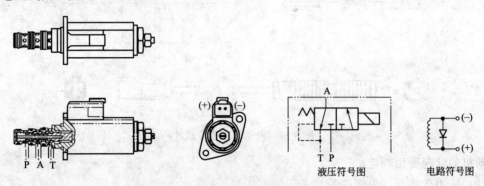

图 3-90 电磁线圈

③ 行走速度电磁阀 行走速度电磁阀是机器 ECM 的一个输出元件，用来设定机器行走速度。行走速度快慢依据主泵的输送压力来确定。如果主泵的输送压力高，则行走速度电磁阀断电；如果主泵的输送压力低，则行走速度电磁阀通电。

④ 回转制动电磁阀 回转制动电磁阀是机器 ECM 的一个输出元件。回转制动电磁阀通电回转制动被解除。当除行走杆/踏板以外的操纵杆移动到空挡 6.5s 后，回转制动电磁阀断电，取消回转制动动作。

⑤ 液压锁定电磁阀 液压锁定电磁阀是机器 ECM 的一个输出元件。液压锁定电磁阀通电以开通液压先导压力。液压锁定电磁阀断电以切断液压先导压力。

⑥ 流量限制电磁阀 流量限制电磁阀如图 3-91 所示。

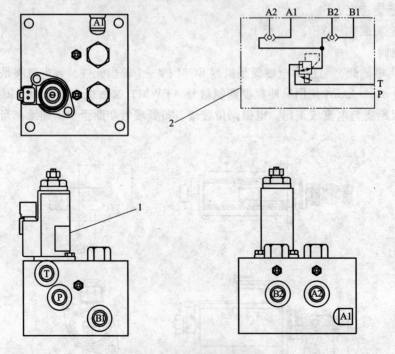

图 3-91 流量限制电磁阀
1—电磁阀；2—液压图

⑦ 1P-2P 转换 1 电磁线圈　1P-2P 转换 1 电磁线圈如图 3-92 所示。

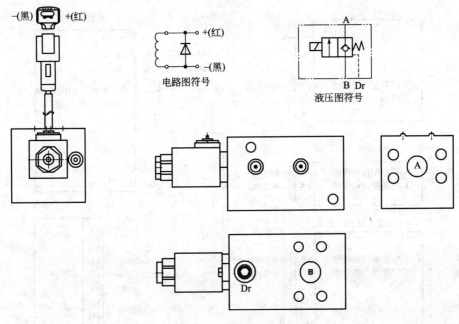

图 3-92　1P-2P 转换 1 电磁线圈

⑧ 1P-2P 转换 2 电磁线圈和重物提升电磁线圈　1P-2P 转换 2 电磁线圈和重物提升电磁线圈如图 3-93 所示。

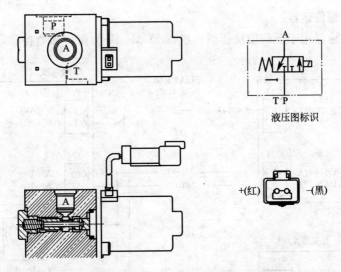

图 3-93　1P-2P 转换 2 电磁线圈和重物提升电磁线圈

（4）数据自动传输器

CAT 数据自动传输器是机器 ECM 的输入/输出装置，如图 3-94 所示。数据自动传输器通过连接器触点 J1-33 和 J1-43 与机器 ECM 相连。数据自动传输器用于控制器和监控器之间的通信，它不是一个可视部件，它包括内部控制电路和线束导线。数据自动传输器是双向的。控制器可以通过它接收及发送信息。控制器向监控器面板发送关于燃油油位、发动机冷却液温度和许多其他信号。

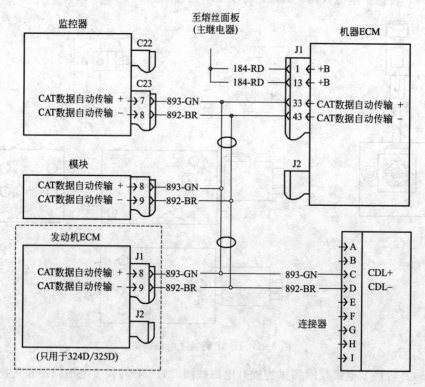

图 3-94 CAT 数据自动传输器

（5）CAN 数据传输器

CAN 数据传输器用于下列模块通信：机器 ECM、开关面板和监控器，如图 3-95 所示。

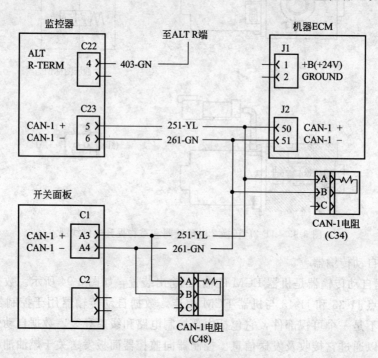

图 3-95 CAN 数据传输电路

导线接线端上安装两个 120Ω 的电阻，以保证 CAN 数据传输器正常工作。

（6）作业报警器

当出现紧急情况时，作业报警器会发出声音提醒操作者注意。例如，发动机油压下降到设定值以下时，作业报警器会发出报警声音。行走报警响起提醒机器移动区域有情况发生。

3.3.5　燃油喷射控制系统

（1）喷射正时控制

柴油机转速、燃油量（与柴油机负荷有关）及液压油温度作为输入信号被正时控制器收集，液压油温度信号用来进行与温度有关的黏度正时补偿。所有输入信号决定了燃油开始喷射的时间。智能正时控制系统为所有工况提供了最佳的正时。

ECM 内部正时控制的逻辑关系见图 3-96。

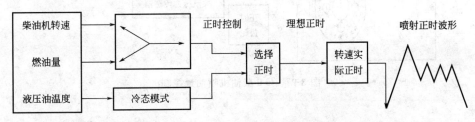

图 3-96　ECM 内部正时控制的逻辑关系

（2）燃油喷射量控制

燃油喷射量由柴油机转速、喷油驱动压力、油门位置、增压压力和液压油温度 5 个输入信号决定。这些信号输送到 ECM 的电控调速系统，电控调速系统将所需的燃油量信号输出到喷油器和喷油驱动控制系统。燃油量控制逻辑系统同时接收到来自空燃比控制系统和扭矩控制系统的信号。

开始喷射的时间决定了柴油机正时，喷油持续时间和喷油驱动压力决定了燃油喷射量。C-9 柴油机喷油量控制见图 3-97。

（3）柴油机速度/正时传感器

C-9 柴油机安装了两个速度/正时传感器：上速度（曲轴位置）传感器和下速度（凸轮轴位置）传感器。速度/正时传感器的基本功能是测量柴油机速度和柴油机正时。

C-9 柴油机速度/正时传感器电路见图 3-98。

两个速度/正时传感器通过各自的方式检测相应的曲轴齿轮，得到柴油机的速度和正时。ECM 通过计算齿轮旋转时传感器检测的脉冲时间来决定速度。

上速度/正时传感器在正常运行时测量柴油机的运转速度和曲轴位置，判断正时和识别气缸。该传感器是为高速运转时设计的。该传感器的正时精度大于备用速度传感器，因此在柴油机正常运转时利用上速度/正时传感器。

与上速度/正时传感器相比，下速度/正时传感器（又称备用速度传感器）在高速运转时有较高的输出和较低的精度。备用速度传感器是为低速启动时优化设计的。正常运行时，备用速度传感器只在启动时用来确定柴油机正时，用来判断何时 1 缸处于压缩上止点（确定凸轮轴位置）。当正时确定后曲轴位置传感器就用来确定柴油机的速度，而备用速度传感器的信号就忽略了。

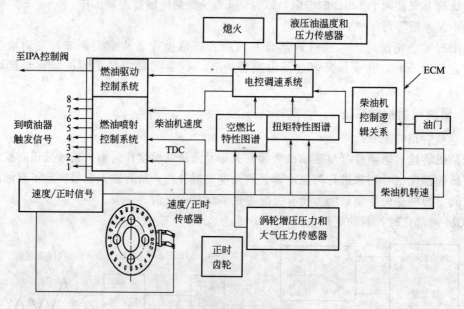

图 3-97　C-9 柴油机喷油量控制

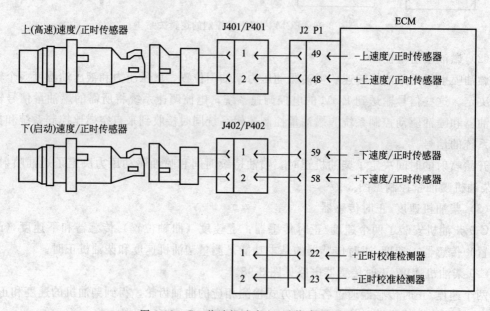

图 3-98　C-9 柴油机速度/正时传感器电路

在确定 1 缸位置后，ECM 按照点火顺序适时依次触发喷油器，根据柴油机的速度和负荷决定喷射开始时间和持续时间。如果在柴油机运转时曲轴位置传感器的信号丢失，那么柴油机性能会有少许变化。如果在柴油机运转时凸轮轴位置传感器的信号丢失，那么柴油机性能不会发生变化。在柴油机启动时若无凸轮轴位置传感器的信号，则会有以下现象：

① 柴油机需要较长时间才会启动。

② 柴油机可能在几秒内运转粗暴，直到 ECM 通过曲轴位置传感器检测到正确的点火顺序为止。

只要一个传感器有信号，柴油机就能启动和运转。如果在运转时两个信号都丢失，ECM 就使柴油机停止运转；如果在启动时两个信号都没有，柴油机就不会启动。

两个传感器都是电磁式，但是不能互换。若只是更换传感器，则柴油机不需标定。只有在更换 ECM 后不能建立联系时才有必要进行标定。

当更换 ECM 时，ECM 的参数设定和标定可以通过 ET 传送到新的 ECM，此时也不需进行标定。

工作时传感器靠识别凸轮轴正时齿轮背面的正时齿发出信号，凸轮轴正时齿轮背面见图 3-99。

图 3-99 中箭头所指的齿间和齿宽被 ECM 用来作为柴油机的喷油正时参考点。速度/正时传感器能够识别该齿，因为它产生的信号与其他的信号不同。该齿的前面有一个正时标记凹槽，用来确定该齿轮与其他正时齿轮的相对位置。

柴油机的速度和正时信号由两个速度/正时传感器从正时齿轮上拾取信号。柴油机曲轴齿轮、凸轮轴齿轮和正时齿轮的关系及传感器信号见图 3-100。正时

图 3-99 凸轮轴正时齿轮背面

齿轮上有 25 个齿，其中包括 24 个相同的齿和 1 个特别的齿，由上速度/正时传感器读取该特别齿的信号，它位于 1 缸上止点前 45°。

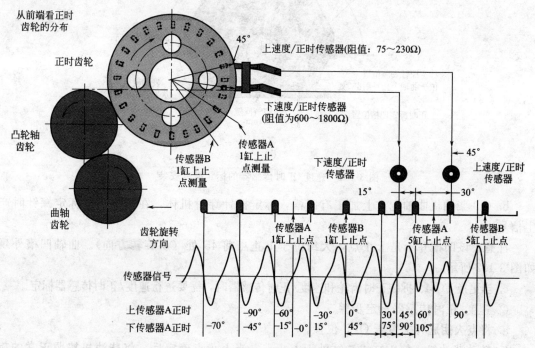

图 3-100 曲轴齿轮、凸轮轴齿轮和正时齿轮的关系及传感器信号

正时齿轮的齿和传感器之间产生两种信号：一个是脉冲调制信号，供柴油机正时用；另

一个是频率信号,供测量柴油机的速度用。

(4) 系统标定

C-9 柴油机上有 3 个需要标定的元件:速度/正时传感器、喷油器和压力传感器。

① 速度/正时传感器标定

a. 速度/正时传感器的标定探针安装如图 3-101 所示。将标定探针安装在机体上,并与位于 ECM 上的两孔接头相连。

(a)

1—标定探针;2—两孔接头

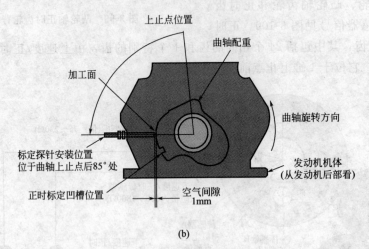

(b)

图 3-101　速度/正时传感器的标定探针安装

b. C-9 柴油机曲轴配重上加工有凹槽,标定探针穿过机体,在凹槽经过标定探针时产生信号。

注意:该凹槽并不是上止点,大约位于上止点前 45°处(从旋转方向)。曲轴凹槽外观如图 3-102 所示。

c. 当更换 ECM、拆装正时齿轮和速度/正时传感器时,需要进行速度/正时传感器标定。

② 速度/正时传感器标定步骤

a. 将点火钥匙开关置于 OFF 位置。

b. 转动柴油机,使 1 缸或 6 缸处于上止点。当上止点确定后,将柴油机按照正常的旋转方向旋转约 85°。

c. 从柴油机机体上取下正时标定螺塞。将标定探针插到与曲轴配重接触后退回 1mm,

图 3-102　曲轴凹槽

然后固定标定探针。如果安装不正确，就会造成标定探针损坏。

d. 将传感器接头安装到柴油机 ECM 接头上。

e. 通过 ET 进行正时标定。ECM 将柴油机转速提升到 1100r/min（最佳测量精度），ECM 比较真正的 1 缸上止点位置和估计的 1 缸上止点位置，将比较得出的误差补偿值存储到 EEPROM 中。

f. 进行正时标定后校正在曲轴和正时齿轮之间产生的微小误差，以提高燃油喷射控制精度。正时参考补偿如图 3-103 所示。

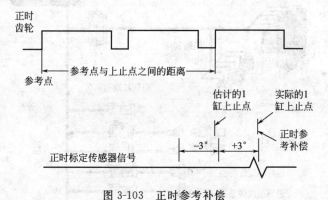

图 3-103　正时参考补偿

正时参考补偿值范围为 ±3°，如果超过此范围，那么正时标定失效，ECM 仍利用原来的标定值，同时会产生一个故障代码。

图 3-104　喷油器顶部标记

图 3-105　速度/正时传感器在柴油机上的位置

③ 喷油器标定 更换 C-9 柴油机的喷油器后或更换 ECM 后需要进行标定，其目的是为了更加精确地控制和平衡各缸间燃油喷射量和喷射正时。工厂已经对喷油器流量进行检查和标定。任何细小的喷射误差都用数字代码标示在喷油器顶部，喷油器顶部标记如图 3-104 所示。

在标记中，4XYP6Q 为调整代码，3B00011287 是喷油器的系列号码，位于调整代码的左侧。这些代码在进行喷油器标定时会输入到 ECM。

更换喷油器或互换喷油器后，必须进行喷油器标定，防止各缸喷油器之间喷射不均匀。

(5) 柴油机电子控制系统传感器

① 速度/正时传感器 速度/正时传感器在柴油机上的位置如图 3-105 所示。

② 模拟传感器 ECM 为每个模拟传感器提供 (5±0.2)V 的直流电压。如果电源供给发生故障，所有模拟传感器就不能工作。

电源供给回路有短路保护功能，也就是说，如果模拟传感器或线束短路，那么不会损坏 ECM。模拟传感器见图 3-106。

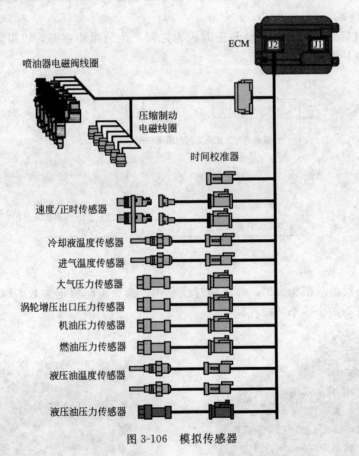

图 3-106 模拟传感器

a. 柴油机冷却液温度传感器。冷却液温度传感器提供的温度信号有下列功能。

ⅰ. 冷却液温度仪表显示。

ⅱ. 冷却液温度报警。

ⅲ. 理想的风扇速度控制。

ⅳ. ET 的冷却液温度显示。

ⅴ. 冷却液温度高于 107℃时的事件记录。

ⅵ. 当冷却液温度超过 107℃或机油压力低，柴油机报警时降低功率。

ⅶ. 与液压油温度传感器共同作用，进行辅助启动控制。

b. 进气温度传感器。进气温度传感器的功能如下。

ⅰ. ECM 利用它来防止进气温度过高，损坏柴油机。

ⅱ. 该传感器和冷却液温度传感器共同决定在柴油机启动时是否需要进气加热和辅助启动。

c. 大气压力传感器。大气压力传感器采集大气压力信号并将其提供给 ECM，为 ECM 计算提供依据。系统内所有压力传感器（液压压力除外）测量的都是绝对压力，因此需要大气压力传感器计算仪表读数。大气压力传感器既可以在进行大气压力测量中单独使用（绝对压力），又可以与机油压力器和增压压力传感器共同使用计算仪表压力。

在标定期间，所有压力传感器的输出都与大气压力传感器的输出一致。可以利用 ET 进行标定，或者将点火钥匙开关置于 ON 位置 5s，但不启动柴油机，ECM 就会自动标定。

大气压力传感器有以下 3 个功能：

- 自动海拔高度补偿；
- 计算仪表压力读数的参考；
- 压力传感器标定时的参考。

d. 涡轮增压器出口压力传感器。涡轮增压器出口压力传感器测量的是增压后的绝对压力。增压仪表的压力读数可以通过 ET 获得。涡轮增压器出口压力传感器出现故障会使柴油机功率下降，当 ECM 检测到出口压力为 0Pa 时功率下降 60%。

涡轮增压器出口压力传感器的功能如下。

ⅰ. 当柴油机加速时控制空燃比、降低排放，并且保持柴油机的响应特性。系统利用增压压力、大气压力和柴油机的速度进行空燃比控制。根据涡轮增压器出口的增压压力和柴油机的速度可以限定柴油机的燃油喷射量。在机器使用过程中空燃比设定不能进行调整。

ⅱ. 可以进行故障诊断，低功率输出时会进行增压压力测量和检查。

e. 机油压力传感器。利用两个机油压力传感器和大气压力传感器可以计算机油压力仪表读数：

仪表读数＝机油压力传感器压力－大气压力传感器压力

利用这个计算公式确定 ET 压力读数，当机油压力不在正常压力范围内时会报警。传感器正常工作压力范围是 0～690kPa。

柴油机的机油压力随着柴油机速度的变化而变化。柴油机启动后，如果怠速运转时的机油压力高于上限，ECM 就读取到压力值，此时柴油机正常工作。如果机油压力下降到规定值以下，就会发生以下情况：

ⅰ. 在 ECM 的内存中产生事件记录；

ⅱ. 产生Ⅲ级报警；

ⅲ. 柴油机功率下降。

f. 煤油压力传感器。当燃油供给系统出现问题时，燃油压力传感器向驾驶员报警。燃油压力过低的原因可能是燃油滤清器堵塞、燃油输送泵损坏或系统中有杂质或空气。若燃油压力过低，则除了会引起柴油机输出功率下降外，还会因穴蚀而损坏喷油器。

燃油压力传感器的读数还可以用来进行故障判断。

g. 液压油温度传感器。两个液压油温度传感器（也就是机油温度传感器）被 ECM 用来补偿由于机油温度的升高而对燃油喷射正时和喷射量造成的影响。这种补偿可以为柴油机在各种运行状态下提供稳定和持续的运行。

C-9 柴油机上安装两个液压油温度传感器，因为当机油经过柴油机机油歧管时，机油的温度会发生变化。机油温度的变化可能引发柴油机喷油器错误的正时和喷射。

h. 液压油压力（喷油驱动压力）传感器。液压油压力传感器位于高压机油油管上，用来检测喷油驱动压力的信号输入到 ECM，ECM 利用这个测量的压力值来进行液压泵的流量控制（通过泵控制电磁阀）。

液压泵产生的最大压力约为 28000kPa。传感器能够读取的最大压力是 33000kPa。在柴油机启动时，如果压力读数低于 4000kPa，ECM 就不会触发喷油器去启动柴油机，这是柴油机启动时所需要的最低压力。如果在 0.5s 内实际的液压驱动压力和设计的系统压力的差值超过 1000kPa，就会产生故障代码。

（6）数字传感器

① 油门位置传感器　油门位置传感器从 ECM 处获得 8V 电压，其电路如图 3-107 所示。

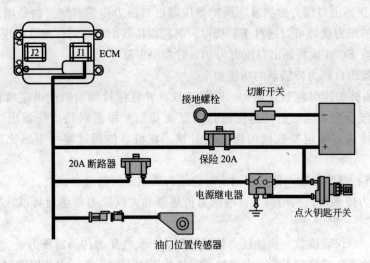

图 3-107　油门位置传感器电路

油门控制系统的功能和状态可以在 ET 的状态栏中显示（0%～100%）。输出脉冲宽度调制信号到 ECM。脉冲宽度调制信号消除了因短路可能造成的"柴油机高速运转"的错误信号。如果信号有故障，ECM 就将柴油机的速度设定为低怠速速度。如果 ECM 检测到超出范围的信号，ECM 就会忽略油门位置传感器的信号，将柴油机的速度设定为低怠速速度。

传感器输出的脉冲宽度调制信号频率不变。传感器在低怠速时产生 2%～10% 的占空比，在高怠速时产生 44%～52% 的占空比。占空比可以利用万用表进行测量。ECM 将接收到的占空比数值转换成油门位置（0%～100%），也就是显示在 ET 的读数。脉冲宽度调制信号见图 3-108。

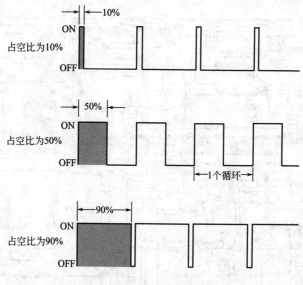

图 3-108　脉冲宽度调制信号

在柴油机启动后，柴油机低怠速运转 2s，等柴油机的机油压力升高后才能使柴油机加速。

② 接地熄火开关　接地熄火开关向 ECM 输送信号，ECM 切断输出到喷油器的电流。这一特性能够使 ECM 保持正常的工作状态（可以为 ET 提供信号，以方便故障分析），在进行柴油机保养时可以使柴油机转动，但是柴油机不启动。

在接地熄火开关电路中，两根导线中的任一根接地。通过变化两根导线的接地状态可以使柴油机停机或运转。如果使用接地熄火开关，就需要将系统复位。在重新启动时应将点火钥匙开关转到关闭位置，并保持 5s，然后才能启动；否则柴油机只能转动，但不会启动。

接地熄火开关电路见图 3-109。传感器安装位置见图 3-110。

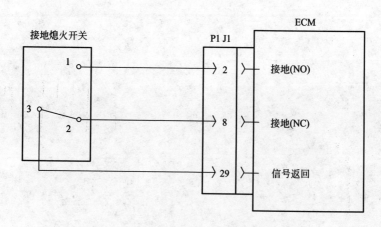

图 3-109　接地熄火开关电路

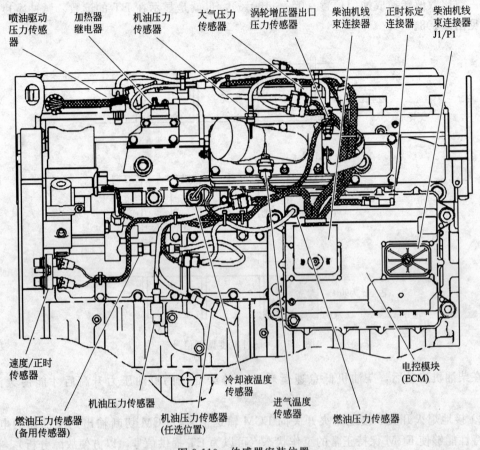

喷油驱动压力传感器　加热器继电器　机油压力传感器　大气压力传感器　涡轮增压器出口压力传感器　柴油机线束连接器　正时标定连接器　柴油机线束连接器 J1/P1

速度/正时传感器

燃油压力传感器（备用传感器）

机油压力传感器

机油压力传感器（任选位置）

冷却液温度传感器

进气温度传感器

燃油压力传感器

电控模块（ECM）

图 3-110　传感器安装位置

第4章　卡特电喷柴油机拆装与维修

4.1　概述

卡特系列挖掘机就其总体而言，在基础件方面变化不大。下面就以 C-9 为例，将各大总成件分解与组装程序叙述如下。

① 330D 配置的 C-9 型发动机为电控柴油发动机，由机械启动的电控喷油泵操作。发动机气缸成直线排列。

② 每个气缸的缸盖总成有两个进气阀和两个排气阀，阀门有一个阀门弹簧。每个气缸都有一个安装在缸体上的活塞冷却喷嘴。活塞冷却喷嘴将润滑油喷到活塞的内表面上以冷却活塞。活塞有两个压缩环和一个油环。

③ 活塞高度必须正确，不要让活塞碰到缸盖。正确的活塞高度也会保证燃油的有效燃烧，满足排量要求。

注意订购新零件时，参考发动机标志序号以便获取正确的零件。

④ 4 缸发动机的曲轴有 5 个主轴颈，6 缸发动机的曲轴有 7 个主轴。轴向间隙由位于中间主轴承两侧的止推垫圈控制。

⑤ 正时齿轮上标有正时标记，以保证齿轮安装正确。当 1 号活塞处于压缩行程的上止点时，曲轴、凸轮轴和喷油泵齿轮上作有标记的齿轮齿与中间齿轮对齐。

⑥ 曲轴齿轮带动中间齿轮，中间齿轮带动凸轮轴齿轮、喷油泵和一个带动润滑油泵的较低的中间齿轮。凸轮轴和喷油泵的运行速度为曲轴转速的一半。

⑦ 缸体为整个干式气缸缸套提供支承。当把气缸缸套安装到缸体中时，气缸缸套与缸体之间存在压配合。

⑧ 油泵符合发动机排量的要求。只有接受过培训的技术人员才能调整泵的正时和高怠速。喷油泵具有机械调整器，可以控制发动机的转速。

⑨ 来自散热器底部的冷却液经过离心式冷却泵。此泵由齿轮驱动，而冷却泵的齿轮又由喷油泵的齿轮驱动。

4.2　电控器件拆装与维修

4.2.1　拆装要点

挖掘机电控系统对于高温、高湿度、高电压是十分敏感的，因此电控发动机维修时应注意以下各项。

① 严禁在发动机高速运转时将蓄电池从电路中断开，以防产生瞬间变化，电压会将微机和传感器损坏。

② 当发动机出现故障使"检查发动机/警示灯（CHECK ENGINE）"指示灯点亮时，不能将蓄电池从电路中断开，以防止电控单元中存储的故障码及有关资料信息被清除。只有

通过自诊断系统将故障码及有关信息资料调出并诊断出故障原因后，方可将蓄电池从电路中断开。

③ 当诊断出故障原因，对电控系统进行检修时，应先将点火开关关掉，并将蓄电池搭铁线拆下。如果只检查电控系统，则只需关闭点火开关。

④ 跨接启动其他机械或用其他机械跨接本机械时，需先断开点火开关，才能拆装跨接线。

⑤ 在车身上进行电弧焊时，应先断开电控单元电源。在靠近电控单元或传感器的地方进行车身修理作业时，更应特别注意。

⑥ 除在测试过程中特殊指明外，不能用指针式万用表测试电控单元及传感器，应用高阻抗数字式万用表进行测试。

⑦ 不要用试灯去测试任何和电控单元相连接的电气装置。

⑧ 蓄电池搭铁极性切不可接错，必须负极搭铁。

⑨ 电控单元、传感器必须防止受潮，不允许将电控单元或传感器的密封装置损坏，更不允许用水冲洗电控单元和传感器。

⑩ 电控单元必须防止受到剧烈振动。

4.2.2　故障诊断的基本原则

电控发动机发生故障时的检测诊断，应按照先机械后电子、先一般后专项、先易后难的原则进行处理。由于当前对于常规发动机的故障诊断和维修已有了丰富的经验，所以机械故障是比较易于解决的。

虽然电控发动机的电子控制系统是一个精密而又复杂的系统，但是造成电控发动机不工作或工作不正常的原因可能是电子控制系统，也可能是其他部分的问题，故障检查的难易程度也不一样。遵循故障诊断的基本原则，就可能以较为简单的方法准确而迅速地找出故障所在。

电控发动机故障诊断排除的基本原则可概括为以下几点。

（1）先外后内

在发动机出现故障时，先对电子控制系统以外的可能故障部位予以检查。这样可避免本来是一个与电子控制系统无关的故障，却对系统的传感器、电控单元、执行器及线路等进行复杂且费力的检查，而真正的故障可能是较容易查找到却未能找到。

（2）先简后繁

先检查能用简单方法检查的可能故障部位。比如直观检查最为简单，可以用看（用眼睛观察线路是否有松脱、断裂，油路有无漏油，进气管路有无破损、漏气等）、摸（用手摸一摸可疑线路连接处有无不正常的高温以判断该处是否接触不良等）、听（用耳朵或借助于旋具、听诊器等听一听有无漏气声，发动机有无异响，喷油器有无规律的"咔嗒"声等）等直观检查方法将一些较为明显的故障迅速地找出来。

直观检查未找出故障，需借助仪器仪表或其他专用工具来进行检查时，也应对较容易检查的先予以检查，能就车检查的项目先进行检查。

（3）先熟后生

由于结构和使用环境等原因，发动机的某一故障现象可能是以某些总成或部件的故障最为常见，应先对这些常见故障部位进行检查。若未找出故障，再对其他不常见的可能故障部位予以检查，这样做往往可以迅速地找到故障，省时、省力。

（4）故障码优先

电子控制系统一般都有故障自诊断功能。当电子控制系统出现某种故障时，故障自诊断系统就会立刻监测到故障并通过"检测发动机"等警告灯向驾驶员报警，与此同时，以代码的方式储存该故障的信息。但是对于有些故障，故障自诊断系统检查前，应先按制造厂提供的方法读取故障码，并检查和排除代码所指的故障部位。待故障码所指的故障消除后如果发动机故障现象还未消除，或者开始就无故障码输出，则再对发动机可能的故障部位进行检查。

（5）先思后行

对发动机的故障现象先进行故障分析，在了解了可能的故障原因有哪些的基础上再进行故障检查，这样可避免故障检查的盲目性，既不会对与故障现象无关的部位做无效的检查，又可避免对一些有关部位漏检而不能迅速排除故障。

（6）先备后用

电子控制系统一些部件的性能好坏或电气线路正常与否，常以其电压或电阻等参数来判断。如果没有这些数据资料，系统的故障诊断将会很困难，往往只能采取新件替换的方法，这些方法有时会造成维修费用猛增且费工、费时。所谓先备后用是指在检修该型车辆时，应准备好维修车型的有关检修数据资料。除了从维修手册、专业书刊上收集整理这些检修数据资料外，另一个有效的途径是利用无故障车辆对其系统的有关参数进行测量，并记录下来，作为日后检修同类型车辆的检测比较参数。如果平时注意做好这项工作，会给系统的故障检查带来方便。

总之，电控发动机是比较复杂的系统，在诊断故障时需要掌握系统的检修步骤和方法。从原则上讲，在对电控发动机进行故障诊断时，需要首先系统、全面地掌握电子控制系统的结构、原理和线路连接方法，明确电控系统中各部分可能产生的故障及对整个系统的影响；运用科学的故障诊断方法对系统故障现象进行综合分析、判断，确定故障的性质和可能产生此类故障的原因和范围；制定合理的诊断程序，进行深入诊断和检查。

装用电控发动机的挖掘机，电控单元通常都具有故障自诊断功能。当电控系统出现故障时，它能将故障信息以代码的形式储存起来，并可以提供有关故障码。维修电控发动机时，要充分利用电控单元的这一功能。但是由于电控单元只能对与控制系统有关的部分进行故障自诊断，并不是对所有的故障（包括电控系统的非电性故障）都可以进行自诊断，另外，其诊断结果往往还需要对故障原因作进一步的深入诊断与检查，所以在对电控发动机进行故障排除时，仅仅依靠故障自诊断系统是不能完全解决电控发动机所有问题的。

如果要诊断排除一个可能涉及电控系统的故障，首先应判定该故障是否与电控系统有关。在这里值得强调的是电控发动机的故障并非一定出在电子控制系统。如果发现发动机有故障，而故障警告灯并未点亮（未显示故障码），大多数情况下，该故障可能与发动机电控系统无关，此时就应该像发动机没有装电控系统那样，按照基本诊断程序进行故障检查；否则，可能遇到一个本来与电控系统无关的故障，却检查了电控系统的传感器、执行器和电路等，花费了很多时间，而真正的故障反而没有找到。

4.3　C-9电喷柴油机检测与调整

4.3.1　C-9柴油机检测与调整

4.3.1.1　检查1缸活塞压缩行程上止点位置

① 取下飞轮壳前侧正时检查孔上的塞子。

② 利用曲轴前面的 4 个大螺栓转动柴油机，注意不要使用曲轴带轮前面的 8 个小螺栓。

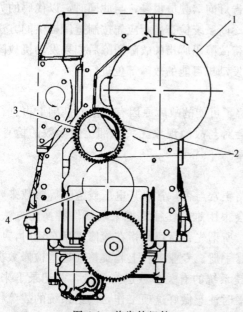

图 4-1 前齿轮组件
1—凸轮轴齿轮与正时齿轮；2—正时标记；
3—中间齿轮；4—曲轴齿轮

必须朝着柴油机正常转动方向转动飞轮，这样能够消除齿轮间隙的影响。

③ 将上止点螺栓（零件号为 8T-0292）通过正时检查孔插入飞轮壳中的飞轮内。

④ 拆下气门罩，检查 1 缸气门摇臂能否摇动，若能摇动则说明是 1 缸位于压缩行程位置。

4.3.1.2 正时标记调整

燃油喷射正时正确与否和气门机构能否正常工作，取决于正时齿轮与前齿轮组件的对准情况。正时齿轮位于凸轮轴齿轮上，安装前齿轮组件时，中间齿轮上的正时标记与曲轴齿轮及凸轮轴齿轮上的正时标记必须对齐。前齿轮组件见图 4-1。

检查正时齿轮的轮齿，轮齿不应磨损，轮齿应该具有清晰的边缘，并且不应有污物。安装前齿轮组件后必须校准喷油正时。

4.3.1.3 气门间隙检查

3126B 柴油机采用三气门结构，进气门间隙在摇臂与进气门的横臂之间测量，排气门间隙在摇臂与排气门的气门杆之间测量。C-9 柴油机采用四气门结构，进、排气门间隙均在摇臂与气门横臂之间测量。气门布置见图 4-2。

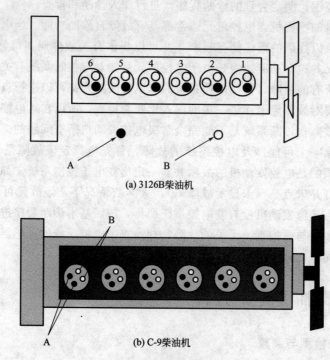

(a) 3126B柴油机

(b) C-9柴油机

图 4-2 气门布置
A—排气门；B—进气门

（1）气门间隙检查

其数值见表 4-1。

表 4-1　气门间隙检查数值

气 门 名 称	气门间隙/mm
进气门	0.38 ± 0.08
排气门	0.64 ± 0.08

（2）气门间隙检查方法

① 找到 1 缸压缩行程上止点位置。

② 用软锤在调整螺钉的顶部轻击摇臂，确保凸轮随动件的滚轮紧贴着凸轮轴的凸轮表面。配气机构组成见图 4-3。

③ 调整 1 缸、2 缸、4 缸的进气门间隙。

a. 松开进气摇臂的摇臂锁紧螺母。把合适的厚薄规放到进气摇臂和进气门的连接板横臂之间。如果放入厚薄规的间隙不足，那么逆时针方向转动进气摇臂的摇臂调整螺钉，增加气门间隙；反之，则逆向调整。

b. 在每次调整后，拧紧进气摇臂的摇臂锁紧螺母，拧紧扭矩为（30 ± 7）N·m，然后再检查调整。

④ 调整 1 缸、3 缸、5 缸的排气门间隙。方法同上。

⑤ 拆下上止点螺栓，按柴油机旋转方向转动飞轮 $360°$，使 1 缸活塞位于做功行程上止点位置，在飞轮中插入上止点螺栓。

⑥ 重复步骤③～⑤，完成其他气门的检查。

⑦ 所有气门间隙检查完成后，拆除上止点螺栓。

4.3.1.4　涡轮增压器检测

在开始检查涡轮增压器之前，要确保进气系统和排气系统的阻力均在规定范围内。涡轮增压器的状况对柴油机性能有一定影响。要通过检查进气、废气涡轮及壳体和废气旁通阀来确定涡轮增压器的状况。

（1）检查进气涡轮及壳体的步骤

① 从进气口上拆除空气管道。

② 检查进气涡轮是否被异物损坏，确定异物来源。若有必要，则清洗并修理进气系统或更换涡轮增压器。

③ 用手转动旋转组件，推动其侧面，总成应能自由转动且不与壳体发生摩擦。如果涡轮与壳体发生摩擦，那么更换涡轮增压器。

④ 检查进气涡轮和壳体是否漏油。进气涡轮漏出的油会沉积在中冷器中。若发现在中

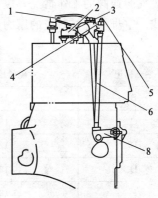

(a) 3126B柴油机

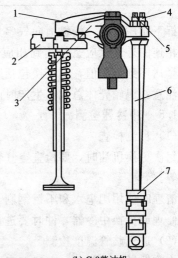

(b) C-9柴油机

图 4-3　配气机构组成

1—排气门摇臂；2—横臂；3—进气门摇臂；
4—锁紧螺母；5—调整螺钉；6—气门
推杆；7—气门挺杆；8—凸轮随动件

冷器中有油，则要把油排掉并清洗中冷器，按下述步骤查找原因。

　　a. 检查曲轴箱中的机油油位是否过高。

　　b. 检查空气滤清器是否堵塞。

　　c. 检查曲轴箱通气孔是否堵塞。

　　d. 拆下涡轮增压器回油管路。检查回油口处、回油管内和轴承处是否存在油泥。

如果上述检查结果均正常，那么可能是涡轮增压器内部损坏。

（2）检查压气涡轮及壳体的步骤

按照与上述相同的步骤检查压气涡轮及壳体。

（3）检查废气旁通阀

若满负荷状态下增压压力过高或费力状态下增压压力太低，则说明废气旁通阀有故障。检查废气旁通阀的工作情况，废气旁通阀的正确压力值可以通过废气旁通阀操纵杆上的字母标记找。字母标记与对应的压力值见表 4-2。

表 4-2　字母标记与对应的压力值

字母标记	对应的压力/kPa	字母标记	对应的压力/kPa
B	156	H	144
C	153	J	188
D	124	M	200
E	130	V	161
F	135	W	164
G	180		

　　拆下感压管路，慢慢地向气室施加相应数值的压力，压力不要超过 200kPa。当与感压管路相连的外部供应空气达到相应压力时，操纵杆应移动（0.50±0.25）mm。若操纵杆的移动量达不到该数值，则更换包括废气旁通阀的涡轮壳体总成。

　　注意：涡轮壳体总成在生产时已预先设定好，不能进行调整。

4.3.1.5　中冷器检测

（1）目测检查

每次更换机油时，要检查空气管路、软管和密封垫及中冷器散热片是否损坏、有碎屑、腐蚀等。

清理时使用肥皂水和不锈钢刷子。

修理或更换中冷器零件时要进行泄漏测试。

（2）进气歧管温度检测

中冷器散热片阻塞、空滤器阻塞、空气管道阻塞可以导致进气歧管温度过高，应进行相关检测。

（3）中冷器泄漏检测

中冷器芯、进气系统、进气歧管均有可能泄漏，应对以上部位进行压力检测，以判断其是否存在泄漏情况。中冷器泄漏可能会导致柴油机功率下降，增压压力过低，柴油机冒黑烟，排气温度过高等。可用中冷器测试组件（零件号为 FT-1984）进行中冷器泄漏检测，见图 4-4。

可通过目测检查中冷器芯是否严重泄漏，通过下述步骤检查中冷器芯是否轻微泄漏。

① 断开中冷器芯进口侧与出口侧的空气管路。

② 将联轴器安装在中冷器芯两侧，同时安装防尘塞。

注意：建议在泵软管上安装软管夹，以防给中冷器加压时软管膨胀。

③ 将调节器与气门组件安装在中冷器芯总成出口侧，同时安装供气设备。

④ 打开空气阀并将中冷器加压至 205kPa，关闭供气设备并保压。

注意：空气压力不能超过 240kPa；否则可能会使中冷器芯损坏。

⑤ 检查是否泄漏。

⑥ 中冷器系统压力在 15s 内不应降低 35kPa 以上。

⑦ 如果压力降低超过规定值，那么通过用肥皂水检查所有区域是否有气泡的方法检查泄漏情况。

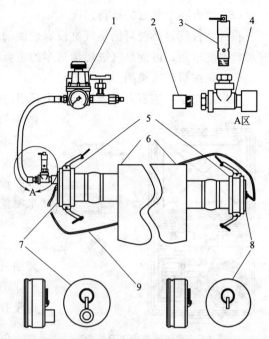

图 4-4　中冷器测试组件（零件号为 FT-1984）
1—调节器与气门组件；2—喷嘴；3—安全阀；
4—三通管；5—联轴器；6—中冷器；
7，8—防尘塞；9—链条

⑧ 测试完毕后，拆下中冷器测试组件，将空气管路重新连接到中冷器芯总成两端。

（4）进气系统阻力检测

空气流量最大时，进气系统总的气压降超过 16.9kPa，应当在进气歧管进口与涡轮增压器出口测量压力，以确定进气系统阻力。

使用柴油机压力测试组件中的压差计进行测量，具体测量步骤如下。

① 将压差计的真空端口连接到进气歧管接头上。

② 将压差计的真空端口连接到涡轮增压器出口接头上。

③ 记录数值并分析。

（5）涡轮增压器的检查

如果涡轮增压器发生故障，那么拆下中冷器芯。利用能够清除机油及其他异物的溶剂冲洗中冷器芯内部。摇动中冷器芯，以清除所有杂质。用热肥皂水清洗中冷器芯，用压缩空气沿着与正常气流相反的方向吹干。

注意：不要使用腐蚀性清洁剂清洗中冷器芯，腐蚀性清洁剂会腐蚀中冷器芯内部的金属并引起中冷器芯泄漏。

4.3.2　柴油机运行状况检测与调整

（1）检查柴油机的运行状况

燃油过多或过少都能引起燃油系统故障，有时故障原因不易判断，特别是在排气装置冒黑烟的情况下。当柴油机的某些部件出现问题时，燃油系统往往能继续工作。排气装置冒黑烟的原因可能是某一单体喷油器损坏，也可能是空气不足导致燃烧不充分、高海拔处柴油机过载、机油漏到燃烧室、海拔过高、空气进、出口不密封等。

（2）检查各个气缸的运行情况

排气歧管端口低温可能是气缸没有燃油的重要标志，这可能表示喷油器有故障。排气歧管端口温度过高，可能是气缸燃油过多的重要标志。高温也可能由喷油器故障而引起。

（3）柴油机转速检测

可以用光学转速表、多级转速表工具组件进行柴油机转速检测。多级转速表工具组件见图 4-5。可以通过电子维修工具检测柴油机转速。

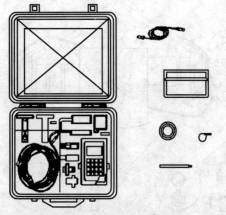

图 4-5　多级转速表工具组件

多级转速表工具组件能够利用电磁拾波传感器测量柴油机转速。电磁拾波传感器位于飞轮壳内。多级转速表工具组件也能通过目视柴油机旋转部件来测量柴油机转速。

（4）进气、排气系统检测

如果进气、排气系统中有阻力，那么将会降低柴油机的工作性能。

① 检查空气滤清器的进气管和排气管，确保管道没有阻塞或塌陷。

② 检查空气滤清器滤芯，必要时更换空气滤清器滤芯。

③ 检查空气滤清器滤芯干净的一侧是否有污垢痕迹。如果观察到污垢痕迹，就说明有污染物进入了空气滤清器滤芯与滤芯密封件。

④ 用柴油机压力测试组件中的压差计测量排气背压。测试步骤如下。

a. 将压差计的真空端口连接到测试位置。测试位置位于排气管上涡轮增压器和消声器之间。

b. 打开压差计压力端口，使其和大气相通。

c. 启动柴油机，在高怠速、无负载的情况下运转柴油机。

d. 记录压力值，其排气背压数值不能大于 5.56kPa。

（5）进气歧管压力检测

燃油密度变化会使柴油机功率与增压压力发生变化，从而改变进气歧管的压力，而大气压力、环境温度的变化也会改变进气歧管的压力。进气歧管压力检测步骤如下。

① 从进气口盖上取下塞子。压力测试位置见图 4-6。

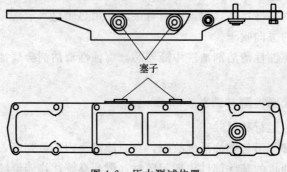

塞子

图 4-6　压力测试位置

② 将柴油机压力测试组件连接到进气口盖的测试位置。为了将增压压力传感器连接到

测试位置，有必要使用三通管或一些其他的管件。

③ 记录数值并与标准值进行比较。

（6）排气温度检测

当柴油机以低怠速转速运转时，排气歧管的温度可说明喷油嘴的工作状况。

① 排气歧管的温度过低，说明燃油不能喷入气缸。单体式喷油器的喷油泵不起作用可能是温度过低。

② 排气歧管的温度过高，说明燃油喷射可能过多。单体式喷油器有故障可能造成温度过高。

③ 用红外线温度计（零件号为 123-6700）检测排气温度。

（7）曲轴箱压力检测

活塞或活塞环损坏可能导致曲轴箱压力过高，这将使柴油机运转粗暴，从曲轴箱通气孔上会冒出过多的烟雾（漏气），通气孔在很短的时间内会堵塞，在垫圈和密封件处会产生泄漏。磨损的气门导管或失效的涡轮增压器密封件也会漏气。

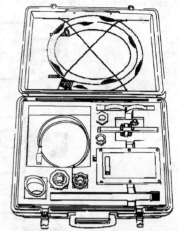

图 4-7　漏气/空气流量指示器
（零件号为 8T-2700）

可以用漏气/空气流量指示器（零件号为 8T-2700）进行曲轴箱压力检测，也可以用 ET 检测曲轴箱压力。漏气/空气流量指示器（零件号为 8T-2700）见图 4-7。

用漏气/空气流量指示器检测曲轴箱压力的步骤可参考相关资料。

4.3.3　燃油系统检测与调整

（1）燃油系统初步检查

若燃油系统出现问题，则会降低燃油输送压力，影响柴油机性能。

① 检查油箱中的燃油油位。检查油箱盖，确保油箱盖的出口没有被污垢堵住。

② 检查所有燃油管路是否有漏油。燃油管路应没有节流和不正常弯曲。检查回油管路是压扁还是破裂。

③ 清洗燃油输油泵的进油管接头内的滤网。

④ 检查燃油压力调节阀。确保调压器安装正确并且功能正常。

⑤ 安装新的燃油滤清器。

⑥ 用滤清器切刀切开旧的滤清器。检查滤油器中是否有过多的污物。确定污染源并进行必要的检修。

⑦ 维修燃油粗滤器。

⑧ 如果感到有泵油阻力，那么应检测燃油中的空气。

⑨ 清除燃油系统中的所有空气。

（2）燃油中的空气检测

检查燃油中有无空气，有助于发现漏气源。

① 检查燃油系统是否泄漏。确保燃油管道接头拧紧，检查油箱中的燃油油位。空气可能从燃油输油泵和油箱之间吸入燃油系统。

② 在燃油回油管中安装一个燃油流管（观测仪表）。应在 304.8mm 长的直管部分中间安装观测仪表，不要在可能引起湍流的部位（如直角弯管、安全阀、单向阀）处安装观测

仪表。

在柴油机启动时观察燃油流动情况，查看燃油中的气泡。如果观测仪表中没有油了，那么应为燃油系统加油。

燃油观察情况见图 4-8，若燃油中有稳定的小气泡，其直径大约为 1.60mm，则燃油中的空气量是合格的；若燃油中有较少的大气泡，其直径大约为 6.35m，则燃油中的空气量也算合格；若燃油中的气泡过多，则燃油中的空气量不合格。

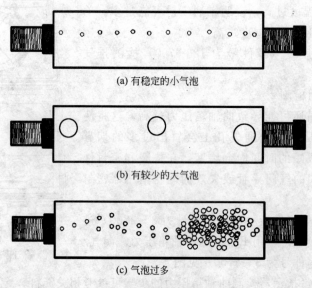

(a) 有稳定的小气泡

(b) 有较少的大气泡

(c) 气泡过多

图 4-8　燃油观察情况

③ 如果在观测仪表中看到过多的气泡，那么在燃油输油泵的入口处安装第二个观测仪表，若没有第二个观测仪表，则将在回油管上的观测仪表拆下，安装到燃油输油泵的入口处。在柴油机启动时观察燃油流动情况，查看燃油中的气泡。如果柴油机已启动，那么在不同转速条件下检查燃油中的空气。

④ 对油箱加压至 35kPa。为了避免损坏油箱，对油箱加压时不要超过 55kPa。检查油箱和燃油输油泵之间的燃油管路是否泄漏，若漏油则进行修理。检查燃油压力，确保燃油输油泵工作正常。

⑤ 如果未发现空气来源，那么断开油箱供应管路，将外部燃油供给到燃油输油泵的入口。如果问题解决了，那么修理油箱或油箱中的竖管。

⑥ 如果喷油器套筒破损或损坏，那么燃烧气体就会泄漏到燃油系统中。如果喷油器套筒上的 O 形圈破损、丢失或损坏，那么燃烧气体也会泄漏到燃油系统中。

(3) 燃油质量检测

① 检测燃油中是否存在水与其他污染物。检查油水分离器，排空油水分离器的水，然后注满柴油。注意：有时可能会误认为油水分离器充满了燃油，而实际上却充满了水。

② 检测燃油中是否存在污染物。从油箱底部取出一些燃油样品，目视检查燃油样品中是否存在污染物。燃油颜色不是燃油质量指标，但是燃油呈现黑色、棕色及类似污泥颜色，说明燃油中可能含有污染物。低温时燃油混浊表明可能有结蜡发生，不适合柴油机使用。配备燃油加热器、掺入添加剂或使用低冷滤点的燃油（如煤油），可以改善低温使用性能，防止蜡状物堵塞燃油滤清器。

　　在实际使用中，柴油在低温条件下会析出晶体，晶体长大到一定程度就会堵塞滤网，这时的温度称为冷滤点。与凝点相比，它更能反映实际使用性能。对于同一油品，一般冷滤点比凝点高 1～3℃。

　　③ 如果柴油机功率太低，那么用液体与燃油标定组件（零件号：9U-7840）检查燃油 API（美国石油协会）标定值。如果数值正常，那么应参考《NEHS0607 工具使用手册》获得修正系数。功率低与耗油量大的原因可能是修正系数大于 1.000。

　　④ 如果仍怀疑燃油质量是造成柴油机性能不良的可能原因，那么可以断开柴油机供油管，向柴油机供应质量良好的燃油，使其短暂运转，这样能够确定故障是否是由燃油质量造成的。如果确定故障是由燃油质量造成的，那么排空燃油系统并更换燃油滤清器和燃油。

　　（4）燃油压力检测

　　① 可用柴油机压力测试组件（零件号：IU-5470）检测柴油机的燃油压力，柴油机压力测试组件（零件号：IU-5470）见图 4-9。

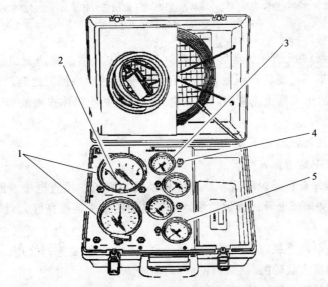

图 4-9　柴油机压力测试组件（零件号：IU-5470）
1,3,5—压力指示器；2—零位调整螺钉；4—压力计接口

　　② 压力测试组件安装部位见图 4-10。

　　③ 燃油压力调节阀安装在气缸盖上，位于燃油回油口处，燃油回油口朝着燃油供油油道的后端。

　　检查未过滤侧的燃油压力时，从未过滤侧燃油压力计接口上拆下塞子，然后将接头、密封件和柴油机压力测试组件安装到燃油压力计接口上，这样能够测出燃油输油泵的压力。

　　检查燃油供油油道内的燃油压力时，从已过滤侧燃油压力计接口上拆下塞子，然后将接头、密封件和柴油机压力测试组件安装到燃油压力计接口上，使柴油机运转。

　　在检查燃油压力前，确保燃油滤清器是干净的，燃油滤清器阻塞会导致燃油滤清器进、出口的压力差过大。

　　④ 燃油压力正常，范围是 400～525kPa。一般新的燃油滤清器的压力损失通常是 35kPa，燃油滤清器两侧的压力差不应超过 69kPa。

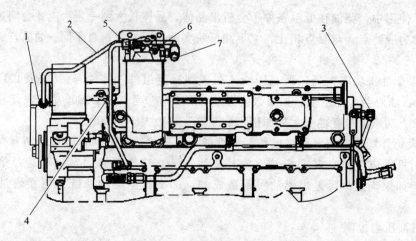

图 4-10　压力测试组件安装部位

1—燃油供油油道；2—油管总成（供油道到 ECM）；3—燃油压力调节阀；4—油管总
成（滤清器到输油泵）；5—滤清器底座；6—燃油压力计接口（未过滤侧）；
7—燃油压力计接口（已过滤侧）

如果燃油滤清器内积聚有磨损后的微粒，压力损失（燃油滤清器进、出口两侧的压力
差）将会增加。如果燃油滤清器阻塞，那么在发现明显的功率损失之前，供油压力可能降低
到 69kPa。如果燃油压力低于正常值，那么会导致气蚀并使单体式喷油器内部损坏。

（5）喷油器检测

通过喷油器检测可以确定不发火的原因。

① 先检查燃油中是否存有空气。

② 拆下气门盖并查看是否破裂，修理或更换破裂部位。检查电磁线圈的所有配线。查
看接头是否松动、磨损或断开，确保喷油器电磁线圈的接头连接良好。对每根配线进行拉伸
试验。

③ 查看是否有漏油迹象，查找燃油泄漏的原因，对漏油处进行修理。

④ 对怀疑喷油器有故障的气缸进行气门间隙检查。

⑤ 确保喷油器的固定螺栓按照正确扭矩拧紧。

⑥ 拆下怀疑有故障的喷油器。

检查是否有泄漏冷却液的迹象，漏出的冷却液会导致喷油器锈蚀。若喷油器有泄漏冷却
液的迹象，则拆下喷油器套筒进行检查。如果喷油器套筒损坏，那么将其更换。

检查喷油器是否有蔓延到喷油器尖嘴上的过多棕色污点，若发现过多的污点，则检查燃
油品质。更换喷油器上的密封件并重新安装喷油器。

检查喷油器座的表面是否积聚有煤烟。若积聚有煤烟，则说明燃气泄漏，应当查找泄漏
的原因并进行修理。若是燃气泄漏故障，则不必更换喷油器。

⑦ 如果故障不能排除，那么更换喷油器。为了验证新的喷油器是否正常工作，用 ET
进行气缸内不爆发测试。

4.3.4　润滑系统检测与调整

4.3.4.1　机油压力检测

可以用柴油机压力测试组件（零件号：IU-5470）进行机油压力检测，也可以使用 ET

测量机油压力。

用柴油机压力测试组件进行检测的方法如下：

① 将柴油机压力测试组件安装到回油孔塞中，回油孔塞在柴油机上的位置见图 4-11。

② 启动柴油机，运转至正常工作温度。

③ 记录机油压力数值。

a. 应在柴油机两侧的回油孔塞处分别检测加在凸轮轴和主轴承上的机油压力。

b. 应使用 SAE10W30 或 SAE15W40 型号的机油。

c. 在进行机油压力检测前，要让柴油机达到正常工作温度。

d. 机油温度不能超过 115℃。

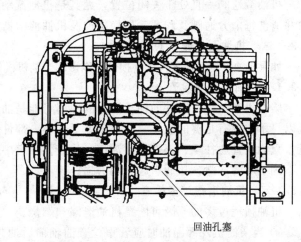

回油孔塞

图 4-11　回油孔塞在柴油机上的位置

④ 分析机油压力测量数值，应在机油压力图中的正常范围内，机油压力图见图 4-12。

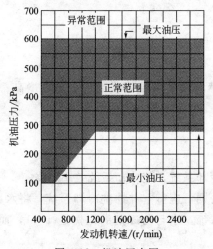

图 4-12　机油压力图

如果在图中的异常范围内，那么说明柴油机有故障存在，需要排除故障。若机油压力超出这个范围而柴油机还继续运行，则会引起柴油机故障，缩短柴油机寿命。

记录的机油压力可用于分析柴油机发生的问题。若机油压力突然升高或突然降低 70kPa，则即使机油压力在正常范围内，也可能存在故障。必须要检查柴油机，找出问题并进行检修。

⑤ 对比记录的油压、油压指示器指示的油压和 ET 显示的油压，分析油压指示器和油压传感器是否有故障。

4.3.4.2　润滑系统故障分析

（1）机油压力偏低

① 当机油受到燃油或冷却液污染时，机油压力偏低。如果曲轴箱中的油位偏高，那么机油可能受到污染。应及时确定机油污染的原因，进行必要的修理，更换机油及机油滤清器。

② 机油旁通阀常开会导致油压降低，这可能是由机油中存在残渣引起的。这时应拆检并清洗每个旁通阀及阀孔，更换机油及机油滤清器。

③ 断裂的、断开的油管，旁通油路或润滑油路开路都会使油压偏低。活塞冷却喷嘴丢失或损坏将引起润滑油路开路。

④ 柴油机油泵吸油管上的进油口滤网阻塞将会造成气穴现象，使油压降低，应及时检修进油口滤网。

⑤ 柴油机油泵供给侧漏气和油泵齿轮磨损严重，都可能引起油压下降。

⑥ 柴油机轴承间隙过大会使油压偏低。

机油油位偏低时，油位可能低于油泵吸油管，会使油泵吸空，产生气穴并造成柴油机零、部件润滑表面供油不足，应及时给柴油机加油，以达到合适的油位。

(2) 机油压力偏高

机油旁通阀一直处于关闭位置，尤其是机油流动受到阻碍时，会使油压偏高。这时要拆除并清洗每个旁通阀及阀孔，更换机油及机油滤清器。

4.3.4.3　机油泵检修

如果机油泵的任何零件已磨损到足以影响柴油机机油泵性能的程度，就必须更换机油泵。

4.3.4.4　轴承磨损检查

柴油机某些零、部件的轴承磨损的原因可能是油道不畅或润滑不良。柴油机油压指示器可以显示是否有足够的油压，但是不能显示零、部件因缺少润滑而磨损的情况。在这种情况下，只能检查通往零、部件的供油道，检查供油道中是否有阻力，导致零、部件的润滑表面得不到足够的润滑，从而引起早期磨损。

4.3.4.5　机油磨损过多检查

机油损耗过多的原因可能是机油泄漏和燃烧。

① 当柴油机外部漏油时应着重检查曲轴前后油封处、油底壳密封处和所有润滑系统连接处是否有漏油迹象，查看是否有油从曲轴箱通气孔中漏出，这可能是因气缸窜气引起的，曲轴箱通气孔脏堵也会引起曲轴箱中的压力升高，从而引起密封垫和密封件漏油。

② 机油漏入燃烧室会冒蓝烟，机油泄漏说明如下：

a. 机油从磨损的气门导管与气门杆之间泄漏；

b. 有磨损或损坏的部件（活塞、活塞环或回油孔等）；

c. 活塞环安装错误；

d. 涡轮增压器轴进气端的密封环处泄漏，机油随进气进入气缸；

e. 如果机油黏度偏低，那么也会造成油耗过多。燃油漏入曲轴箱或柴油机温度增高都可能造成机油黏度偏低。

4.3.5　冷却系统检测与调整

(1) 柴油机过热检查

① 检查冷却液液位。冷却液液位过低，空气进入冷却系统，使冷却系统效率下降。

② 检查冷却液质量，应不变质、无污垢和残渣；否则，应排空并冲洗冷却系统，将水、防冻剂、冷却液防锈剂按合适的比例混合，注满冷却系统。水与防冻剂的比例是1:1，而防冻剂内含3%～6%的冷却液防锈剂。

③ 检查冷却系统有无空气。

④ 检查风扇传动系统。

⑤ 检查冷却液温度传感器及其电路。

⑥ 检查水温表显示是否正确。

⑦ 检查散热器内是否有水垢、堵塞、损坏。

⑧ 检查散热器翅片有无脏物或损坏。

⑨ 检查散热器盖是否损坏。

⑩ 检查风扇叶片安装是否正确。

⑪ 检查风扇皮带张紧力是否合适。

⑫ 检查冷却系统软管是否泄漏、弯折，卡箍是否松动。

⑬ 检查进气系统阻力。若阻力大于最大值，则修理或更换空气滤清器滤芯，检查进气

管道内是否有阻力。

⑭ 检查排气系统阻力。若阻力大于最大值，则修理排气系统。

⑮ 检查并确保分管路浸没于膨胀箱中。

⑯ 检查节温器性能。

⑰ 检查水泵性能。

⑱ 检查是否有障碍物阻碍空气流经散热器。

⑲ 天气温度是否过高，是否在高纬度地区工作。

（2）散热器盖检查

① 柴油机停转，散热器降温到不烫手后，方可小心地松开散热器盖，先释放冷却系统压力，再拆下散热器盖。检查散热器盖的密封件及密封表面有无沉积物，若有则清理干净。

② 将散热器盖安装到加压泵（零件号：9S-8140）上并施加压力，加压泵见图 4-13。

③ 当散热器盖的压力阀打开时，观察表上的指示数值，数值与散热器盖上标注的打开压力应一致；否则，说明散热器盖损坏。

④ 若散热器盖损坏，则更换。

（3）散热器及冷却系统泄漏检测

① 柴油机停转，散热器降温到不烫手

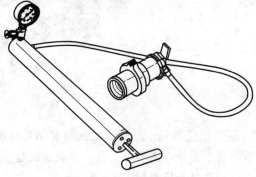

图 4-13　加压泵

后，方可小心地松开散热器盖，先释放冷却系统压力，再拆下散热器盖。

② 确保冷却液液面高于散热器芯的顶部。

③ 把加压泵安装到散热器上，对冷却系统施加压力，压力值比散热器盖上标注压力值高 20kPa。

④ 检查散热器是否泄漏。

⑤ 检查所有软管和接头是否泄漏。

⑥ 5min 后表的读数维持不变；否则，说明冷却系统内部泄漏。

（4）水温表测试

① 水温表测试见图 4-14，拧下孔口上的螺塞，在开口处插入数字式温度表（零件号：

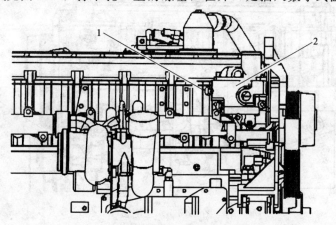

图 4-14　水温表测试

1—螺塞；2—节温器壳

4C-6500）或温度计（零件号：2F-7112），见图 4-15。

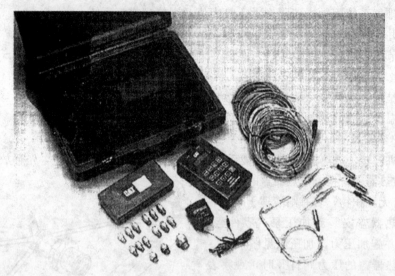

图 4-15　数字式温度表

② 启动柴油机，直到柴油机温度到达测试温度计所要求的温度为止。若有必要，则盖住散热器一部分，使温度上升。水温表的指示数值应与测试温度计的读数一致。

（5）节温器检测

① 拆下节温器。

② 将烧杯里的水加热到 97℃。

③ 将节温器挂在盛满水的烧杯中，保持 10min。

④ 节温器应打开，检查节温器孔口的最小距离。若小于规定值，则更换节温器。

（6）水泵测试

① 水泵测试见图 4-16，测试口 1、2 测量水泵出口压力，测试口 3 测量水泵进口压力。

② 柴油机全负荷运转，测试水泵进口与出口压力，压力应高于 80kPa；否则，说明水

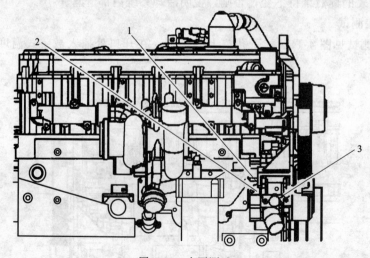

图 4-16　水泵测试

1—测试口（交替加器供热）；2—测试口（柴油机故障诊断）；

3—测试口（加热器回流管）

泵性能下降。

4.4　电控柴油机电脑控制器的维修

4.4.1　ECM 维修的几种方法

（1）判断是 ECM 板的故障还是外界传感器的故障

当接到一台无法启动的机器，首先检查是不喷油还是油泵不工作：如果这二者条件都具备即可启动，如还无法启动则为机械故障，如有一台发动机在拆缸盖后装车发动机无法启动，在拆以前一切正常，故应该不是 ECM 板的故障，首先检查发现不喷油但油泵工作，拔下油门位置传感器测有 5V 电压，说明 ECM 的电源正常，即 24V 供电及接地良好，然后拔下曲轴位置传感器插头，测电阻为 750～800Ω 左右，正常，随即开车电压在 2.5V 以上，表明传感器正常，然后拔下 ECU 板插头测 B06、B07 之间启动电压也在 2.5V 以上。

既然 ECM 电源接地正常，有转速信号输入，所以判断 ECU 应该处于工作状态，而不工作则为 ECM 本身故障。于是拆检 ECM 板，一点烧损的痕迹也没有，找来一台相同的机器将此 ECM 装车一切正常，看来不是 ECM 的故障，问题在发动机方面，测气缸压力，压力各缸基本一致。测各传感器到 ECM 的通路，检查喷油嘴的相关线路都正常，那只有怀疑正时问题，拆开正时壳检查发现正时错一齿，装复后启动正常。

由于正时错齿导致曲轴位置信号与凸轮轴信号相位不同步，ECM 无法识别正确的上止点信号，同时没有反馈信号，发动机停止喷油。

（2）外界因素导致发动机 ECM 板非正常工作

一辆挖掘机的 ECM 板，该挖掘机在作业环境较差的工作面上突然出现发动机加不上速、机子发抖现象，低速运转正常，高速不行，驾驶员只好叫修理工来修，经修理工检修更换，清洗喷油器都不行，怀疑油路有问题。油泵也查了，故障依然存在，修理工只知道加不上速就与油路、电路有关系，结果查来查去一点故障也没有排除。

无奈驾驶员经人介绍找到笔者，驾驶员将情况陈述给笔者，随后试车真如驾驶员所述，重新检查高压油路、低压油路、缸压都在正常范围，拔下节气门进气软管往里喷清洗剂无效果，证明喷油器工作正常，接下来用解码器测故障码显示台时表示信号回路有故障，而试车时台时表指示正常，台时表也累计台时数，那它为什么会记忆没有台时信号这个故障码呢？至此维修进入盲区，最后询问驾驶员得知前一天拆过仪表板，将录音机换成 CD 机，得此信息，查资料发现台时信号到达仪表后再到 ECU 板，于是拆仪表找到台时信号线，测 ECM 与台时信号线不通，用信号发生器给模拟信号加速正常，故障排除。

最后查线路找到一个线束插头脱出来，这是在前一天拆仪表板时修理工操作不当将线束插头弄松了，当工作在不好的环境时，此线受振动脱落导致上述故障发生。后来仔细分析得知：此种 ECU 在没有台时信号输入的情况下 ECM 将起用限速功能，防止发动机空载超速运转。

（3）不懂工作原理乱接线导致 ECM 不工作

发动机开空调熄火，并且在行驶时冷却液温度高甚至开锅，接车时，首先发现在怠速时发动机转速为 880～900r/min 时开空调熄火，明显的开空调不提速故障，经了解去年空调正常，前几天刚加了制冷剂，最近几天空调几乎没有用过，经排查不是空调问题，只是怠速开空调不提速，而在运行时开空调能制冷，说明制冷系统正常，问题在发动机 ECM 没有收到空调请求信号或没有发出正确的执行指令，查线路发现压缩机旁边人为地多加了一个继电器，将原车的线剪断，用 A/C 开关来控制继电器的接通、断开，完全将原车的控制系统拆除了。随后将线拆除恢复原样一步一步检查，首先检测从 A/C 来的电流至环境温度开关再到蒸发箱温度开关再到空调高/低压组合开关再到发动机冷却液温度过热开关，在发动机冷却液温度过热开关上发现有一根线脱开了，将线接上，空调工作正常。

发动机冷却液温度过热开关的主要功能是：当发动机冷却液温度过高时将空调切断退出工作。此车正常的工作原理为：当有 A/C 信号输入 ECM 时，ECM 控制发动机先提速，然后再接通压缩机，经过上述各开关都正常的情况下 ECM 再控制 A/C 继电器吸合，如果上述开关有一个不工作，空调将不工作，如发动机冷却液温度超过 95℃ 以上时切断继电器空调退出工作。

从这个故障实例中可以看出：不懂 ECM 的控制原理，将 ECM 在特定的情况下设置的自我保护程序给取消了，从而导致小问题酿成大故障。

（4）没有认真分析故障产生的原因导致二次返修

在维修 ECM 时，必须了解 ECM 内部元件分布位置和一定的单片机知识，这样才能根据手边的资料对照 ECM 主板的元件进行逻辑推理，准确、快速地找出故障部位及原因。

在实际维修中，除具备上述的推理能力外，还必须对机械的工作原理相当了解，只有二者有机地结合起来才能对故障进行又快又准的排除；否则即使维修好以后也可能会导致故障二次出现。

（5）维修 ECM 必须了解 ECM 设置故障码的因果关系

在机器 ECM 维修中，机器 ECM 解码器是不可缺少的维修工具之一，当接到一个工作状态较差或不能启动的车时，不要急于对机器进行盲目的换件，以免造成故障的转移，从而使维修难度增加。首先应该对机器进行路试以验证故障真如驾驶员所反映的情况一致，其次在试车结束后用解码器测 ECM 内部记忆的故障码，根据故障码的含义做出逻辑推理判断，最后再通过读取动态数据流观看被怀疑的传感器、执行器的工作状态是否正常。如果上述检测正常，那么可以把故障点转移到机器电控单元方面即机器 ECM。

加不上速的故障，发现怠速不稳，测油压正常，经上述检查正常的情况下，则故障应该是喷油器工作不良，随后拆下喷油器进行清洗，装车后故障依旧，维修进入盲区，因为影响怠速不稳加不上速的相关工作元件都正常，那么故障部位是在 ECM 板上吗？于是连接解码器读取故障码：

① 怠速匹配错误；

② 油门未满足基本设定；

③ 2 缸喷油器回路有故障。

再次清除故障码，显示只有故障码 3，随后拔下 2 缸喷油器插头，一根来自油泵继电器的电源线有电，另一根来自 ECM 板的控制线用二极管试灯跨接这两根线打车试灯闪烁，证明控制信号正确，测量喷油器的阻值在 13Ω 左右，正常，有喷油信号，喷油器工作也正常，为什么会产生回路故障这个故障码呢？随后将喷油器插头插回，再将二极管试灯跨接在喷油器的两根线上，然后发现发动机这时试灯不闪了，故障明显出现了，于是拔下 ECM 板插头，测量到喷油器插头的控制线阻值为 0.5Ω，证明线路正常，故障应该在 ECM 内部。拆解 ECU 板，顺着 2 缸喷油器控制回路线往里查，发现 ECM 插针与线路板之间有进水腐蚀的现象，用电路板专用清洗液清洗干净后，然后用防静电烙铁加锡焊接后装车，试车故障排除。

分析：由于 ECM 板装在机舱的流水槽内，在经过下雨或洗车后 ECM 有可能会进水，ECM 针脚通水遭到腐蚀导致接触电阻增大，在空载时能输出较小的电流而驱动二极管使试灯闪亮，当在插上喷油器的时候，由于需要较大的驱动电流才能使喷油器打开，而驱动电流经过被腐蚀的针脚后，电流变得非常小，无法将喷油器打开，从而导致上述故障的发生，所以在维修车 ECM 时一定要根据故障码的含义进行分析故障，避免走弯路。

4.4.2　发动机电控 ECM（电脑板）的维修步骤

挖掘机发动机 ECM 内部电路可以分为两部分，即包括输入、输出以及转换电路的常规电路和微处器。常规电路大多采用通用的电子元件，如果损坏，一般是可以修复的。在实际使用过程中，ECM 的故障大多发生在常规电路中。如果要维修 ECM，首先要确定是 ECM 故障，以免盲目修理，造成不必要的时间浪费和引起其他电路的故障。

（1）确定 ECM 是否损坏

确定 ECM 损坏的通常方法是在相关传感器信号都能正常输入 ECM 的情况下，ECM 却不能正确输出控制信号来驱动执行器。这句话虽然简单，但这需要很多具体细致的基础检查工作。例如，发动机无法启动，经过检查确定启动时喷油器插头上无喷油信号（即 ECM 提供的喷油驱动信号），在检查相关电路正常而且启动时的转速信号也可以正常输入发动机的 ECM，但是 ECM 没有输出驱动信号给喷油器，这样就可以断定发动机 ECM 内部故障。

（2）按照电路寻找损坏元件

根据电路图或实际线路的走向找到与喷油器连接的相应 ECM 端子，然后用数字万用表的通断挡从确定的 ECM 端子开始，沿着 ECM 的印制电路查找，直至找到某个晶体管。这是因为 ECM 通常采用大功率晶体管放大执行信号以驱动执行器，所以此类故障的原因大多是一个起着开关作用的晶体管短路所致。

（3）测量晶体管

确定晶体管的 3 个极。与印制线路对应的管脚为晶体管的集电极，旁边较细的印制线是基极。确认方法是，将发动机 ECM 多孔插头插上，启动发动机，使用万用表的电压挡连接到要确认的印制线，显示 5V 则为基极。用万用表测试晶体管，如果发现集电极 c 与基极 b 的正反向电阻无穷大，则说明晶体管已经断路；如果发现集电极 c 与发射极 e 之间的电阻为零，则说明晶体管已经被击穿。另外，还需要测量晶体管附近相连的其他晶体管和二极管。

（4）确定替换用的晶体管及晶体管的型号

① 型号。查看晶体管上的型号，通过晶体管对应表确定与之相配的国产晶体管。

② 电阻。晶体管的基极一般都串有电阻，基极的电阻值要与原晶体管的电阻值相近，不同颜色的电阻阻值不同。因为晶体管的基极是靠电流的大小控制的，ECM 电压值固定，因此就需要利用电阻来控制电流。如果电流过大会烧毁晶体管，电流过小则不能将其触发。

③ 测量。利用万用表的二极管测量挡测量晶体管的属性。根据晶体管的特性，应该只有一个管脚相对于另外两个管脚单向导通，具备这个属性则可确定是晶体管，只有一对管脚单向导通的是场效应管，相对另外两个管脚导通的管脚是晶体管的基极。

将替换的晶体管焊接到电路板上，焊接时要注意焊锡要尽可能少，避免过热，焊接完成后要用万用表测量各管脚应不相互连通。

4.4.3 发动机 ECM 装车后的测试

将 ECM 板在裸露的情况下连接到车体线束中，启动发动机检查相应功能是否正常，同时用手触摸晶体管，有些热是正常的，如果烫手就有问题了。观察故障灯是否点亮，并进行一段时间的测试。

下面以发动机 ECM 控制的喷油器电路为例，简要说明检修发动机 ECM 的过程。

① 喷油器电源电路。喷油器电路分为电源电路和发动机 ECM 控制电路两部分。喷油器的电源大都由燃油喷射继电器提供，即点火开关打开后，燃油喷射继电器动作，蓄电池电压到达喷油器，此时等待发动机 ECM 的控制信号，以配合发动机所需的工作。

② 发动机 ECM 控制电路。发动机 ECM 依据负载、转速及各种修正信号进行运算，由输出电路输出喷油器脉冲信号，并由驱动电路放大电压信号，再接到 NPN 功率晶体管的基极 b，使晶体管执行脉冲频率的开关动作，即完成喷油器电磁线圈的通电与断开的动作。

③ 喷油器电路故障分析。执行喷油器开关动作的控制电路，是由晶体管控制喷油器线圈的搭铁回路，晶体管的集电极 c 连接喷油器，发射极 e 搭铁。如果 c 极和 e 极短路，就会出现打开点火开关后，喷油器始终喷油的故障；如果 c 极断路，就会使喷油器无法完成搭铁回路，导致喷油器不喷油。另外，与晶体管 c 极并联的保护二极管如果短路，也会出现喷油器一直喷油的现象。

④ 喷油器电路检测方法。可以使用数字万用表、示波器或 LED 测试灯等工具，严禁带电插拔线束插头，或使用指针式万用表或大功率测试灯，以免引起瞬间大电流造成发动机 ECM 内部晶体管损坏。

将 LED 测试灯连接在喷油器插头两个插孔中，打开点火开关。如果 LED 灯一直点亮，表示晶体管 c 极和 e 极短路；如果 LED 灯不亮，启动发动机，如果 LED 灯仍不亮，表示晶体管 c 极和 e 极断路。

发动机 ECM 控制的喷油器电路由输入电路、单片微机和输出电路组成。ECM 的作用是接收各种传感器送来的信息，对它们进行运算、处理、判断后再发出指令信号。虽然该装置在设计上有很高的可行性，但由于使用条件复杂，还是免不了会出现故障。

从故障角度考虑，输出电路的故障更高一些，尤其是驱动大电流负载电路，概率更高。大部分的 ECM 损坏归结起来都是从局部功能损坏开始的，所以机器 ECM 的维修也几乎是围绕这样一个主题进行的。

4.4.4 电子控制系统组成

(1) 320D、323D 机器 ECM 模块图

图 4-17 所示为控制系统。

(2) 机器电子控制系统

其包括下列零、部件：各种输入部件（开关和传感器）、电子控制模块和各种输出部件（电磁阀）。机器 ECM 还包括下列功能：发动机转速；行走马达；行走报警；回转制动；重物提升；附件制动器；泵动力换挡压力；液压油流量限制。

机器 ECM 接收各种输入设备传来的信号，然后 ECM 基于这些信息通过激活比例电磁阀、开闭电磁阀和继电器作出决定。

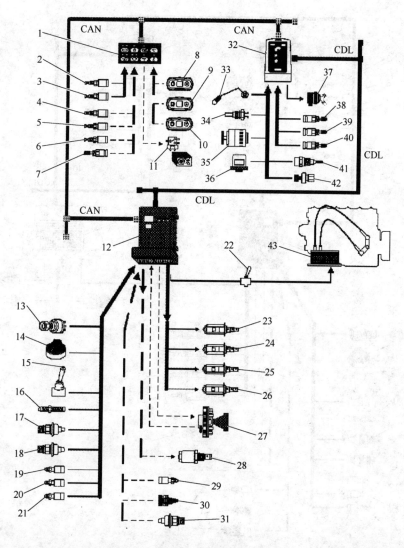

图 4-17 控制系统

1—开关面板；2—空气滤清器堵塞开关；3—液压油过滤器堵塞开关；4—ATT 液压油过滤器堵塞开关；
5—燃油过滤器堵塞开关；6—No.2 燃油过滤器堵塞开关；7—油水分离器水位开关；8—过载报警开
关；9—微调回转开关；10—快速连接开关；11—行走报警继电器；12—机器 ECM；13—启动开关；
14—发动机转速旋钮；15—单触点低怠速开关；16—转速传感器；17—No.1 泵压力传感器；18—No.2
泵压力传感器；19—机具压力开关；20—右行走压力开关；21—左行走压力开关；22—备用开关；
23—回转制动解除电磁阀；24—行走速度转换电磁阀；25—动力换挡比例减压阀；26—直线行
走电磁阀；27—磁性离合器；28—重物提升电磁阀；29—直线行走压力开关；30—工作
环境温度传感器；31—过载报警压力传感器；32—监控器；33—燃油油位传感器；
34—液压油温传感器；35—交流发电机；36—空气加热控制器；37—故障
报警；38—发动机机油油位开关；39—发动机冷却液液位开关；40—液
压油油位开关；41—发动机冷却液温度传感器；42—发动机
机油压力开关；43—调速器制动器

（3）322D、324D、325D、328D、330D 机器 ECM 模块图

图 4-18 所示为 ECM 模块图。

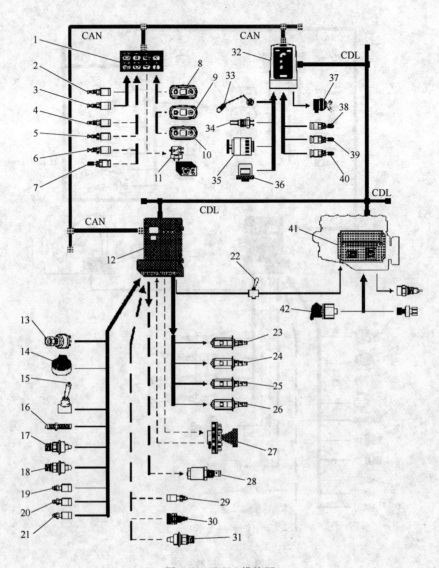

图 4-18　ECM 模块图

1—开关面板；2—空气滤清器堵塞开关；3—液压油过滤器堵塞开关；4—ATT 液压油过滤器堵塞开关；5—燃油过滤器堵塞开关；6—No.2 燃油过滤器堵塞开关；7—油水分离器水位开关；8—过载报警开关；9—微调回转开关；10—快速连接开关；11—行走报警继电器；12—机器 ECM；13—启动开关；14—发动机转速旋钮；15—单触点低速度开关；16—转速传感器；17—No.1 泵压力传感器；18—No.2 泵压力传感器；19—机具压力开关；20—右行走压力开关；21—左行走压力开关；22—备用开关；23—回转制动解除电磁阀；24—行走速度转换电磁阀；25—动力换挡比例减压阀；26—直线行走电磁阀；27—磁性离合器；28—重物提升电磁阀；29—直线行走压力开关；30—工作环境温度传感器；31—过载报警压力传感器；32—监控器；33—燃油油位传感器；34—液压油温传感器；35—交流发电机；36—空气加热器控制器；37—故障报警；38—发动机机油油位开关；39—发动机冷却液液位开关；40—液压油油位开关；41—发动机 ECM；42—用户切断开关

4.4.5　电子控制系统的主要控制功能

　　其包括下列零、部件：各种输入部件（开关和传感器）、电子控制模块和各种输出部件（电磁阀）。机器 ECM 还控制下列设备：发动机转速；行走马达；行走报警；回转制动；重物提升；附件制动器；泵动力换挡压力；液压油流量限制。

　　机器 ECM 接收各种输入设备传来的信号，然后 ECM 基于这些信息通过激活比例电磁阀、开闭电磁阀和继电器作出决定。

4.4.5.1　发动机转速控制

　　图 4-19 所示为发动机转速控制。

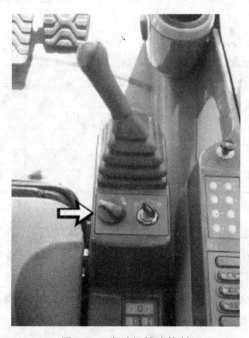

图 4-19　发动机转速控制

　　机器 ECM 将发动机转速旋钮信号转换为脉冲宽度调制（PWM）信号，然后 ECM 将信号传送至调速器制动器 4 上来控制发动机转速。参见图 4-20 所示的发动机转速旋钮。

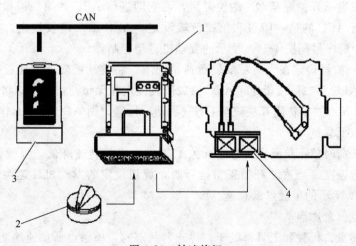

图 4-20　转速旋钮

1—机器 ECM；2—发动机转速旋钮；3—监控器；4—调速器制动器

　　发动机转速旋钮 2 分为 10 个挡位。旋钮挡位显示在监控器面板上。表 4-3 列出无负载时每个旋钮挡位的转速。

表 4-3　发动机转速旋钮挡位

发动机转速旋钮开关各挡位的转速/(r/min) 320D、323D		
旋钮位置	发动机转速/(r/min)	扭矩/%
1	1000	20
2	1100	40
3	1200	60
4	1300	81.2
5	1470	86.4
6	1590	86.4
7	1700	86.4
8	1800	86.4
9	1900	86.4
10	1980	100

4.4.5.2　自我诊断功能

机器 ECM 1 具有自我诊断功能，监控机器的输入和输出，也监控系统内部出现的故障或操作过程中报警。机器 ECM 将报警信息或经自我诊断功能检测出来的故障显示在监控器 3 上，参见图 4-20。

注意：报警信息将保留在故障目录中，报警信息包含时间和每个报警代码。

4.4.5.3　发动机自动控制

当发动机转速旋钮设定在位置 5～10 时，如果机器持续无负荷大约 5s 或者持续轻负荷 10s，AEC 会降低发动机转速。这个过程可用来降低噪声，减少燃油消耗。AEC 有两个设定阶段。操作者可通过右控制台上的开关设定 AEC。开关指示灯会在 AEC 的第二设定阶段亮起。当发动机启动开关旋至 ON 的位置后，可立即进行 AEC 的第二阶段设定。可通过交替按下开关进行 AEC 的第一阶段和第二阶段设定。AEC 第一阶段设定，参见图 4-21（图 4-21～图4-26 中的序号同图 4-17）所示的发动机自动控制。

AEC 的第一阶段设定在无负荷或轻负荷情况下，将发动机转速旋钮设定的速度降低大约 100r/min。AEC 第二阶段设定：AEC 第二阶段设定在无负荷情况下，将发动机转速降低到大约 1300r/min。如果备用开关旋至 ON（手动）位置，则 AEC 不会起作用。

(1) 单触点低怠速

当机器无负荷时按下单触点低怠速开关 15，发动机的转速降低，降低的幅度超过 AEC 第二阶段的设定速度。当重新开始正常运行时，旋钮设定的发动机转速会恢复到相应的转数。参见图 4-22 所示的单触点低怠速。

(2) 单触点低怠速启动

当机具、转盘、行驶和工具都处于"停止"状态时，单触点低怠速功能将被激活。下列部件处在 OFF 位置：机具回转压力开关、行走压力开关（右）、行走压力开关（左）、附件（ATT）踏板压力开关和直线行走压力开关。但是，按下单触点低怠速开关时，控制系统会将发动机的转速降低到发动机转速旋钮位置"2"设定的速度（大约为 1020r/min）。这一控制系统优于 AEC。

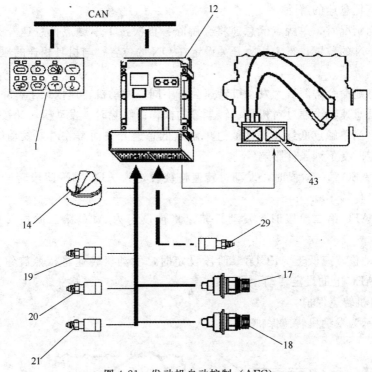

图 4-21　发动机自动控制（AEC）

1—开关面板；12—机器 ECM；14—发动机转速旋钮；17—No.1 泵压力传感器；
18—No.2 泵压力传感器；19—机具压力开关；20—右行走压力开关；21—左
行走压力开关；29—直线行走压力开关；43—调速器制动器

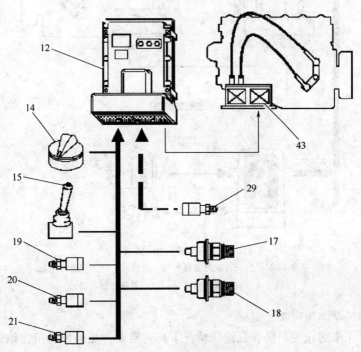

图 4-22　单触点低怠速

12—机器 ECM；14—发动机转速旋钮；15—单触点低怠速开关；17—No.1 泵压力传感器；
18—No.2 泵压力传感器；19—机具压力开关；20—右行走压力开关；21—左行走
压力开关；29—直线行走压力开关；43—调速器制动器

（3）单触点低怠速的解除

当发生下列情况时，单触点低怠速将会解除：再次按下单触点低怠速开关15；机具回转压力设定在 ON 的位置；行走压力开关设定在 ON 的位置；与机具相连的压力开关设定在 ON 的位置。

单触点低怠速命令解除后，发动机转速会有不同，发动机转速依赖于解除命令的情况而定。当单触点低怠速特性通过对机具、转盘等的操作而解除时，发动机转速按照转速旋钮上的设定而转动。当单触点低怠速特性通过单触点低怠速开关而解除时，发动机转速由 AEC 设定。转速设定时受下列条件影响：

① 当选择 AEC 第一阶段时，发动机转速将被设定为 AEC 第一阶段转速。发动机转速旋钮设定的速度低约 100r/min。

② 当选择 AEC 第二阶段时，发动机转速将被设定为 AEC 第二阶段转速。转速约为 1300r/min。

③ 如果发动机转速低于 AEC 第二阶段设定时，发动机转速将按照旋钮上的设定而转动，不再按照 AEC 上的设定转动。

4.4.5.4　发动机转速保护

图 4-23 所示为发动机转速保护。

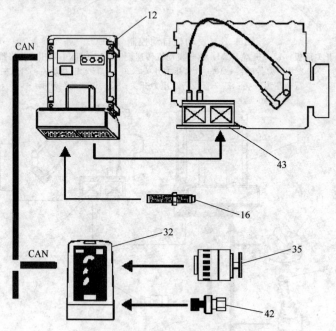

图 4-23　发动机转速保护

12—机器 ECM；16—转速传感器；32—监控器；35—交流发电机；
42—发动机机油压力开关；43—调速器制动器

（1）在发动机低油压时防止过速

该项功能可用来防止发动机在低油压情况下高速启动。更换发动机滤油器后，发动机机油压力到达规定压力需要很长时间。如果发动机以转速旋钮 10 的位置运行时，可能会造成发动机损坏。下面描述该功能。

如果发动机机油压力开关断开，发动机转速会被限制在 5 的位置。发动机将以转速旋钮

5 的位置启动。

（2）在发动机过热情况下防止过速

因为发动机过热时高速启动会造成发动机的损坏，该功能就是防止此类情况发生。在过热情况下，高压工作将会受到限制，这样保护了发动机和其他零、部件。发动机转速将被降低到 AEC 第二阶段设定（1300r/min）。

（3）低温时液压油控制

当工作温度过冷和液压油温过低时，机器可能不能操作自如，泵的输出也将降低一些。直到油温上升后机器才能正常操作。当液压油温传感器检测出油温低于 15℃（59℉）时，控制系统将限制泵的最大输出压力为液压功率的 80%。当液压油温传感器检测出油温高于 20℃（68℉）时，液压系统将开始正常工作。

4.4.5.5　泵调节

机器 ECM 12 根据发动机转速旋钮 14 的位置、泵输送压力和发动机转速决定动力换挡压力以调节泵的输出。参见图 4-24 所示的泵调节控制模式。

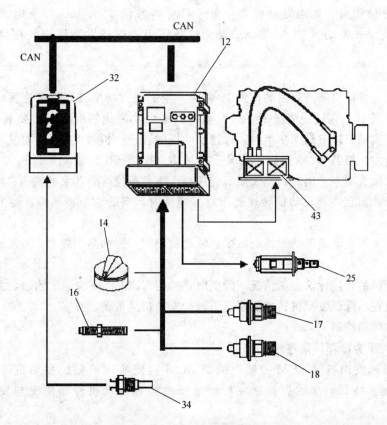

图 4-24　泵调节控制模式

12—机器 ECM；14—发动机转速旋钮；16—转速传感器；17—No.1 泵压力传感器；
18—No.2 泵压力传感器；25—动力换挡比例减压阀；32—监控器；
34—液压油温传感器；43—调速器制动器

当动力换挡压力高时，泵的输出将减少；当动力换挡压力低时，泵的输出增加。当发动机转速旋钮 14 位于 1～9 时，泵控制系统为动力常量控制模式。当发动机转速旋钮 14 位于 10 时，泵控制系统为低速控制模式。

4.4.5.6 动力常量控制

动力常量控制与发动机转速旋钮 1～9 的设定相关。当发动机转速旋钮位于 1～9 时，泵的流量由动力换挡压力控制。液压输出将根据发动机转速旋钮的位置而设定。即使泵正以最大流量输送，机器 ECM 也将修正动力换挡压力以保持最大流量。在中压和高压输送过程中，控制器会控制主泵的功率以避免低发动机功率时泵出现高功率。机器 ECM 会收到来自发动机转速传感器传来的反馈。动力换挡压力与目标流量成正比。目标流量根据发动机转速的设定和泵输出压力传感器的压力来计算。因此，动力换挡压力将根据发动机转速旋钮的位置和泵输出的压力而变化。发动机的反失速性能可用来防止发动机失速。如果发动机转速与旋钮上的设定值相比降低了 250r/min 时，反失速性能将会起作用。

转速旋钮 1～9 之间分别有固定的动力换挡压力值。转速旋钮 1～4 之间的动力换挡压力不同。发动机转速旋钮根据不同的转数产生所需的泵流量。旋钮 7～9 有一个共同的动力换挡压力。旋钮 1～9 之间通过发动机转速、发动机转速旋钮位置和泵压来设定一个固定的流量输出。如果发动机转速低于目标转数的 250r/min 以下时，这个固定的流量输出将改变，发动机 ECM 将调节动力换挡压力来保持发动机转数在目标转数大致范围内。

（1）低速控制

低速状况与发动机转速旋钮的位置 10 相关。当需要大功率或高行走速度时，使用发动机转速旋钮位置 10。在这种情况下，当发动机以最大功率运转时，有必要利用低速特性。低速特性可在发动机接近最大功率时，保持发动机的转速。机器 ECM 读取发动机转数以调节动力换挡压力。机器 ECM 在低速状况下控制动力换挡压力。发动机保持大约 1800r/min 的速度以获取最大功率。因此，当发动机转速高于满负荷速度时，泵的输出将增加，动力换挡压力将减少。而且，当发动机转速低于目标速度时，泵的输出将减少，动力换挡压力则增加。

在下列情况下发动机的功率将会减少：发动机磨损；燃油品质较差；发动机工作于高海拔处。

如果发动机的转速比满负荷情况下降低时，机器 ECM 将减少泵的输出，并增加动力换挡压力，以便在不降低发动机转速的情况下减少发动机的负荷。

（2）冷却风扇控制

图 4-25 所示为冷却风扇控制。

冷却风扇速度由机器 ECM 控制。机器 ECM 检测液压油温、发动机冷却液温度和工作环境温度。冷却风扇的目标速度根据液压油温和发动机冷却情况与发动机转速相匹配。

4.4.5.7 行走速度——液压和电路变化控制

图 4-26 所示为开关面板。

（1）自动行走速度变化

行走有两种速度模式：低速（乌龟挡）和高速（兔子挡）。通过选择"乌龟挡"模式，行走速度被限制在低速范围内。选择"兔子挡"模式，行走速度将自动在低/高速之间切换。行走速度的变化根据泵输送压力而改变。

（2）行走模式选择开关

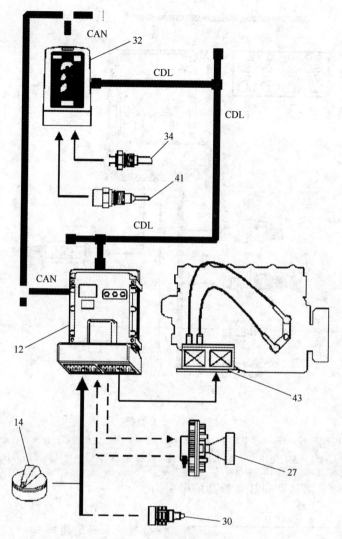

图 4-25　冷却风扇控制

12—机器 ECM；14—发动机转速旋钮；27—磁性离合器；30—工作环境温度传感器；32—监
控器；34—液压油温传感器；41—发动机冷却液温度传感器；43—调速器制动器

行走模式选择开关和行走模式指示图标（乌龟和兔子）位于开关面板上。当按下行走模式选择开关，行走模式可以被设定为乌龟或兔子挡，相应的乌龟和兔子标志将亮起，表示行走模式已经被选中。参见图 4-27 所示的行走模式选择开关。

（3）自动行走速度变化功能

当机器首次打开时，行走模式自动设定在低速（乌龟挡）。如果想选择高速（兔子挡），按下行走模式选择开关。当泵的输出压力保持在一定范围以下时，机器将以高速（兔子挡）行走。机器负载增加，泵的输出压力也相应增加。当输出压力增加到一定值时，机器将自动转换到低速模式。当泵输出压力比预定的低，机器将自动返回到高速（兔子挡）。

自动行走速度变化功能允许机器不经过操作者直接输入就可以调节速度。在轻负载状态下，机器将以高速（兔子挡）行走。在重负载状态下机器将以低速（乌龟挡）行走。

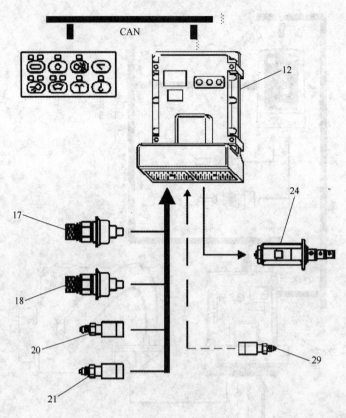

图 4-26　开关面板

12—机器 ECM；17—No.1 泵压力传感器；18—No.2 泵压力传感器；20—右行走压力
开关；21—左行走压力开关；24—行走速度转换电磁阀；29—直线行走压力开关

这样确保机器能够灵活移动和具有较高的牵引力。

图 4-27　行走模式选择开关

当机器在重物提升模式时，行走速度将保持低速（乌龟挡）。

当行走被设定为乌龟挡模式时，行走速度将为低速并且不做任何改变。

4.4.5.8　回转制动操作

机器配有液压控制的回转锁定系统。回转锁定控制系统控制回转马达、回转制动、微调回转功能和备用系统。参见图 4-28 所示的回转制动系统。

回转制动解除由液压锁定操纵杆 5 控制。

当液压锁定操纵杆 5 移动到锁定位置，回转制动开始工作。回转制动电磁阀励磁来解除回转制动。当所有操纵杆和踏板返回到空挡位置后，回转制动解除电磁阀 4 约 6.5s 后消磁。

当进行大臂、小臂、铲斗、回转和其他附件操作时，回转制动立即被解除。

如果主备用开关设置在手动位置，回转制动将电子解除。

微调回转功能（选用）用来打开回转马达 A 和 P 油口之间的油路，这样可自如启动和停止回转操作。

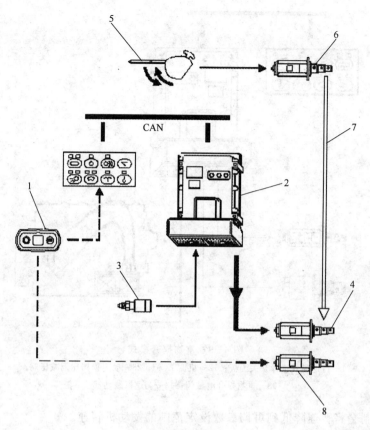

图 4-28　回转制动系统

1—微调回转开关；2—机器 ECM；3—机具压力开关；4—回转制动解除电磁阀；5—液压锁定
操纵杆（解锁位置）；6—液压锁定控制阀；7—回转制动解除先导压力；8—微调回转电磁阀

机器 ECM 检测微调回转开关的运行，以此来解除回转制动。

4.4.5.9　重物提升模式（选用）

参见图 4-29（图中序号同图 4-17）和图 4-30。按下开关面板上的"重物提升"开关，可在该模式 ON 或 OFF 之间进行切换。当重物提升模式位于 ON 位置时，指示灯将亮起，此时主溢流压力从 35MPa（5100psi）增加到 36MPa（5200psi）。可是，由于流量限制的原因，发动机最大的转速被限制在与转速旋钮 6 相等的转速，即约为 1600r/min。液压输出被限制在 64%。

（1）机具控制

当使用机具附件时，发动机转速和泵流量根据机具类型进行控制。更多的信息可参见机具控制维修手册。

（2）A 机具的选择

机器配有 5 种预编机具程序。操作者可通过监控器选择机具类型。下面是一些调整参数以适合某种特定机具的例子：发动机转速旋钮设定；单一操作的泵流量；同时操作的泵流量；附属泵的功率设定。

（3）发动机转速控制

① 当操作踏板时，发动机转速实际设定是相较于以参数设定的转速旋钮位置设定的。

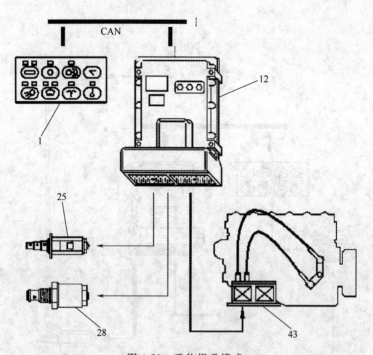

图 4-29　重物提升模式

1—行走模式选择开关面板；12—机器 ECM；25—动力换挡比例减压阀；

28—重物提升电磁阀；43—调速器制动器

发动机转速控制会将转速降低到可调参数设定范围的发动机转速。

图 4-30　重物提升模式开关

② 放开踏板时，发动机转速会恢复到发动机转速旋钮设定的实际速度。

③ 使用附属踏板时，AEC 和单触点低怠速会被解除。

注意：如果参数值高于发动机转速旋钮指示值，则发动机转速将不会增加。

（4）主泵流量控制

一些机具使用主泵来的泵流量，压力开关检测出压力变化。比例减压阀限制主泵流量。分解阀在控制阀和比例减压阀之间选择高压。

主泵流量控制调整泵流到一个较低的程度，主泵流量随即减少。

在同时操作中，阀可以改进机具和其他制动器之间的可控制性。

（5）使用附属装置泵过程中的主泵控制系统

机器 ECM 检测附泵运行情况来抵消附泵的负荷，也防止发动机转速降低。如果附泵的输出量被设定为额定输出量的 50％，并且主泵同时运行，依然可防止发动机转速减速。

4.4.5.10　备用系统

图 4-31 所示为备用系统连接器。

机器配有备用系统是为了当机器其他功能失灵的情况下，允许操作者在一定范围内手动

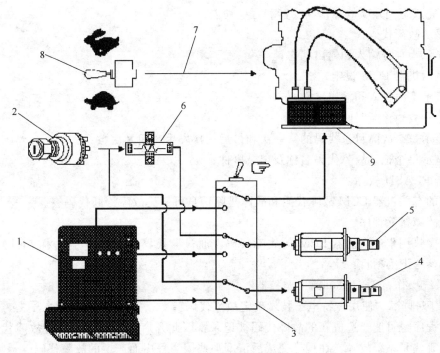

图 4-31　备用系统连接器

1—机器 ECM；2—启动开关；3—主备用开关；4—回转制动解除电磁阀；5—动力换挡比例减压阀；

6—备用电阻；7—备用加速/减速；8—行走速度选择开关；9—调速器制动器

控制机器。图 4-32 所示为备用发动机转速控制开关。

主备用开关 1 位于控制台右后方。当主备用开关 1 旋至 MAN 位置时，风扇速度被设定为最大，机器 ECM 将关闭，"限制功能模式"将被激活。此时，操纵杆和行走踏板停止工作。开关面板上的发动机转速旋钮不工作。位于控制台右后方的速度开关将调节发动机转速。此时，AEC 和低怠速开关都不工作。监控器将显示"限制功能模式"信息，并发出报警。备用开关只提供最少的功能。当机器 ECM 失效时，限制功能模式允许操作者手动停止机器，但机器不能进行挖掘工作。

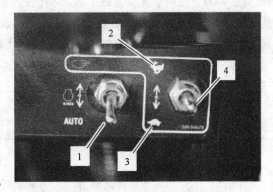

图 4-32　备用发动机转速控制开关

1—主备用开关；2—发动机快速模式（兔子挡）；3—发动机慢速模式（乌龟挡）；4—发动机转速选择开关

（1）泵扭矩控制

选择"泵扭矩控制"，发动机输出约为整个输出率的 60%～80%。动力换挡压力不变。当发动机转速旋钮旋至低速位置，则发动机输出明显减少。此时，必须注意不要让发动机失速。

（2）解除回转制动功能

在正常操作情况下，回转制动是处于解除状态的。但是，当发动机停止或液压激活操纵杆移到锁定位置时，回转制动将起作用。

4.4.6　ECM 故障诊断与排除

ECM 将显示屏上显示故障信息以帮助故障排除。控制器与电子技术维修工具（ET）配合使用，完成下列几项故障诊断功能和程序功能：

- 显示故障代码；
- 显示大部分输入和输出状态；
- 显示机器 ECM 设定；
- 显示实时输入和输出参数；
- 显示故障诊断时间；
- 显示每个故障目录代码的第一次和最后一次发生时间及次数；
- 显示每个记录故障代码名称及记录事件；
- 新 FLASH 软件。

详细的有关机器 ECM 故障代码和故障排除信息可参见故障诊断代码表。

（1）故障排除程序

本程序只用来诊断机器 ECM 的故障代码。通过监控器和卡特电子技术（ET）查看故障代码，参考下列项目：

- 系统操作，RENR8068，"监控器"；
- 故障排除，"使用卡特电子技术确定故障代码"。

一些程序也可能会造成新的故障代码被记录，因此开启程序前先把现行故障代码列表，以便确定哪些是系统故障。在程序完成后清理那些因为程序而产生的故障代码。

注意：运行程序前，检查所有电路断路器。维修因电路断路引起的故障。

其他电子控制模块通过卡特数据线转换故障诊断信息显示到监控器上。

模块标识（MID）是检测故障代码的电子控制模块。机器上每个电子控制模块都有一个自己的 MID。使用表 4-4 将每个故障代码匹配相应的电子控制模块。MID 位于机器的电路系统上。如果 MID 未显示在机器显示屏上，请参见表 4-5。当操作者确定电子控制模块已经检测出故障代码后，参见维修手册了解更多故障排除信息。

表 4-4　模块标识

模块编号	名　　称	模块编号	名　　称
030	监控器	039	机器电子控制模块（ECM）
036	发动机电子控制模块	122	附件连接模块

表 4-5　故障模式标识符

FMI	故障描述	FMI	故障描述
00	数据有效,但高于正常运行范围	11	故障模式不能识别
01	数据有效,但低于正常运行范围	12	设备或部件损坏
02	数据不稳定、间断或错误	13	校准失败
03	电压高于正常值	14	未使用
04	电压低于正常值	15	未使用
05	电流低于正常值	16	未提供参数
06	电流高于正常值	17	模块没反应
07	机械系统反应不正常	18	传感器电源故障
08	异常频率、脉冲宽度或周期	19	未遇到的状况
09	异常更新率	20	未使用
10	异常变化率		

如果 MID 就是机器 ECM，使用维修手动模块，机器 ECM 的 MID 号是 039。如果 MID 不是 039，使用其他适当的模块。

（2）故障模式标识符

（3）FMI 详细解释

① FMI 00 数据有效但高于正常运行范围。每个电子控制系统都设定了正常运行上限信号。上限包括超出正常范围的信号。上限可以表示高的温度。传感器仍然运行但送出超过上限的信号，这样 FMI 00 被储存。

FMI 00 故障代码几个可能因素如下：

- 信号超过正常范围；
- 信号与蓄电池正极短路；
- 传感器需要被校准。

这是一个需要校准的传感器例子。占工作循环 80% 的 PWM 信号是有效信号，传感器需要被校准。如果占工作循环 81% 的 PWM 信号时，传感器仍然工作，但传感器信号超过所期望的信号上限。

② FMI 01 数据有效但低于正常运行范围。每个电子控制系统都设定了正常运行下限信号。下限包括低于正常范围的信号。下限可以表示油压信号。传感器仍然运行但送出低于下限的信号，这样 FMI 01 被储存。

FMI 01 故障代码几个可能因素如下：

- 信号低于正常范围；
- 时间延迟。

这是一个 PWM 传感器例子。在零空压下，传感器不产生占工作循环 5% 以下的 PWM 信号。当发动机关闭时，传感器产生 4% 的工作循环信号。传感器仍然运行但送出低于下限的信号，这样 FMI 01 被储存。

③ FMI 02 数据不稳定，间断或错误。存在零部件中的信号。控制器能读取故障诊断信息，但不能读取正确的信号。信号已经消失、不稳定或无效。数据有时正确有时错误，而且此类情况影响控制器间的通信。监控器通过卡特数据线搜索发动机转速就是控制器之间通信的例子。

FMI 02 故障代码几个可能因素如下：

- 错误连接；
- 信号间断或不稳定；
- 软件已经改变；
- 信号嘈杂；
- 信号不在范围内。

④ FMI 03 电压高于正常值或稍高。零、部件或系统电压高于正常工作范围。FMI 03 大多与信号电路有关。

能导致 FMI 03 故障诊断代码出现的一些零、部件如下：

- 传感器或开关故障；
- 线束故障；
- 电子控制故障。

一些可能导致 FMI 03 故障诊断代码的原因：

- 传感器故障和电压输出过高；

- 有传感器信号导线的线束与高压短路，高压比传感器上的电压要大；
- 故障控制也将导致 FMI 03，但这种情况很少发生。

⑤ FMI 04 电压低于正常值以下或稍低。零、部件或系统电压低于正常工作范围。FMI 04 大多与信号电路有关。

能导致 FMI 04 故障诊断代码出现的一些零、部件如下：

- 传感器或开关故障；
- 线束故障；
- 电子控制故障；

一些可能导致 FMI 04 故障诊断代码的原因如下：

- 传感器故障和电压输出过低；
- 有传感器信号导线的线束接地短路；
- 故障控制也将导致 FMI 04，但这种情况很少发生。

⑥ FMI 05 电流低于正常值或电路断开。通过零、部件或系统的电流低于正常工作范围。FMI 05 大多与驱动电路有关。

一些可能导致 FMI 05 故障诊断代码的原因如下：

- 电路断开或线束连接不良；
- 继电器断开；
- 开关断开。

⑦ FMI 06 电流高于正常值或电路接地。通过零、部件或系统的电流高于正常工作范围。FMI 06 大多与驱动电路有关。与 FMI 04 故障类似。

一些可能导致 FMI 06 故障诊断代码的原因如下：

- 线束接地短路；
- 继电器短路；
- 故障控制也将导致 FMI 06，但这种情况很少发生。

⑧ FMI 07 机械系统反应不正常。控制器检测到送到机械系统的信号反应不正确。

一些可能导致 FMI 07 故障诊断代码的原因如下：

- 零、部件反应不正常；
- 零、部件被卡住；
- 零、部件故障；
- 发动机关闭；
- 机器使用不正确。

⑨ FMI 08 异常频率、脉冲宽度或周期。当信号未在正常工作范围内会发生此类故障。传感器故障也将导致 FMI 08 故障。

一些可能导致 FMI 08 故障诊断代码的原因如下：

- 线束连接间断或不良；
- 发动机不启动；
- 由于附近干扰造成信号嘈杂；
- 机械设备松动。

⑩ FMI 09 异常更新率。与卡特数据线通信相关。当控制器不能从其他控制系统得到信息时，将发生 FMI 09 故障。

一些可能导致 FMI 09 故障诊断代码的原因如下：

- 卡特数据线上的通信控制模块工作不正确；
- 数据传送率异常；
- 数据线故障；
- 软件不匹配。

⑪ FMI 11 故障模式不能识别。单一故障对应两个以上 FMI。

一些可能导致 FMI 11 故障诊断代码的原因如下：

- 机械故障；
- 复合电路损坏。

⑫ FMI 12 设备或部件损坏。电子控制系统送出信号并期待反应，但控制器无反应或反应不正确。

一些可能导致 FMI 12 故障诊断代码的原因如下：

- 电子控制系统故障；
- 卡特数据线故障；
- 一个或多个控制器与软件不匹配。

⑬ FMI 13 校准失败。特定机器状况的电信号不在正常工作范围内。

一些可能导致 FMI 13 故障诊断代码的原因如下：

- 需要校准；
- 数据不在正常范围内。

⑭ FMI 14、15 和 20。这些代码未被激活。

⑮ FMI 16 未提供参数。控制器不支持所需参数。

⑯ FMI 17 模块没反应。控制器对所需数据不反应。

⑰ FMI 18 传感器电源故障。控制器内对传感器的供电故障。

⑱ FMI 19 未遇到的状况。经软件检测出来的状况以前未遇到过。

（4）事件代码（见表 4-6、表 4-7、表 4-8）

表 4-6　事件标识符（EID）

EID	事件描述	EID	事件描述
5	燃油滤清器过滤能力下降	172	空气滤清器堵塞
15	冷却液温度下降	179	交流发电机未充电
16	冷却液高温切断	180	自动润滑油路堵塞
17	冷却液过热报警	181	限制功能模式
23	液压油温下降	182	吸入阀关闭
25	进气温度下降	190	发动机过速报警
27	进气温度报警	232	油水分离器水位过高
39	发动机油压下降	234	自动润滑油脂位置过低
43	低压报警	235	液压油位过低
50	高压报警	236	回油过滤器堵塞
53	燃油低压报警	237	机器过载
59	冷却液位置过低报警	265	用户自定义关闭
95	燃油过滤器堵塞报警	272	进气口堵塞报警
96	燃油高压	600	液压油高温报警
100	发动机油压过低报警	862	附件液压油过滤器堵塞
119	燃油油位过低	863	机器自动润滑系统工作异常
171	发动机机油油位过低		

表 4-7　数据状态识别表

DSI	数据状态描述	DSI	数据状态描述
2	数据不稳定、间断或不正确	12	部件损坏
3	电压过高	13	校准失败
4	电压过低	16	未提供参数
5	电流低于正常值	17	模块没反应
6	电流高于正常值	18	传感器电源故障
8	异常频率、脉冲宽度或周期	19	数据不完整或状况未遇到
9	异常更新	20	不能安装或未安装
11	其他故障模式		

表 4-8　校准故障识别表

ID	校准故障描述	ID	校准故障描述
$ 0001	ECM 故障	$ 0105	校准范围太大
$ 0002	当前故障诊断	$ 0106	校准值未储存
$ 0003	另一校准被激活	$ 1000	见维修手册
$ 0004	校准被另一 ECM 激活	$ 1010	发动机停止(无发动机转数)
$ 0005	失去校准连接	$ 1011	发动机运转(当前发动机转数)
$ 0006	由于使用机具/监控器校准中断	$ 1012	发动机转数错误
$ 0007	不支持所需的显示	$ 1013	发动机高怠速转数过快
$ 0008	不提供显示	$ 1014	发动机低怠速转数过慢
$ 0009	ECM 中断校准	$ 1015	异常发动机转数信号
$ 000A	校准失败	$ 1016	转速传感器电路打开
$ 000B	校准不支持	$ 1017	按下维修制动踏板
$ 0100	参数过低	$ 1018	停车制动不能使用
$ 0101	参数过高	$ 1019	停车制动使用
$ 0102	无效作业/击键命令	$ 101A	回转/行走
$ 0103	校准值不在正常范围内	$ 101B	机器转速不为零
$ 0104	校准范围太小		

第5章 卡特电控柴油机故障诊断

5.1 卡特 D 系列维修模式的使用

卡特 D 系列以 320D 的自诊断监控目前较为通用，诊断和排除电子控制系统的故障，通过监控器和控制器自我诊断的功能就能完成。

监控器和控制器是电子控制系统的主要部件，其部件有监控器、控制器和通信线路等。监控器面板上的故障指示灯会提示操作者电子系统中存在问题。

控制器"维修模式"的维修程序也可用来查明问题，参考测试与调整中的"使用维修模式"。监控系统会监控此系统中的问题。如果在机器操作过程中采用"维修模式"，则监控器将会在字符显示器上显示出该问题。如果在机器停机过程中采用"维修模式"，则字符显示器上会显示已有的问题及还未被处理的问题。为了激活控制器的"维修模式"，请参照测试与调整中的"使用维修模式"。根据诊断编码的数字，如果采用"维修模式"，就不能进行机器操作和机器控制。

维修监测时的几个注意事项如下。

① 诊断故障和排除过程要求 "REPAIR THE HARNESS"（修理线束），用机器维修手册中的电气系统原理检查电路。

② 对连接器进行不间断检查以确定线束故障的位置。部件连接器通常应该检查接地电路。接地触点到车架接地要小于 5Ω 的电阻。如果接地电路中存在着大于 5Ω 的电阻，问题会被错误地诊断。

③ 在故障诊断和排除过程中，应该在更换部件之前，检查所有的部件和线束接头。如果这些接头不洁净、未拧紧，则接头会引起电气问题。问题可能是永久的或是间歇的。确保导线完全进入连接器。

④ 进行其他的测试前，确保接头已拧紧。电气部件的故障可能会导致其他部件的故障。在更换部件前，应该设法找到故障，并且去除电气系统中引起故障的根源。

5.1.1 电控系统的诊断维修方法

（1）诊断维修工具

下列维修工具用于诊断和排除电气系统中的故障：

- 6V-7070 数字式万用表（重负载）；
- 8T-3224 针尖（万用表）；
- 7X-1710 万用表探针；
- 8T-8726 插座电缆（3 针插头）；
- 4C-4892 ORFS 接头组件；
- 6V-3000 连接器修理工具包（完全密封）；
- 4C-3406 连接器修理工具包（德文）。

采用 6V-7070 数字式万用表（重负载）或同等万用表，以便进行不间断检查和电压测试。6V-7070 数字式万用表（重负载）的说明可参见专门说明书。SEHS7734 7X-1710 万用表探针可用来在不断开连接器的情况下进行连接器的测量。8T-8726 插座电缆（3 针插头）是用来进行传感器电路中的测量，如图 5-1 所示。

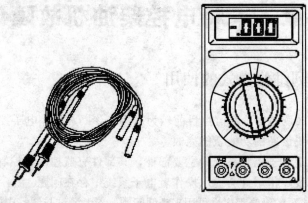

图 5-1　数字式万用表

注意：除非正在测试线束，建议在电路中不要使用 8T-0500 不间断测试灯或 5P-7277 电压试验器。

（2）正确连接电气部件和连接器

要找出正在检修的机器部件和连接器的位置可参考下列资料：电气系统原理图、零件手册和操作保养手册。

在电气系统原理图的后面可找到以下资料：线束连接器和部件位置、机器剖面图和局部图。下面将解释如何使用电气系统原理图后面的资料。

部件位置图用白圈作为机器剖面图和局部图上的位置标志。在连接器和机器位置一栏中按字母顺序排列的字符表示在局部图中的位置。

线束连接器位置图用白圈作为全视图和局部图上的位置标志。在线束连接器和机器位置一栏中按字母顺序排列的字符表示在局部图中部件的位置。

（3）线束和导线标示

下面的符号将区分和描述电路图中所显示的导线颜色和尺寸：BK（黑色）、BU（蓝色）、BR（棕色）、GY（灰色）、GN（绿色）、OR（橙色）、PK（粉红色）、PU（紫色）、RD（红色）、WH（白色）、YL（黄色）。

下面的例子可以说明导线的标示。

以 308-YL-18 为例加以说明，如图 5-2 所示。

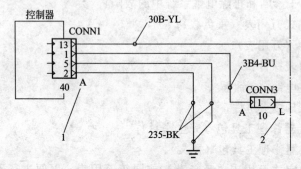

图 5-2　部分电气电路
1—线束"A"的线束符号；2—线束"L"的线束符号

- 308：电路的标识。
- YL：导线的颜色。
- 18：这个数字代表导线的尺寸（AWG）。它是根据美国布线计量标准（American Wiring Gauge，AWG）所设定的。如果未指明导线的尺寸，则其计算号为 16。

线束符号 1 或 2 标注在连接器或部件的接头上。符号"A"表明线束"A"，符号"L"表明线束"L"。

5.1.2　监控器面板信息及键区按键功能

监控器面板信息及键区按键功能如图 5-3、图 5-4 所示。

图 5-3　监控器面板
1—燃油表；2—发动机冷却液温度表；
3—故障报警灯；4—发动机转速
旋钮指示灯；5—液压油温度
表；6—信息中心

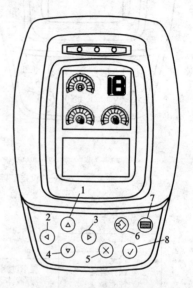

图 5-4　键区按键功能
1—"上"键；2—"左"键；3—"右"
键；4—"下"键；5—"取消"键；
6—"设定"键；7—"菜单"
键；8—"确认"键

控制器发出的信息会显示在控制器上。控制器具有下列维修程序和功能：

- 控制器将机器的某些情况通知监控器，如液压油温度、发动机冷却液温度和燃油油位。
- 控制器将电子控制系统现有的和/或过去的故障通知监控器。
- 进行各种监控器设定。
- 进行电子控制系统的调整和测试。

5.1.2.1　键区按键的认知和使用

键区的各键是用来进入维修模式和改变模式的。按下适当的键，直到所需要的模式显示在信息中心，如图 5-5 所示。

（1）"上"键和"下"键

"上"键 1 和"下"键 4 可在信息中心显示的项目上下滚动。

（2）"左"键和"右"键

"左"键 2 和"右"键 3 可在信息中心显示的项目左右滚动。

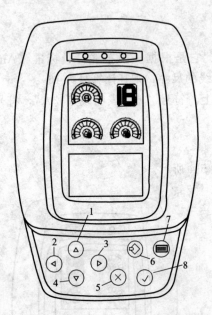

图 5-5 键区按键功能

1—"上"键；2—"左"键；3—"右"键；4—"下"键；5—"取消"键；

6—"设定"键；7—"菜单"键；8—"确认"键

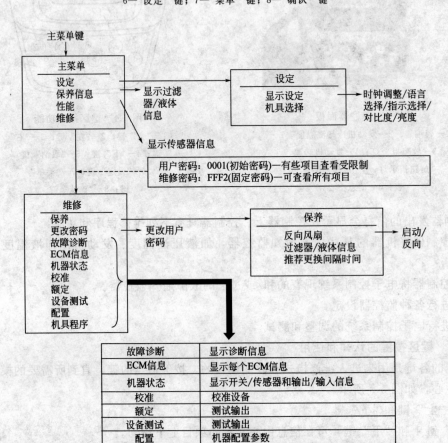

图 5-6 主菜单程序

（3）"设定"键

"设定"键 6 用来设定信息区显示的菜单。

（4）"菜单"键

"菜单"键 7 用来进入主菜单。

（5）"取消"键

"取消"键 5 用来取消当前的选项及退出菜单屏。在显示菜单屏时，按下"取消"键，正常的操作屏幕便会出现。

（6）"确认"键

"确认"键 8 用来选择信息区高亮的项目。

5.1.2.2　维修模式的启动

① 在主菜单下调取维修模式，如图 5-6、图 5-7 所示。

② 出现上面的屏幕后，按下"菜单"键，进入如图 5-7 所示的菜单窗口。

图 5-7　按"菜单"键进入菜单窗口 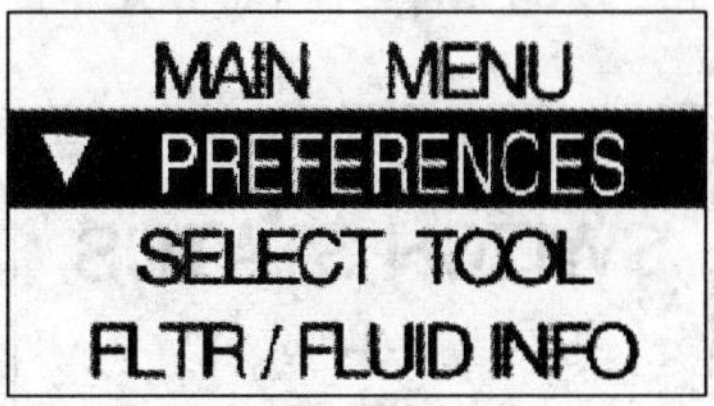　　　图 5-8　按"下"键选中"PREFERENCES"

③ 按"下"键，以便如图 5-8 所示选中高亮"PREFERENCES"的设定。

④ 再按下"确认"键，出现如图 5-9 所示的屏幕。

⑤ 如图 5-10 所示，可用方向键来输入口令。

图 5-9　按下"确认"键 　　　图 5-10　用方向键输入口令

⑥ 如图 5-11 所示，输入口令后按"确认"键。

⑦ 如果输入的口令错误，则会出现如图 5-12 所示的屏幕。

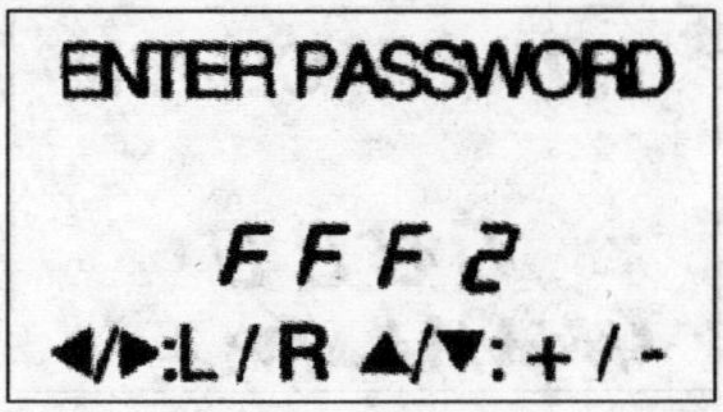

图 5-11　输入口令后按"确认"键 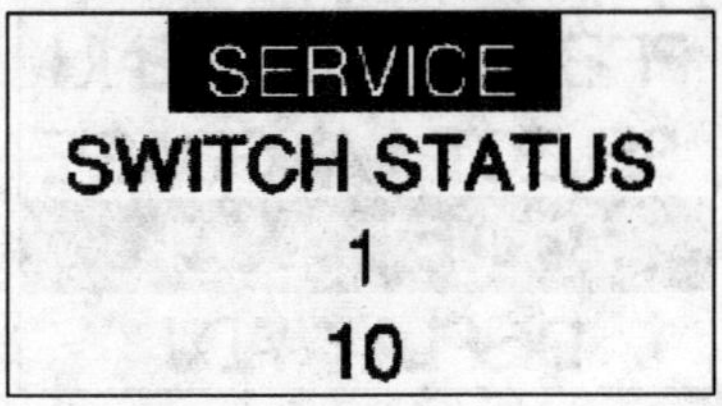　　　图 5-12　输入了错误口令

5.1.2.3 退出维修模式的两种方法

① 如图 5-13 所示，退出维修模式。

② 退出维修模式方法一：如图 5-14 所示，在启动开关旋至 OFF 的位置 10s 后便可结束维修模式。

③ 退出维修模式方法二：如图 5-14 所示，选中屏幕第一行的"SERVICE"。

图 5-13 选择退出维修模式窗口

图 5-14 结束维修模式

④ 如图 5-15 所示，"左"键和"右"键用来滚动显示屏幕。第一行显示"EXIT"。

⑤ 在"EXIT"屏幕按下"设定"键，则维修模式会结束，显示器会返回如图 5-16 所示的屏幕。

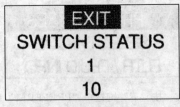

图 5-15 滚动显示屏幕

图 5-16 维修模式结束

5.1.2.4 调整时钟模式

① 在图 5-17 所示的菜单屏按下"菜单"键。

② 如图 5-18 所示，选择"PREFERENCES"项，按"确认"键。

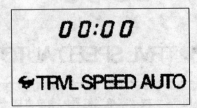

图 5-17 起始菜单屏幕

图 5-18 下翻选择屏幕

③ 选择"ADJUST CLOCK"项，按"确认"键，如图 5-19 所示。

④ 用方向键来调整时间。设定时间后，按"设定"键，如图 5-20 所示。

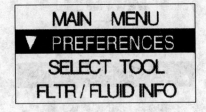

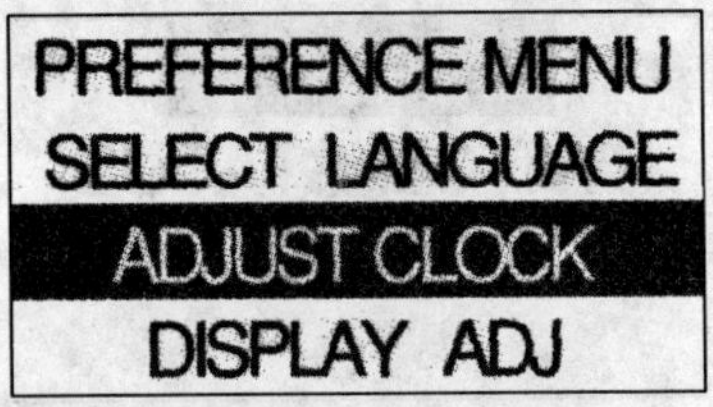

图 5-19 时钟模式选择

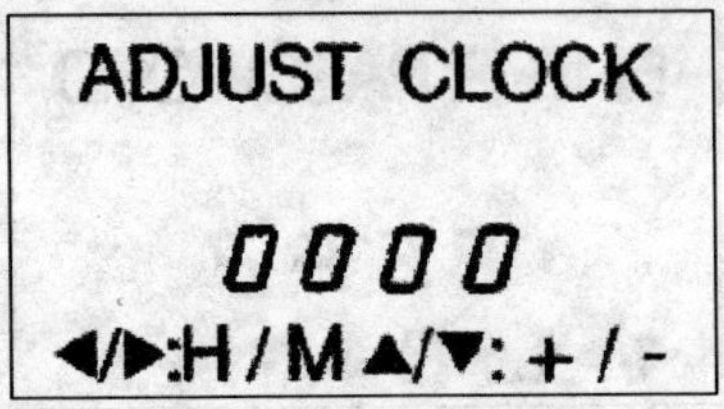

图 5-20 调整时间屏幕

5.1.2.5　开关状态模式

开关状态模式用来显示机器各种开关"ON"或"OFF"的状态。

① 进入维修模式。使用方向键,使显示器如图 5-21 所示。

② 图 5-21 显示了开关的 ID 状态和各自的 ID 号码。图 5-22 对开关和显示器进行了归纳。

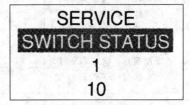

图 5-21　按方向键后的显示器显示　　　　　　图 5-22　开关和显示器显示结果

③ 上面的例子表明操纵杆压力开关处于"ON"(开)的位置。开关 ID 状态号码见表 5-1。

表 5-1　开关 ID 状态号码

ID	开关的状态　开关	显示	ID	开关的状态　开关	显示
1	发动机转速旋钮位置	1-10	13	发动机机油油位开关。当油位等于或高于设定油位时为 NORMAL,当油位低于设定油位时为 LOW LEVEL	NORMAL/LOW LEVEL
2	空气加热器继电器。在预热过程中为 HEATING,在不预热时为 OFF	HEATING/OFF	14	冷却液液位开关。当冷却液液位等于或高于设定液位时为 NORMAL,当液位低于设定液位时为 LOW LEVEL	NORMAL/LOW LEVEL
3	松扣转盘开关。开关 ON 时为 FREE,开关 OFF 时为 OFF	FREE/OFF	15	液压油油位开关。当液压油油位等于或高于设定油位时为 NORMAL,当液压油油位低于设定油位时为 LOW LEVEL	NORMAL/LOW LEVEL
6	单触点低怠速开关,按下时为 ON,松开时为 OFF	ON/OFF			
7	AEC 模式开关。按下时为 ON,松开时为 OFF	ON/OFF	16	发动机机油压力开关。发动机运行时为 HIGH PRESS,发动机停机时为 LOW PRESS	HIGH PRESS/LOW PRESS
8	行驶模式开关,按下时为 ON,松开时为 OFF	ON/OFF			
9	行车警报器取消开关。按下时为 ON,松开时为 OFF	ON/OFF	17	回油滤清器开关。堵塞时为 CLOGGED,正常时为 NORMAL	NORMAL/CLOGGED
10	操纵杆压力开关。当开关电路中产生压力时为 HIGH PRESS,当开关电路中没有压力时为 LOW PRESS	HIGH PRESS/LOW PRESS	18	空气加热器控制器。预热时为 HEATING,不预热时为 OFF	HEATING/OFF
11	输送压力开关(左),当开关电路中产生压力时为 HIGH PRESS,当开关电路中没有压力时为 LOW PRESS	HIGH PRESS/LOW PRESS	19	自动涂油故障未装备机器 NOT INSTALLED;装备的机器,正常时为 NORMAL,故障时为 FAULT	NOT INSTALLED/NORMAL/FAULT
12	输送压力开关(右),当开关电路中产生压力时为 HIGH PRESS,当开关电路中没有压力时为 LOW PRESS	HIGH PRESS/LOW PRESS	20	行车警报取消开关。按下时为 ON,松开时为 OFF	ALARM CANCEL/OFF
			24	ATT 杆 1 运行状态附件系统运行。状态 ON 时为 ON,状态 OFF 时为 OFF	ON/OFF

续表

ID	开关的状态 开关	显示	ID	开关的状态 开关	显示
25	ATT 杆 2 运行状态附件系统运行。状态 ON 时为 ON,状态 OFF 时为 OFF	ON/OFF	30	第一燃油滤清器。第一燃油滤清器开关堵塞。未装备机器 NOT INSTALLED;装备机器,正常时为 NORMAL,堵塞时为 PLUGGED	NOT INSTALLED/ NORMAL/ PLUGGED
26	ATT 杆 3 运行状态附件系统运行。状态 ON 时为 ON,状态 OFF 时为 OFF	ON/OFF	31	第二燃油滤清器。第二燃油滤清器开关堵塞。未装备机器 NOT INSTALLED;装备机器,正常时为 NORMAL,堵塞时为 PLUGGED	NOT INSTALLED/ NORMAL/ PLUGGED
27	ATT 杆 4 运行状态附件系统运行,状态 ON 时为 ON,状态 OFF 时为 OFF	ON/OFF	32	专用滤清器开关。未装备机器 NOT INSTALLED;装备机器,正常时为 NORMAL,堵塞时为 PLUGGED	NOT INSTALLED/ NORMAL/ PLUGGED
28	水分分离器排水要求。未装备机器 NOT INSTALLED;装备机器,正常时为 NORMAL,需要排水时为 FAULT	NOT INSTALLED/ NORMAL/ FAULT	33	直驶压力开关。当开关电路中产生压力时为 HIGH PRESS。当开关电路中没有压力时为 LOW PRESS	HIGH PRESS/ LOW PRESS
29	空气滤清器堵塞时,空气滤清器开关为 PLUGGED, 正常时为 NORMAL	NORMAL/ PLUGGED			

a. 状态模式。状态模式可显示机器部件的参数。

ⅰ. 图 5-23 所示为进入维修模式。用方向键从菜单中选择"STATUS"（状态）一项。

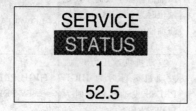

图 5-23　维修\状态模式显示

图 5-24　状态 ID 号码显示

ⅱ. 显示器第三行的和各自的 ID 号码。ID 号码所代表的意思列在参数表表 5-2 中。图 5-24 显示的发动机速度为 1948r/min。

ⅲ. 状态 ID 号码如表 5-2 所示。

表 5-2　ID 号码所代表的意思

ID	参数 状态	显示	ID	参数 状态	显示
1	调速器制动器反馈信号	单位[%]	5	后备开关状态	BACK UP/ CONTROL
2	第一泵输出压力	单位[kPa]			
3	第二泵输出压力	单位[kPa]	7	燃油油位	单位[mm]
4	动臂固定压力	单位[kPa]	8	冷却液温度	单位[℃]

续表

参　数			参　数		
ID	状态	显示	ID	状态	显示
9	液压油温度	单位[℃]	21	行车警报器运行状态	ON/OFF
10	电源电压	单位[V]	22	直驶控制装置运行状态	ON/OFF
11	发动机速度	单位[r/min]	24	转盘制动解除状况	解除:FREE 制动:BRAKE
12	交流发动机状态	CHARGE/ NO CHARGE	25	动力换挡压力	单位[kPa](psi)
13	+12V 电源电压供电情况	ON/OFF	26	流量限制压力	单位[kPa](psi)
14	所需速度	单位[r/min]	27	优先反向操作压力	单位[kPa](psi)
15	AEC 模式选择状态	第一级:OFF 第二级:ON	29	温度状况控制状态	低温模式: COLD MODE 正常温度模式: NORMAL MODE 减少模式: DERATE MODE
16	行驶模式选择状态	第一速:SLOW 第二速:FAST			
17	行车警报取消	CANCEL/ALARM			
19	行驶模式状态	第一速:SLOW 第二速:FAST	30	发动机转速旋钮速度设定状态	单位[r/min]
20	故障警报器运行状态	ON/OFF			

b. 配置模式。配置模式显示关于机器和不同数值变化的信息。

ⅰ. 图 5-25 所示为进入维修模式。用方向键从菜单中选择 "CONFIGURATION"（配置）一项。

图 5-25　进入维修模式　　　　　　　　　　　　　图 5-26　ID 号的设定

ⅱ. 图 5-26 所示为第三行表示配置的 ID 号。对应于各 ID 号的设定列于表 5-3 中。每一个 ID 都被归类为"只有显示"或设定 ID。为改变 ID 的设定，使用方向键高亮显示第四行。在改变 ID 后，按"设定"键。当高亮区域移到第三行时变化完成。

ⅲ. 图 5-27 中为了清除设定，高亮显示第四行的 "STANDBY"（准备），按"设定"键。

ⅳ. 图 5-28 是确认"清除"操作的屏幕。当显示 "CLEAR"（清除）时，按"确认"键。操作完成。

图 5-27　清除设定准备　　　　　　　　　　　　　图 5-28　清除操作屏幕

ⅴ.ID配置项目如表5-3所示。

表5-3　ID配置项目

配置项目			配置项目		
ID	显示内容	描述/变化方法	ID	显示内容	描述/变化方法
1	模型信息	只有显示(模型名称-模型类型)	14	当前旋钮的扭距分布的设定变化 单位:%	0.1[%]单位显示使用十进制小数点 上限值:100.0[%] 下限值:0.0[%] 1级:1.0[%]可进行复位操作
2	发动机泵类型	只有显示(发动机泵类型-调速器-泵类型)			
5	应用绘图号	只有显示(绘图号-变化号)	15	AEC第二阶段设定速度 单位:r/min	上限:初始旋转号在旋钮位置10 下限:初始旋转转号在旋钮位置1 1级:10[r/min]
6	堵塞专用滤清器开关的触点类型	反向逻辑:NORMALLY OPEN 正向逻辑:NORMALLY CLOSE 未装备:NOT INSTALLED			
			16	AEC第二阶段操作启动时间 单位:s	上限:25.0[s] 下限:0.0[s] 1级:1.0[%]
7	水分分离器水位开关的触点类型	反向逻辑:NORMALLY OPEN 正向逻辑:NORMALLY CLOSE 未装备:NOT INSTALLED	17	单触点低怠速设定速度 单位:r/min	上限:初始旋转号在旋钮位置10 下限:初始旋转号在旋钮位置1 1级:10[r/min]
8	堵塞第一燃油滤清器开关的触点类型	反向逻辑:NORMALLY OPEN 正向逻辑:NORMALLY CLOSE 未装备:NOT INSTALLED	18	自动行驶速度变化的高速度的切换压力(2种速度) 单位:kPa(psi)	上限:40000[kPa](5800psi) 下限:[kPa](0psi) 1级:100[kPa](14psi)
9	堵塞第二燃油滤清器开关的触点类型	反向逻辑:NORMALLY OPEN 正向逻辑:NORMALLY CLOSE 未装备:NOT INSTALLED	19	自动行驶速度变化的低速度的切换压力(2种速度) 单位:kPa(psi)	上限:40000[kPa](5800psi) 下限:[kPa](0psi) 1级:100[kPa](14psi)
10	自动涂油故障开关的触点类型	反向逻辑:NORMALLY OPEN 正向逻辑:NORMALLY CLOSE 未装备:NOT INSTALLED	21	过载警告有效设定	有效:ENABLE 无效:DISABLE
			22	过载警告判断压力 单位:kPa(psi)	上限:40000[kPa](5800psi) 下限:[kPa](0psi) 1级:100[kPa](14psi)
11	流量限压比例减压阀接头部分状态	开效:DISABLE 有效:ENABLE	27	液压油类型	矿物油:MINERAL 植物油:BIO OIL
12	附属控制器设备部分状态	无效:DISABLE 有效:ENABLE	28	发动机机油的建议更换时间 单位:h	上限:25500[h] 下限:0[h] 一级:100[h] "0h"用来表示未装备
13	当前旋钮设定速度的设定变化 单位:r/min	上限:向上一级的旋钮设定小于−50[r/min] 下限:向下一级的旋钮设定超过+50[r/min] 最大值:初始旋转号在旋钮位置10 最小值:初始旋转号在旋钮位置1 1级:10[r/min]	29	发动机机油滤清器的建议更换时间 单位:h	上限:25500[h] 下限:0[h] 一级:100[h] "0h"用来表示未装备
			30	燃油滤清器的建议更换时间 单位:h	上限:25500[h] 下限:0[h] 一级:100[h] "0h"用来表示未装备

续表

配置项目			配置项目		
ID	显示内容	描述/变化方法	ID	显示内容	描述/变化方法
31	粗滤器的建议更换时间 单位:h	上限:25500[h] 下限:0[h] 一级:100[h] "0h"用来表示未装备	38	冷却液的建议更换时间 单位:h	上限:25500[h] 下限:0[h] 一级:100[h] "0h"用来表示未装备
32	转盘驱动装置润滑油的建议更换时间 单位:h	上限:25500[h] 下限:0[h] 一级:100[h] "0h"用来表示未装备	39	旋钮设定速度变化的全部清除	正常:STANDBY 有清除要求时:CLEAR? 执行清除后:CLEARED
33	先导机油滤清器的建议更换时间 单位:h	上限:25500[h] 下限:0[h] 一级:100[h] "0h"用来表示未装备	40	旋钮扭距分布设定变化的全部清除	正常:STANDBY 有清除要求时:CLEAR? 执行清除后:CLEARED
34	排油滤清器的建议更换时间 单位:h	上限:25500[h] 下限:0[h] 一级:100[h] "0h"用来表示未装备	41	运行时间的全部清除	正常:STANDBY 有清除要求时:CLEAR? 执行清除后:CLEARED
35	液压回油滤清器的建议更换时间 单位:h	上限:25500[h] 下限:0[h] 一级:100[h] "0h"用来表示未装备	42	已过去时间的全部清除	正常:STANDBY 有清除要求时:CLEAR? 执行清除后:CLEARED
36	最终传动润滑油的建议更换时间 单位:h	上限:25500[h] 下限:0[h] 一级:100[h] "0h"用来表示未装备	43	记录错误的全部清除	正常:STANDBY 有清除要求时:CLEAR? 执行清除后:CLEARED
37	液压油的建议更换时间 单位:h	上限:25500[h] 下限:0[h] 一级:100[h] "0h"用来表示未装备	45	负荷输入的调整	上限:128 下限:-127 1级:1
			46	键入 ON 时,发动机转速自动控制系统的存储模式设定	在存储模式下:ENABLE 在 AEC 下:DISABLE

　　c. 自行错误模式。自行错误模式将显示在监控面板上。自行错误编码对应于被控制器所检测到的异常状态。

　　ⅰ. 图 5-29 为进入维修模式。用方向键选择第二行的 "ACTIVE ERROR" 选项。

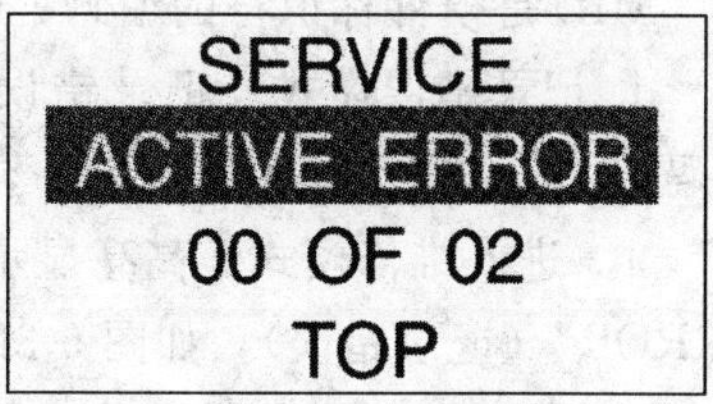

　　ⅱ. 图 5-30 中,高亮区表示现有错误总数中的错误号。

　　ⅲ. 左方向键和右方向键是用来显示自行错误编码的。这些键可用于在编码间滚动。图 5-31 显示了 "MID-CID-FMI"。"69" 是 MID。"1162"是 CID,而 "04" 是 FMI。方向键可用来在自行诊断编码间滚动。

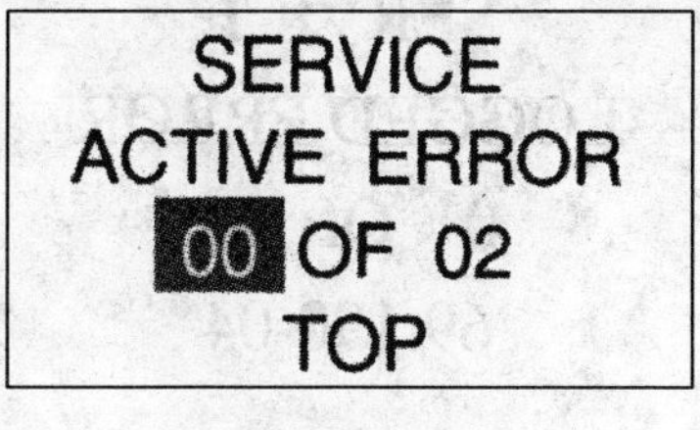

图 5-29　进入维修模式

图 5-30　错误总数号

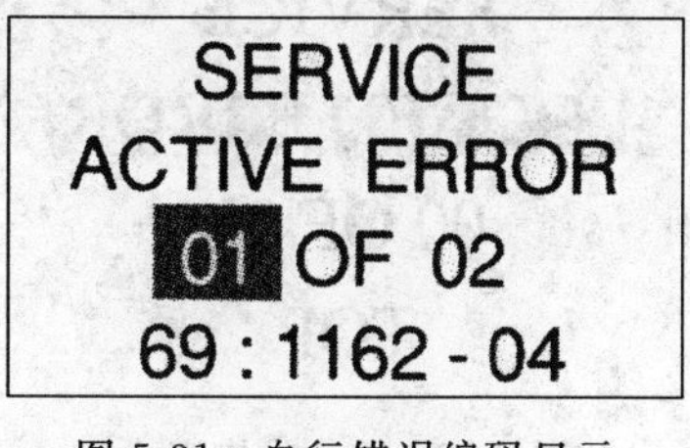

图 5-31　自行错误编码显示

ⅳ. 模件标识（MID）如表 5-4 所示。

表 5-4 模件标识（MID）

模 件 编 号	模 件
69	发动机和泵控制器
6A	工具控制器
1E	监控系统

ⅴ. 故障模式标识符如表 5-5 所示。

表 5-5 故障模式标识符

FMI 号	描 述
00	高于正常范围（数据有效，但高于正常运行范围）
01	低于正常范围（数据有效，但低于正常运行范围）
02	错误信号（数据不稳定、间断或错误）
03	电压高于正常值（电压高于正常值或稍高）
04	电压低于正常值（电压低于正常值以下）
05	电流低于正常值（电流低于正常值，或电路断开）
06	电流高于正常值（电流高于正常值，或电路接地）
07	不正常的机械反应（机械系统反应不正常）
08	异常信号（异常频率、脉冲宽度或周期）
09	异常更新（异常更新率）
10	异常变化率（异常变化率）
11	故障模式不能识别（故障模式不能识别）
12	出现故障（设备或部件损坏）
13	校准失败（校准失败）

MID 是模件标识符的编码；CID 是部件标识的编码；FMI 是故障模式标识符。

d. 记录错误模式。记录错误模式使人可以查看先前已被清除的记录诊断编码或错误编码。

ⅰ. 进入维修模式。高亮显示第二行，用方向键滚动显示屏幕，直到显示器"LOGGED ERROR"（记录错误），如图 5-32 所示。

ⅱ. 第三行显示的是先前记录的错误。

ⅲ. 用方向键高亮显示器的数字。图 5-33 中，高亮区表示现有错误总数中的错误号。使用方向键在记录错误间滚动。

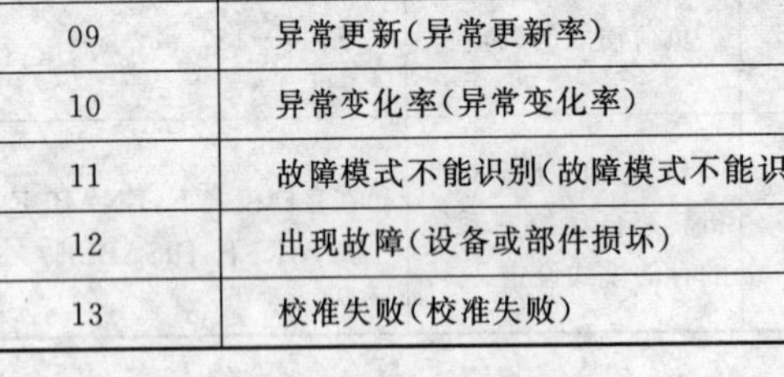

SERVICE
LOGGED ERROR
00 OF 02
TOP

SERVICE
LOGGED ERROR
01 OF 05
69:190-04

图 5-32 进入维修模式　　　　　　　　图 5-33 错误代码显示

ⅳ. 图 5-34 中，第四行高亮区表示 CID 编码和 FMI 编码。

SERVICE
LOGGED ERROR
01 OF 05
69:581-04

图 5-34　CID-FMI 代码选中显示

SERVICE
LOGGED ERROR
01 OF 05
CLEAR?

图 5-35　清除确认

ⅴ. 当按下设定键时，显示器变为"CLEAR?"（清除），如图 5-35 所示。然后按"确认"键，错误编码会被清除，屏幕会显示下一个错误。也可从设定配置屏上清除记录错误。

e. 记录事件模式。记录事件模式会记录在没有部件故障情况下超出正常范围的机器状况。这一状况被记录为"事件"。

ⅰ. 进入维修模式。用方向键高亮显示第二行。图 5-36 中的第三行显示的是记录事件总数的编号。

SERVICE
LOGGED EVENT
00 OF 05
TOP

图 5-36　维修模式显示

SERVICE
LOGGED EVENT
00 OF 05
69：600

图 5-37　MID 模件标识编码显示

ⅱ. 显示器的第四行表示"MID：EID"。MID 是模件标识编码，它可以识别检测出的异常电子控制模件。见测试与调整部分的"自行错误模式"。EID 是识别事件的编码，这个编码可以识别不同的事件，见表 5-6 中事件的描述。MID 模件标识编码显示见图 5-37。

ⅲ. 识别事件编码如表 5-6 所示。

表 5-6　识别事件编码

事件	描　述	事件	描　述
17	冷却液过热	232	水分分离器排水要求
43	蓄电池充电异常（供电电压过低）	235	液压油位过低
50	蓄电池充电异常（供电电压过高）	236	液压油滤清器堵塞
59	冷却液液位过低	237	过载警告
95	燃油滤清器堵塞	272	空气滤清器堵塞
100	发动机机油压力降低	600	液压油过热
119	燃油油位过低	862	专用滤清器堵塞
171	发动机机油油位过低	863	自动涂油故障
179	蓄电池充电异常（充电异常）		

ⅳ. 在图 5-38 中，选中需清除的事件，高亮显示第四行，按"设定"键。

```
SERVICE
LOGGED EVENT
01 OF 05
69:600
```

图 5-38　清除选中显示

```
SERVICE
LOGGED EVENT
01 OF 05
CLEAR?
```

图 5-39　清除确认显示

ⅴ. 当显示"CLEAR"（清除）时，如图 5-39 所示按"确定"键。一次可清除一个记录的事件。

5.2　C-9 电控柴油机故障诊断

5.2.1　概述

C-9 电控柴油机故障诊断系统是卡特挖掘机 330D 操作系统的一部分，监控器负责输入和输出控制器的信号。控制器通过 CAN 数据线进行通信。监控器包括下列部件：菜单显示屏、按键、指示器和测量表，用户可通过手动操作选择所需模式。

监控器通知操作者机器状态，监控器还包括一些图标显示，这些图标可使操作者更容易了解机器功能信息，参见图 5-40。

监控器显示屏上显示各种报警和机器状态等信息。监控器显示屏上有 3 个测量表和一些报警指示器。每个测量表提供机器系统内部参数，监控器允许用户进行下列操作：

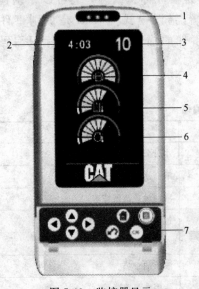

图 5-40　监控器显示
1—作业灯；2—时钟；3—发动机转速
显示；4—燃油表；5—液压油温度表；
6—发动机冷却温度表；7—按键

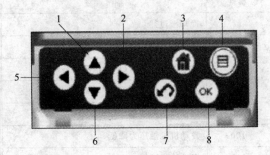

图 5-41　按键
1—"上"键；2—"右"键；3—"起始"键；4—"主
菜单"键；5—"左"键；6—"下"键；
7—"取消"键或"后退"键；8—"OK"键

- 查看机器系统状态信息；
- 查看参数；
- 查看保养间隔时间；
- 进行校准；
- 机器故障判断与排除。

机器系统所需参数有燃油位置、发动机冷却温度和液压油温度等。测量表从连接控制器的传感器和传送器上接收信息。控制器利用每个传感器传来的信息计算出数值并显示在测量表上。

报警器通知操作者机器出现的异常情况。控制器利用压力开关、传感器和其他输入信息来确定是否有异常情况出现，然后控制器再将异常情况的信息传送到监控器显示屏上，监控器通知报警器异常情况发生。

按键用来输入信息，并通过监控器上的菜单选择来选取所需要的操作，参见图 5-41。

5.2.2 输入部件

① 温度传送器（液压油）如图 5-42 所示。

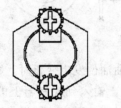
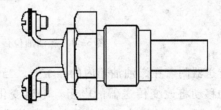

图 5-42 温度传送器（液压油）

液压油温度传送器通过管脚连接监控器，传送器的电阻值随着温度的变化而改变，表 5-7 显示的是温度传送器的电阻值。

表 5-7 温度传送器（液压油）电阻值

温　　度	电　　阻
0℃(32℉)	20824～25451Ω
25℃(77℉)	6134～7496Ω
35℃(95℉)	3989～4875Ω
50℃(122℉)	2224～2718Ω
75℃(167℉)	973～1189Ω
100℃(212℉)	475～522Ω
125℃(257℉)	221～269Ω

② 燃油油位传送装置，如图 5-43 所示。

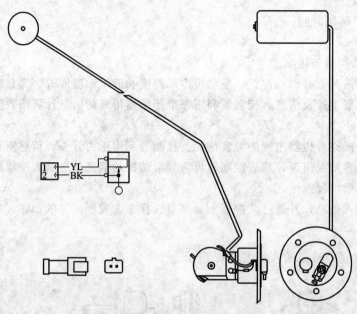

图 5-43　燃油油位传送器

　　燃油油位传送器附着在燃油油箱内的浮子上。当燃油油位发生变化时，燃油油箱内的浮子移动，浮子的移动将改变传送器的电阻，电阻变化时，输入到控制器上的电压会发生变化。控制器监控电压，并将这个电压与已知的数值进行对比，对比的结果将改变油箱中燃油的油位。

　　液压油油位开关和发动机机油油位开关如图 5-44 所示。

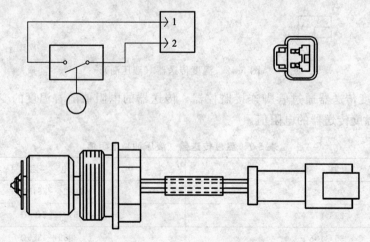

图 5-44　液压油油位开关

　　当启动机钥匙旋至 ON 位置达 2s 后，液压油油位开关会监控液压油油位。控制器通过开关检查液压油油位。当液压油油位低于正常油位时，开关会关闭。当机器上未安装此类开关时，该开关在正常情况下是断开的。

　　发动机冷却液液位开关是由冷却液控制的电子开关，在正常工作时近乎接地。当冷却液液位过低时，开关断开。断开的开关将冷却液液位过低的信息传送给控制器。

　　交流发电机的接线端输出频率通过管脚连接监控器。监控器将监控这个区域的电路信号并通知监控器交流发电机的旋转速度，交流发电机频率输出端是"R"端。

5.2.3　输出部件

（1）作业报警器

作业报警器如图 5-45 所示。

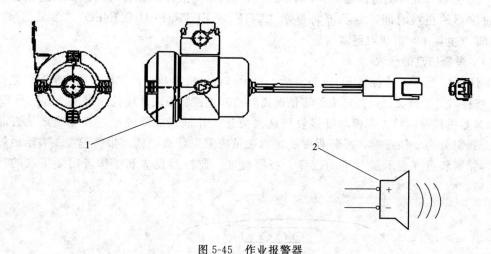

图 5-45　作业报警器

1—报警器；2—声音报警

当异常情况发生时，报警器 1 将发出声音警报。

（2）数据自动传输器

数据自动传输器是一个双向部件，使得监控器可以输入和输出信息。数据自动传输器通过机器线束与其他电子控制模块（ECM）进行通信，它不是一个可视部件。数据自动传输器包括内部电子控制模块（ECM）和连接线束导线。

　　注意：所有使用数据自动传输器的电子控制模块（ECM）有一个模块识别器（MID），每个模块识别器名称列举于表 5-8 中。

表 5-8　模块识别器（MID）名称

MID	模 块 名 称	MID	模 块 名 称
105	机器 ECM(345C)	30	监控器 ECM
39	机器 ECM(365C 和 385C)	124	机器安全系统(MSS)ECM
36	发动机 ECM	122	产品连接器
106	附件控制器(345C)		

（3）预启动监控功能

将发动机启动钥匙旋至 ON 位置。约 1s 后，显示 CAT 标志并且报警指示灯亮。冷却液温度、液压油温度、燃油油位和发动机转速旋钮位置将显示。

　　注意：操纵杆模式显示在显示器底端约 3s。该功能只用于电子操纵杆系统。

发动机启动前，监控器检查发动机冷却液液位、发动机机油油位和液压油油位，如果检测出液位过低时，将显示相应的信息，并且相关液位过低的图形也将显示。

注意：如果不止一种液位过低时，指示器右下端将显示左、右键标志，按右键和左键来查看其他报警信息，液位过低指示灯将在发动机启动5s后消失。

注意：当机器在斜坡上时，不能进行准确的液位检测。只有在水平面上才能进行准确的液位检测。

- 如果液位检测期间启动发动机，则监控器将取消检测。
- 监控器首先检测过滤器的保养时间，然后再检测液体的保养时间。如果过滤器或液体超过推荐的更换时间，显示屏将显示"CHECK FLTR/FLUID INFO"，参见"MAIN MENU"（主菜单）可获取更多信息。

（4）报警信息的获取

如图5-46所示，监控器ECM将激活、显示和记录机器非正常工作参数的情况。监控器ECM将检测这些情况，可是还有许多情况需要由其他控制模块才能检测出来。监控器ECM经CAN数据线从其他控制模块处接收到这些信息，并根据故障的严重程度确定是否需要报警。报警分为3种程度，报警程度决定驾驶员应采取什么措施。报警程度1表示最轻的故障，报警程度3表示最严重的故障。报警程度、监控器反应和操作者需要采取的行动如下。

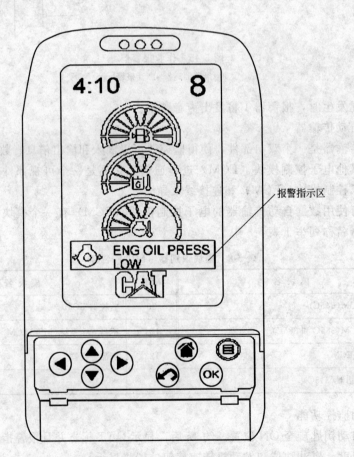

报警指示区

图 5-46　监控器显示屏

① 报警程度1。液晶显示屏显示，这需要驾驶员注意，如表5-9所示。

表 5-9　报警信息

报警信息	原　因	处理措施
UNAUTHORIZED KEY	未授权启动机器	插入钥匙输入正确开机密码
SERVICE REQUIRED	自我诊断程序发现故障	联系售后服务人员
COOLANT LEVEL LOW	冷却液液位低于正常值	填充冷却液到正常值
ENG OIL LEVEL LOW	发动机油位低于正常值	填充发动机机油到正常值
HYD OIL LEVEL LOW	液压油油位低于正常值	填充液压油到正常值
INTAKE AIR HEATER ON	吸气加热器正在运行	报警结束前不要运行发动机
INLET AIR TEMP HIGH	进气温度高于正常温度	停止发动机并检查报警原因
INLET AIR TEMP POWER DERATE	因为温度过高激活进气温度下降开关	停止发动机并检查报警原因
LIFT OVERLOAD WARNING	提升重物超载	卸载提升物
ENG OIL PRESS LOW	发动机油压低于正常值	停止发动机并检查报警原因
ENG OIL PRESS POWER DERATE	因为油压过低激活发动机油压下降开关	停止发动机并检查报警原因
COOLANT TEMP HIGH	冷却温度高于正常温度	停止操作直至温度下降
COOLANT TEMP POWER DERATE	因为冷却温度过高激活冷却温度下降开关	停止操作直至温度下降
HYD OIL TEMP HIGH	液压油温高于正常值	停止操作直至温度下降
HYD OIL TEMP POWER DERATE	因为液压油温过高激活液压油温下降开关	停止操作直至温度下降到正常值
HYD OIL TEMP HIGH(TOOL)	使用机具使得液压油温高于正常值	停止操作直至温度下降到正常值
LIMITED MOBILITY MODE	限制移动模式打开(ON)	

②报警程度 2。液晶显示屏显示、作业指示灯亮起，这需要改变操作或进行机器保养，如表 5-10 所示。

表 5-10 作业指示灯亮显示保养信息

报警信息	原　因	处理措施
LEVER IS NOT NEUTRAL	需要将操纵杆置于空挡	将操纵杆置于空挡
COUNTERWEIGHT REMOVAL	配重拆除报警	
CHECK FILTER/FLUID INFO	过滤器使用超过建议更换时间	更换过滤器并重设新的更换时间
NOT CONFIGURED	一些项目上未设定配置	设定配置
NOT CALIBRATED	一些项目上未设定校准	设定校准
CYCLE THE LOCK LEVER	需要拉下锁定杆	拉下锁定杆
FUEL LEVEL LOW	燃油油位低于正常值	充注燃油
LUBE LEVEL LOW	润滑油油位低于正常值	充注润滑油
LUBE STARTING	润滑启动	
REVERSE FAN STARTING	反向风扇启动	反向风扇启动前不要操作机器

③ 报警程度 3。液晶显示屏显示、作业指示灯和报警灯亮起，这需要立即关闭机器来防止机器或人员发生危险。

当多个报警出现时，最高程度报警将首先显示。按"上"键或"下"键来浏览所有记录的报警信息。如果 5s 内不按键，显示器将返回到最高程度报警状态。所有报警信息参见表 5-11。

表 5-11 显示报警状态信息

报警信息	原　因	处理措施
BATTERY VOLTAGE TRREGULAR	蓄电池电压不正常（电压过低/过高）	检查充电系统
ECM ERROR	ECM 故障（松动或接触不良等原因）	检查连接 联系供应商
ENGINE ECM ERROR	发动机控制故障（松动或接触不良等原因）	检查连接 联系供应商
MONITOR ERROR	监控器故障（松动或接触不良等原因）	检查连接 联系供应商
TOOL CONTROL MALFUNCTION	机具控制失灵	停止使用机具并检查失灵原因

续表

报警信息	原　因	处理措施
AUTO LUBE ERROR	自动润滑系统故障	停止使用自动润滑系统并检查故障原因
REVERSE FAN ERROR	反向风扇故障（油温过高/电磁/液压锁定系统故障）	联系供应商
QUICK COUPLER UNLOCK	快速连接触锁	锁定快速连接器
FUEL PRESS HIGH	燃油压力过高	联系供应商
HYD RETURN FLTR PLUGGED	液压油回油过滤器堵塞	保养液压油回油过滤器
INTAKE AIR FLTR PLUGGED	吸气过滤器堵塞	保养吸气过滤器
FUEL FLTR PLUGGED	燃油过滤器堵塞	保养燃油过滤器
FUEL FLTR POWER DERATE	因为燃油过滤器堵塞激活燃油过滤器堵塞报警开关	保养燃油过滤器
WATER SEPARATOR FULL	油水分离器已满	排放水
ATT FLTR PLUGGED	附件过滤器堵塞	保养附件过滤器
ENG OVERSPEED WARNING	发动机过速报警	联系供应商
ENGINE SHUTDOWN ACTIVATING	发动机切断功能被激活	联系供应商

　　注意：以下所列的报警信息并不适用于所有机型菜单。

　　监控器上的菜单分级排列。当操作人员选择菜单上一个选项时，屏幕由先前的菜单进入到子菜单，并提供多个选择。有些菜单上的信息或选项超过一页的，通过按键滚动浏览信息。

　　图 5-47 显示为监控器上的"MAIN MENU"（主菜单）。通过按"MAIN MENU"（主菜单）键可以从任何状态下返回到主菜单界面。

　　"MAIN MENU"（主菜单）下有 4 大选项，图 5-47 显示这 4 大选项。

5.2.4　监控器菜单的维修子菜单功能

　　图 5-48 所示为维修故障。

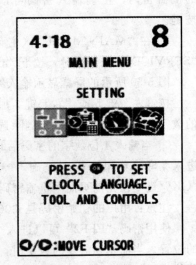

图 5-47　主菜单窗口

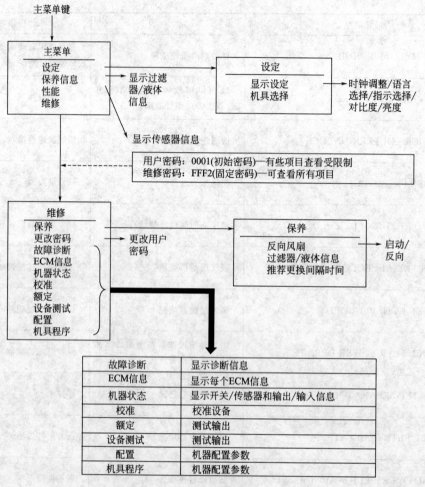

图 5-48　维修故障

① 输入密码。菜单中的"ENTER PASSWORD"（输入密码），允许用户输入 4 个字的机器密码，正确输入密码可以进入"SERVICE"（维修）选项。图 5-49 所示为多种按键。

② 在"MAIN MENU"（主菜单）下选择"SERVICE"（维修）来输入密码。当选择"SERVICE"（维修）时，按下"OK"键确认。

图 5-50 所示的屏幕显示输入维修密码窗口。

按"左"键 5 或"右"键 2 加亮需要输入的数字，然后按"OK"键 8 来确定需要输入的数字，按"后退"键 7 来删除选定的数字。

③ 当输入 4 位数字的密码后，监控器将进行密码核对。如果密码正确，用户才能允许进入菜单。如果密码不正确，屏幕将显示"INVALID PASSWORD"（密码无效）。按"OK"键 8 在先前页面下重输密码。

注意：用户的初始密码是"0001"，维修服务密码是"FFF2"。

使用密码"FFF2"可以进入全部的菜单。按"左"键 5 或"右"键 2 来改变加亮数字的位置。当加亮到需要的数字时，按"OK"键 8 确认。4 位数字的密码输入完毕后，监控器将显示如图 5-51 所示。

图 5-50　输入维修密码窗口

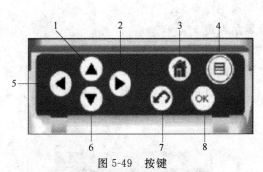

图 5-49　按键

1—"上"键；2—"右"键；3—"起始"键；4—"主菜单"
键；5—"左"键；6—"下"键；7—"取消"键或
"后退"键；8—"OK"键

图 5-51　修改密码窗口

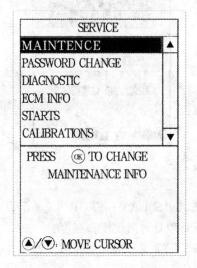

图 5-52　输入正确密码窗口

④ 输入正确的密码后将显示如图 5-52 所示窗口，这表示已经进入维修菜单。

注意：输入密码后"SERVICE"（维修）菜单将被一直激活，直到机器电源关闭（OFF
键）。当机器重新启动（ON 键）后，用户必须重新输入密码才能再次使用"SERVICE"
（维修）菜单。

5.2.5　设定模式

"SETTING"（设定）菜单允许用户调节参数，通过下列菜单选择机具、动力模式和录
相模式。

设定模式主要设定：显示器设定；机具选择；经济模式选择；动力模式选择；录相模式

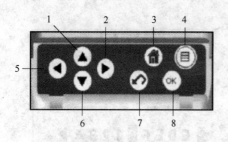

图 5-53　设定模式按键
1—"上"键；2—"右"键；3—"起始"键；
4—"主菜单"键；5—"左"键；6—"下"键；
7—"取消"键或"后退"键；8—"OK"键

设定。图 5-53 所示为设定模式按键。

注意：通过按"主菜单"键 4 可以从任何界面返回到"MAIN MENU"（主菜单）状态。在"MAIN MENU"（主菜单）下，选择"SETTING"（设定）进入设定菜单。按"上"键 1 或"下"键 6 直到"SETTING"（设定）加亮，然后按下"OK"键 8 确认，参见图 5-54。

（1）显示设定

在"SETTING"（设定）菜单下，使用"上"键 1 或"下"键 6 加亮"DISPLAY SETUP"（显示设定），然后按"OK"键 8 确认，这样就进入了调节显示参数菜单，如图 5-55 所示。

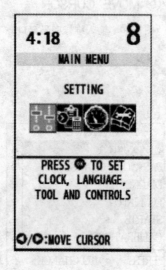

图 5-54　主菜单键窗口

图 5-55　显示设定窗口

在"DISPLAY SETUP"（显示设定）菜单下，将显示下列项目：时钟调节；语言选择；显示项目；对比度；亮度。

按上键 1 或下键 6 加亮需要的项目，然后按"OK"键 8 确认，这样就进入了该项目的参数设定。

（2）机具选择

在"SETTING"（设定）菜单下，使用"上"键 1 或"下"键 6 加亮显示"WORK TOOL SELECT"（机具选择）菜单，然后按"OK"键 8 确认，屏幕将显示"WORK TOOL SELECT"（机具选择），如图 5-56 所示。

注意：选择机具前，液压锁定开关必须置于 ON 位置。

机具出厂时的初始设置为"TOOL ♯01"至"TOOL ♯06"。按"上"键 1 和"下"键 6 选择所需要的机具，然后按"OK"键确认。如果机具名称左边的圈内出现一个点，说明该机具已经被选择，参见图 5-57。

注意：通过操作台右端开关面板上的机具选择开关，也可以选择机具。

图 5-56　机具初始设置窗口

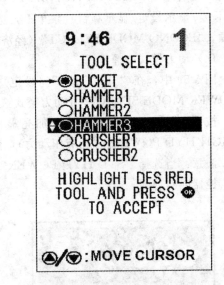

图 5-57　机具选择窗口

（3）经济模式选择

在"SETTING"（设定）菜单下，使用"上"键 1 或"下"键 6 加亮显示"ECONO-MY MODE SELECT"（经济模式选择），然后按"OK"键 8 确认。

按"上"键 1 或"下"键 6 加亮显示"ECONO MODE ON"（经济模式 ON）或"ECONO MODE OFF"（经济模式 OFF），然后按"OK"键 8 确认。

当选择"ECON MODE ON"（经济模式 ON）后，经济模式信号将显示在监控器屏幕顶端，如图 5-58 所示。

图 5-58　经济模式选择窗口

图 5-59　动力模式选择窗口

注意：

• 如果在"MAIN MENU/SETTING/POWER MODE SELECT"（主菜单/设定/动力模式选择）菜单下，选择了"STD HYD POWER"（标准液压动力），标准动力模式信号将显示在监控器屏幕顶端，并且"ECONO MODE SELECT"（经济模式选择）将不出现。

• 如果在 "MAIN MENU/SETTING/DISPLAY SETUP/INDICATED ITEM"（主菜单/设定/显示设定/显示项目）菜单下，选择了 "ECONOMY MODE FIX"（经济模式固定）选项，"ECONO MODE SELECT"（经济模式选择）将不出现。

（4）动力模式选择

图 5-59 中，在 "SETTING"（设定）菜单下，使用 "上" 键 1 或 "下" 键 6 加亮显示 "POWER MODE SELECT"（动力模式选择）菜单，然后按 "OK" 键确认。

按 "上" 键 1 或 "下" 键 6 加亮显示 "STD HYD POWER"（标准液压动力）或 "HIGH HYD POWER"（高液压动力），然后按 "OK" 键 8 确认。

注意：当选择 "STD HYD POWER"（标准液压动力）后，标准动力模式信号将显示在监控器屏幕顶端。

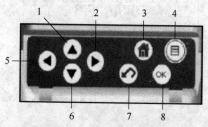

图 5-60　保养信息按键
1—"上" 键；2—"右" 键；3—"起始" 键；
4—"主菜单" 键；5—"左" 键；6—"下" 键；
7—"取消" 键或 "后退" 键；8—"OK" 键

（5）保养信息模式

通过 "MAINTENANCE INFO"（保养信息）菜单，用户可以浏览机器累积工作时间和各零、部件推荐更换间隔时间。

如图 5-60 所示，在 "MAIN MENU"（主菜单）下，按 "左" 键 5 或 "右" 键 2 加亮 "MAINTE-NANCE INFO"（保养信息），然后按 "OK" 键 8 确认，参见图 5-61。

注意：通过按主菜单键 4，可以从任何界面状态显示 "MAIN MENU"（主菜单）。

图 5-62 中，在 "MAINTENANCE INFO"（保养信息）菜单下，使用 "上" 键 1 或 "下" 键 6 查看系统零、部件的保养信息。

图 5-61　保养信息窗口

图 5-62　零、部件保养信息窗口
XXXX—累积的时间；YYYY—推荐更换间隔时间

参见表 5-12 所示的 "MAINTENANCE INFO"（保养信息）菜单下的各零、部件保养信息。

表 5-12　各零、部件保养信息

显示	345C	365C/385C	内　容
"COOLANT"	X	X	冷却液累积工作时间
"HYD OIL"	X	X	液压油累积工作时间
"ENGINE OIL"	X	X	发动机机油累积工作时间
"SWING DRIVE OIL"	X	X	回转驱动油累积工作时间
"FINAL DRIVE OIL"	X	X	终传动油累积工作时间
"WATER SEPARATOR"	X	X	油水分离器累积工作时间
"ENGINE OIL FILTER"	X	X	发动机机油过滤器累积工作时间
"FUEL FIL TER"	X	X	燃油过滤器累积工作时间
"PILOT OIL FILTER"	X	X	先导油过滤器累积工作时间
"DRAIN OIL FILTER"	X	X	排油过滤器累积工作时间
"HYD OIL RET FILTER"	X	X	液压油回油过滤器累积工作时间
"ATT FIL TER"	X	X	附件液压油过滤器累积工作时间
"ENGINE"	X	X	发动机累积工作时间
"PUMP"	X	X	泵累积工作时间
"TRAVEL MOTOR"	X	X	行走马达累积工作时间
"SWING MOTOR"		X	回转马达累积工作时间
"TOOL ＃01"	X	X	机具＃01累积工作时间
"TOOL ＃02"	X	X	机具＃02累积工作时间
"TOOL ＃03"	X	X	机具＃03累积工作时间
"TOOL ＃04"	X	X	机具＃04累积工作时间
"TOOL ＃05"	X		机具＃05累积工作时间

注：各列 X 表示与第一行中的机型相同。以下各表同。

（6）性能模式

"PERFORMANCE"（性能）菜单允许用户浏览系统参数的数据，通过这些数据，用户可以监控机器运行。图 5-63 所示为性能模式操作键。

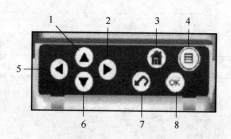

图 5-63　性能模式操作键

1—"上"键；2—"右"键；3—"起始"键；4—"主菜单"键；5—"左"键；

6—"下"键；7—"取消"键或"后退"键；8—"OK"键

在"MAIN MENU"（主菜单）下，选择"PERFORMANCE"（性能），按"左"键5或"右"键2加亮"PERFORMANCE"（性能），然后按"OK"键8确认，参见图5-64。

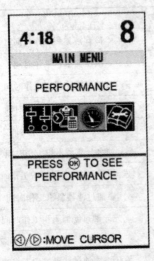

图 5-64　性能菜单窗口

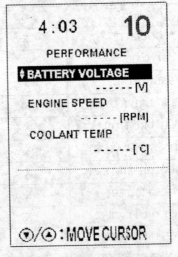

图 5-65　系统零、部件性能窗口

注意：按主菜单键 4 可以从任何界面状态下显示"MAIN MENU"（主菜单）。

图 5-65 所示为系统零、部件性能窗口。

在"PERFORMANCE"（性能）菜单下，使用"上"键 1 或"下"键 6 查看系统零、部件的参数。

表 5-13 所示为"PERFORMANCE"（性能）菜单，从中可查看参数列表。

表 5-13　性能参数列表

显示	345C	365C/385C	内　容
"BATTERY VOLTAGE"	X	X	当前蓄电池电压
"ENGINE SPEED"	X	X	当前发动机转数
"COLLANT TEMP"	X	X	当前发动机冷却温度
"HYD OIL TEMP"	X	X	当前液压油温
"PUMP ♯1 PRES."	X		驱动泵压力读数
"PUMP ♯2 PRES."	X		引导轮泵压力
"MAIN PUMP PRES."		X	主泵压力读数
"SWING PUMP PRES."		X	回转泵压力读数
"POWER SHIFT PRES."	X	X	计算动力换挡压力值
"FLOW LIMIT PRES."	X	X	计算负流量控制压力值

5.2.6　维修模式

（1）控制器的维修程序和功能

- 控制器将机器的情况通知监控器，如液压油温度、发动机冷却液温度和燃油油位。
- 控制器将电子控制系统目前和/或过去的故障通知监控器。
- 进行控制器的各种设定。
- 进行电子控制系统的调整和测试。

图 5-66 所示为控制器的维修程序。图 5-67 所示为监控器面板。

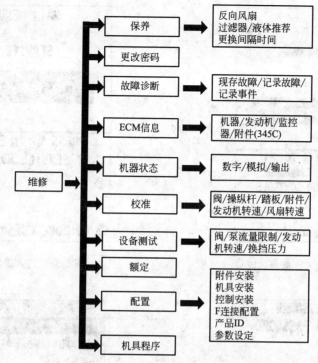

图 5-66 控制器的维修程序

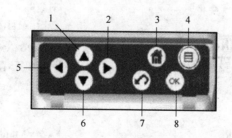

图 5-67 监控器面板

1—"上"键；2—"右"键；3—"起始"键；4—"主菜单"键；5—"左"键；

6—"下"键；7—"取消"键或"后退"键；8—"OK"键

① 通过监控器面板上的按键来输入或改变维修模式，如图 5-68 所示。

② 在"MAIN MENU"（主菜单）下，按"右"键 2 或"左"键 5 直到加亮显示"SERVICE"（维修），如图 5-69 所示。

③ 加亮显示"SERVICE"（维修）后，按"OK"键 8 确认，如图 5-70 所示。

④ 按"OK"键 8 后，屏幕将如图 5-70 所示显示，按方向键输入密码。输入维修密码"FFF2"可以进入各种菜单，如图 5-71 所示。

⑤ 输入正确的密码后，将显示如图 5-71 所示，表示已经进入维修模式，屏幕将显示下列信息：保养；更改密码；故障诊断；ECM 信息；机器状态；校准；设备检测；额定；配置；机具程序。

（2）退出维修模式

退出维修模式可采用以下两种方法。

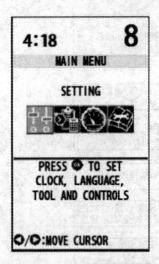

图 5-68 进入维修模式窗口

图 5-69 进入维修窗口

图 5-70 确认维修窗口

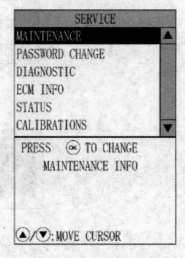

图 5-71 输入维修密码窗口

① 将钥匙启动开关旋至 OFF 位置，维修模式将在 10s 后终止。如果不想关闭机器，可采用第②种方法。

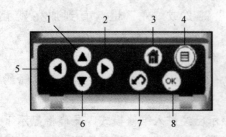

图 5-72 保养模式各输入键
1—"上"键；2—"右"键；3—"起始"键；
4—"主菜单"键；5—"左"键；6—"下"键；
7—"取消"键或"后退"键；8—"OK"键

② 通过按起始键 3，监控器在维修模式下停止工作。

注意：退出维修模式过程中按起始键 3，监控器将需要 1～2s 返回到默认的屏幕状态。

5.2.7 保养模式

选择"MAINTENANCE"（保养）模式，用户能重新设定过滤器、液体和其他各零、部件的累积工作时间。推荐更换间隔时间可以更改。用户也可以操作反向风扇系统。图5-72所示为保养模式各输入键。

（1）进入保养模式方法

在"MAIN MENU"（主菜单）下，通过选择"SERVICE"（维修）进入"MAINTE-NANCE"（保养）菜单。按"上"键1或"下"键6来选择项目，然后按"OK"键8确定，屏幕将显示如图5-73所示。

注意：通过按"主菜单"键4可在任何界面下显示"MAIN MENU"（主菜单）。

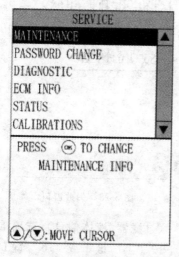

图 5-73　保养模式窗口

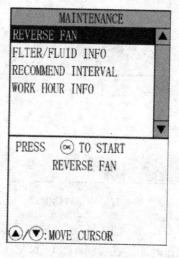

图 5-74　反向风扇窗口

（2）反向风扇

反向风扇包括以下信息：过滤器/液体信息；推荐更换间隔时间；工作计时信息。

图5-74所示为进入"REVERSE FAN"（反向风扇）菜单，用"上"键1或"下"键6来浏览该部件信息。"REVERSE FAN"（反向风扇）操作如下。

① 图5-75所示为 STAND BY（准备）-风扇转动按正常方向。按"OK"键8来改变风扇转动方向。

② 图5-76所示为 ACTIVE（激活）-风扇转动按相反方向。按"左"键5使风扇返回到正常转动方向。

图 5-75　正常风扇转动窗口

图 5-76　激活风扇转动窗口

③ 图 5-77 所示为 ABORT（中止）-风扇从反向转动改变为正常方向转动。

④ 图 5-78 所示为 FAILED（失败）-参见机器维修手册。

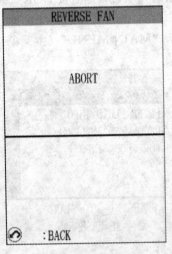

图 5-77　中止转动窗口

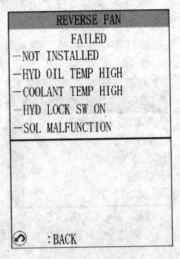

图 5-78　失败窗口

图 5-79 所示为用户通过"FLTER/FLUID INFO"（过滤器/液体信息）选项重新设定累积工作时间。在"MAINTENANCE"（保养）菜单下按"上"键 1 或"下"键 6 直到加亮显示"FLTER/FLUID INFO"（过滤器/液体信息）。

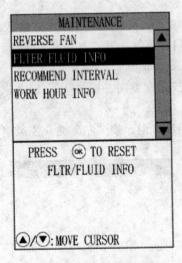

图 5-79　过滤器/液体信息窗口

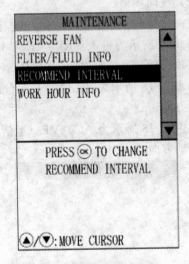

图 5-80　改变间隔时间窗口

按"上"键或"下"键来加亮显示所需项目，按"OK"键 8 移动光标到累积时间位置。按"左"键 5 来重新设定累积时间，然后按"OK"键 8 将储存重设的时间。

注意：如果在按"OK"键 8 确认前按"后退"键 7，将不储存重设的时间。

图 5-80 所示为"RECOMMEND INTERVAL"（推荐更换间隔时间）选项，允许用户改变间隔时间。在"MAINTENANCE"（保养）菜单下按"上"键 1 或"下"键 6 直到"RECOMMEND INTERVAL"（推荐更换间隔时间）加亮显示以便选择。

按"上"键或"下"键来加亮显示所需项目。按"OK"键 8 移动光标到推荐间隔时间位置，按"上"键或"下"键来增加或减少数字，然后按"OK"键 8 储存更改值，如图 5-81所示。

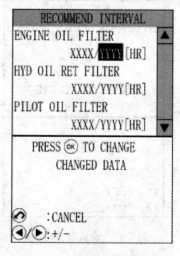 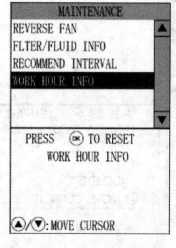 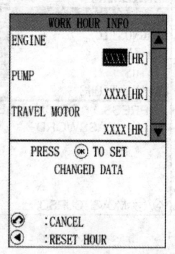

图 5-81 储存更改值窗口　　　　图 5-82 工作计时信息窗口　　　　图 5-83 储存重设时间窗口

注意：如果在按"OK"键 8 确认前按"后退"键 7，将不储存更改时间。

图 5-82 所示为用户通过"WORK HOUR INFO"（工作计时信息）重新设定机器累积工作小时。在"MAINTENANCE"（保养）菜单下按"上"键 1 或"下"键 6 直到"WORK HOUR INFO"（工作计时信息）加亮显示以便选择。

图 5-83 所示为按"上"键或"下"键加亮显示所需项目。按"OK"键 8 移动鼠标至工作计时位置。按"左"键 5 重新设定累积工作小时，然后按"OK"键 8 储存重设时间。

注意：如果在按"OK"键 8 确认前按"后退"键 7，将不储存重设的时间。

5.2.8 更改密码模式

使用"PASSWORD CHANGE"（更改密码）可以更改初始密码。图 5-84 所示为更改密码键。

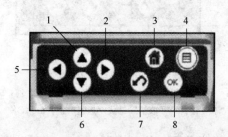

图 5-84 更改密码键

1—"上"键；2—"右"键；3—"起始"键；4—"主菜单"键；5—"左"键；
6—"下"键；7—"取消"键或"后退"键；8—"OK"键

在"SERVICE"（维修）菜单下，按"上"键 1 或"下"键 6 直到"PASSWORD CHANGE"（更改密码）加亮显示，然后按"OK"键 8 确认，参见图 5-85。

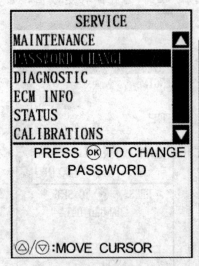

图 5-85 更改密码窗口　　　图 5-86 调整密码窗口　　　图 5-87 确认新密码窗口

图 5-86 所示为屏幕将显示的信息。

按左键 5 或右键 2 加亮显示所需字符，然后按 "OK" 键 8 确认。按 "后退" 键 7 删除已选字符。当 4 个字符输入完毕，用户将被立即要求确认新密码，参见图 5-87。

当用户被立即要求确认新密码时，可以有两个选择。

· 按 "OK" 键 8 储存新密码。

· 按 "取消" 键 7 取消密码，并返回到先前屏幕状态。

5.2.9　故障诊断模式

"DIAGNOSTIC"（故障诊断模式）允许用户检查机器故障诊断信息。图 5-88 所示为故障诊断模式按键。

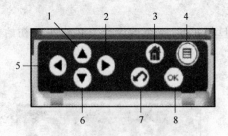

图 5-88　故障诊断模式按键

1—"上"键；2—"右"键；3—"起始"键；4—"主菜单"键；5—"左"键；
6—"下"键；7—"取消"键或"后退"键；8—"OK"键

在 "SERVICE"（维修）菜单下，按 "上" 键 1 或 "下" 键 6 直到加亮显示 "DIAG-NOSTIC"（故障诊断），然后按 "OK" 键 8 确认，参见图 5-89。

当选择 "DIAGNOSTIC"（故障诊断）时，显示故障诊断的信息，如图 5-90 所示。"DIAGNOSTIC"（故障诊断）菜单有下列几个选项：现存故障；记录故障；记录事件。

"ACTIVE ERROR"（现存故障）菜单以 MID：CID-FMI 格式显示现存故障。按 "上" 键 1 或 "下" 键 6 滚动浏览。

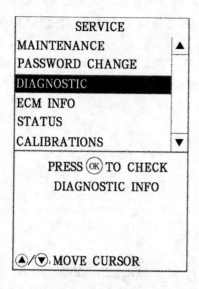

图 5-89 故障诊断窗口

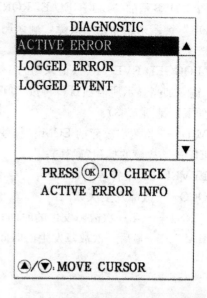

图 5-90 故障诊断信息窗口

"LOGGED ERROR"（记录故障）菜单以 MID：CID-FMI 格式显示记录故障。按"上"键 1 或"下"键 6 加亮显示所需项目，然后按"OK"键 8 确认，以便浏览记录故障的详细信息。记录故障的详细信息如下（见图 5-91）：

MID——检测出故障的 ECM 模块标识符编码；

CID——故障所在的零、部件标识符编码；

FMI——故障模式标识符；

OCC——故障发生的次数；

FIRST——第一次故障发生的时间；

LAST——最后一次故障发生的时间。

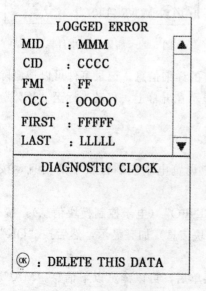

图 5-91 记录故障窗口

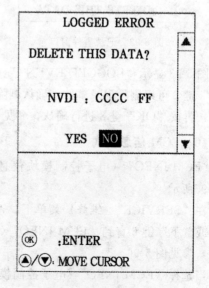

图 5-92 删除记录窗口

图 5-91 显示的"LOGGED ERROR"（记录故障）的详细信息，记录故障可以被删除，按"OK"键 8 来删除记录故障，确认删除信息将会显示在屏幕上，将光标移到"YES"选项并按"OK"键 8 确认，参见图 5-92。

"LOGGED EVENT"（记录事件）以 MID：EID-LEVEL 格式显示。按"上"键 1 或"下"键 6 加亮显示所需项目，再按"OK"键 8 查看记录事件的详细信息。记录事件的详细信息如下（见图 5-93）：

MID——检测出故障的 ECM 的模块标识符编码；

EID——故障的标识符编码；

LEVEL——报警程度；

OCC——故障发生次数；

FIRST——第一次故障发生的时间；

LAST——最后一次故障发生的时间。

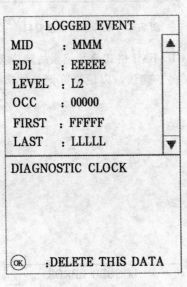

图 5-93　记录事件窗口

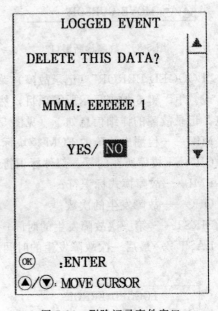

图 5-94　删除记录事件窗口

图 5-93 显示"LOGGED EVENT"（记录事件）的详细信息，记录事件可以被删除，按"OK"键 8 可以删除记录事件，确认删除信息将会显示在屏幕上，移动光标至"YES"确认删除，再按"OK"键 8 进行确认，参见图 5-94。

5.2.10　ECM 信息模式

"ECM INFO"（电子控制模块信息）允许用户浏览电子控制模块中的信息，按键如图 5-95所示。

在"SERVICE"（维修）菜单下，选择"ECM INFO"（电子控制模块信息），按"上"键 1 或"下"键 6 直到"ECM INFO"（电子控制模块信息）加亮显示，然后按"OK"键 8 确认，参见图 5-96。

当选择"ECM INFO"（电子控制模块信息）菜单后，可以浏览以下信息：MACHINE ECM（机器电子控制模块）；ENGINE ECM（发动机电子控制模块）；MONITOR（监控

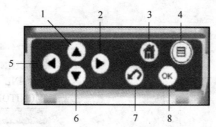

图 5-95　ECM 信息模式按键

1—"上"键；2—"右"键；3—"起始"键；4—"主菜单"键；5—"左"键；
6—"下"键；7—"取消"键或"后退"键；8—"OK"键

器）；ATT ECM（附件电子控制模块）。

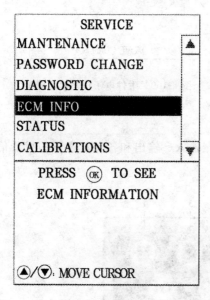

图 5-96　显示窗口

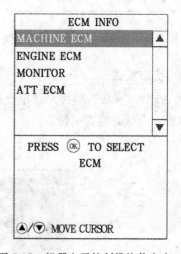

图 5-97　机器电子控制模块信息窗口

如图 5-97 所示，按"上"键 1 或"下"键 6 来选择所需的电子控制模块。

图 5-97 中，当选择"MACHINE ECM"（机器电子控制模块）时，将显示下列信息：产品 ID 号；ECM 零件号；ECM 序列号；软件组件号；软件组件发行日期。

如图 5-98 所示，当选择"ENGINE ECM"（发动机电子控制模块）时，将显示下列信息：设备 ID 号；发动机系列号；ECM 系列号；模块零部件号。

如图 5-99 所示，当选择"MONITOR"（监控器）时，将显示下列 ECM 信息：ECM 零、部件号；ECM 序列号；软件号。

如图 5-100 所示，当选择"ATT ECM"（附件电子控制模块）时，将显示下列信息：ECM 零件号；ECM 序列号；软件组件号；软件组件发行号。

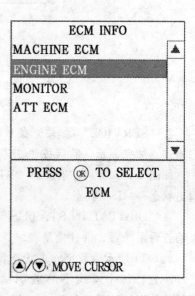

图 5-98　发动机电子控制模块窗口

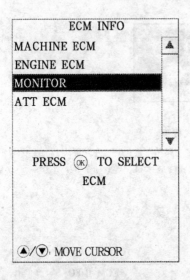

图 5-99　监控器电子控制模块窗口

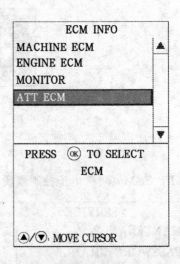

图 5-100　附件电子控制模块窗口

5.2.11　状态模式

"STATUS"（状态模式）菜单允许用户查看机器输入、输出和各种状态下的机器信息。图5-101所示为状态模式按键。

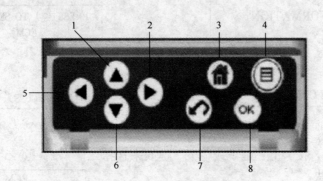

图 5-101　状态模式按键

1—"上"键；2—"右"键；3—"起始"键；
4—"主菜单"键；5—"左"键；6—"下"键；
7—"取消"键或"后退"键；8—"OK"键

在"SERVICE"（维修）菜单下，通过"上"键 1 或"下"键 6 直到"STATUS"（状态模式）加亮显示，然后按"OK"键 8 确认，参见图 5-102。

如图 5-103 所示，当选择"STATUS"（状态）后，显示如下：数字状态；模拟状态；输出状态；MISC 状态。

在"DIGITAL IN STATUS"（数字输入状态）菜单下，通过"上"键 1 或"下"键 6 滚动查看系统零、部件信息表。

表 5-14 所示为数字输入状态参数表。

注意：每个模式下的数字输入参数不同。表 5-14 中的检查项目不代表当前机器配置。

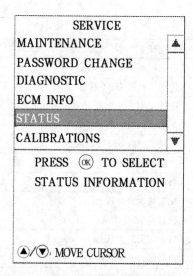

图 5-102　维修状态模式窗口

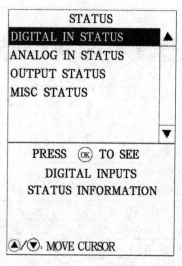

图 5-103　维修状态信息窗口

表 5-14　数字输入状态参数

显　　示	345C	365C/385C	内　　容
AIR FLTR PLGD SW	X	X	空气滤清器状态
CAPSULE FLTR PLGD SW	X	X	回油过滤器状态
ATT FLTR PLGD SW	X	X	附件液压油过滤器开关状态
WATER SEP LVL SW	X	X	油水分离器水位
FUEL FLTR PLGD SW	X	X	发动机燃油过滤器状态
2ND FUEL FLTR PLGD SW	X	X	二次燃油过滤器状态
OLW ENABLE SW	X	X	过载报警开关状态
FINE SWING SW	X		微调回转开关位置
QUICK COUPLER SW	X		快速连接开关状态
BACKUP SW	X		备用模式状态
TRAVEL MODE SW	X	X	行走模式开关状态
AEC MODE SW	X	X	AEC 开关状态
ALARM CANCEL SW	X	X	行走报警开关状态
TOOL SELECT SW	X		机具选择开关状态
GAIN/RES SELECT SW		X	增益/响应选择开关状态
LIFT/CRANE MODE SW	X	X	重物提升开关状态
AUTO LUB LOW LVL SW		X	自动润滑油脂位置
ONE TOUCH LOW IDLE SW	X	X	低怠速开关位置
MANUAL LUB SW		X	手动润滑开关位置
LEFT JOYSTICK SW #1		X	左操纵杆开关#1 状态
RIGHT JOYSTICK SW #1		X	右操纵杆开关#1 状态
LEFT JOYSTICK SW #2		X	左操纵杆开关#2 状态
RIGHT JOYSTICK SW #2		X	右操纵杆开关#2 状态
ATCH PUMP PRES SW		X	附泵压力开关状态
JOYSTK SW #2		X	操纵杆开关#2 状态

续表

显　　示	345C	365C/385C	内　　容
JOYSTK SW ♯3		X	操纵杆开关♯3状态
FLCN PRXI SW ♯1		X	流量控制开关♯1状态
FLCN PRXI SW ♯2		X	流量控制开关♯2状态
MAGNET STANDBY SW		X	磁性备用开关状态
UHD SW		X	高动力辅助电路开关状态
TILT CAB SW		X	低动力辅助电路开关状态
SMART BOOM SW		X	大臂开关状态
HYD LOCK SW	X	X	液压锁定开关状态
CNTR WEIGHT SW	X	X	配重移动开关状态
JOYSTICK PRES SW	X		回转/机具压力状态
TRAVEL PRES SW	X		行走压力开关状态
IMPLEMENT PRES	XX		机具压力开关状态
ATCH VALVE ♯1 SW	X		附件输入♯1开关状态
ATCH VALVE ♯3 SW	X		附件输入♯3开关状态
ATCH ♯1 TOOL SW	X		附件♯1机具开关状态
ATCH ♯2 TOOL SW	X		附件♯2机具开关状态
ATCH ♯3 TOOL SW	X		附件♯3机具开关状态
ATCH ♯4 TOOL SW	X		附件♯4机具开关状态
HYD OIL LVEL SW	X		液压油位状态
COOLANT LVL SW	X	X	发动机冷却液液位状态
ENGINE OIL LVL SW	X	X	发动机油位状态
ENGINE OIL PRESS SW	X	X	发动机油压状态
START AID SW		X	乙醚注射开关位置
USER SHUTDOWN SW	X	X	用户自定义切断开关

　　如图 5-104 所示，在"ANALOG IN STATUS"（模拟输入状态）菜单下，通过"上"键1或"下"键6翻看系统零、部件信息表。

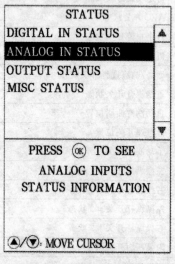

图 5-104　模拟输入状态窗口

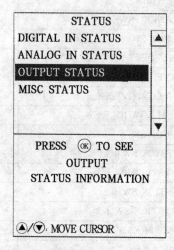

图 5-105　输出状态窗口

表 5-15 所示为 "ANALOG IN STATUS"（模拟输入状态）菜单下的系统零、部件信息表。注意：每个模式下的模拟输入参数不同，表 5-15 中的检查项目不代表目前机器配置。

表 5-15　模拟输入状态参数

显　　示	345C	365C/385C	内　　容
BATTERY VOLTAGE	X	X	蓄电池电压
ENGINE SPEED	X	X	实际发动机转速
THROTTLE POSITION	X	X	节流阀旋钮开关位置
FUEL LEVEL SENSOR	X	X	燃油油位传感器
COOLANT TEMP	X	X	发动机冷却温度
HYD OIL TEMP	X	X	液压油温
PUMP #1 PRES	X		液压泵#1出口压力
PUMP #2 PRES	X		液压泵#2出口压力
MAIN PUMP PRES		X	主泵油压
SWING PUMP PRES		X	回转泵出口压力
OVERLOAD WARN PRES	X	X	机器过载报警压力
LEVER BOOM		X	大臂操纵杆位置
LEVER BUCKET		X	铲斗操纵杆位置
LEVER STICK		X	小臂操纵杆位置
LEVER SWING		X	回转操纵杆位置
TRV LEFT PREAL		X	左行走位置
TRV RIGHT PEDAL		X	右行走位置
LEFT THUMB WHEEL	X	X	左操纵杆位置
RIGHT THUMB WHEEL	X	X	右操纵杆位置
JOYSTK SW #1(PROP)		X	操纵杆开关#1状态
JOYSTK SW #4(PROP)		X	操纵杆开关#4状态
ATCH LEFT PEDAL	X		左踏板位置
ATCH RIGHT PEDAL	X		右踏板位置
ATCH PEDAL		X	附件踏板位置
ATMOSPHERIC PRES	X	X	大气压力
AUTO LUB PRESS		X	自动润滑压力
INTAKE AIR TEMP	X	X	进气歧管空气温度
FUEL TEMP	X	X	燃油温度
FUEL PRES	X	X	燃油压力
FUEL PRES(ABS)	X	X	燃油压力(无限制)
ENG OIL PRES	X	X	发动机油压
ENG OIL PRES (ABS)	X	X	发动机油压(无限制)
TURBO OUT PRES (ABS)	X	X	涡轮增压器出口压力(无限制)
BOOST PRES	X	X	提升压力
STRAIGHT TRV PEDAL		X	直线行走位置

如图 5-105 所示，在"OUTPUT STATUS"（输出状态）菜单下，通过"上"键 1 或"下"键 6 翻看系统零、部件信息表。

表 5-16 所示为"OUTPUT STATUS"（输出状态）菜单下的系统零、部件信息表。

注意：每个模式上的输出状态参数不同，表 5-16 中的检查项目不表示目前机器配置。

表 5-16　输出状态参数

显　示	345C	365C/385C	内　容
HYD LOCK SOL		X	液压锁定电磁阀状态
TRV SPEED SHIFT	X	X	行走速度电磁阀
SWING BREAK SOL	X	X	回转制动电磁阀状态
TRV ALARM	X	X	行走报警控制状态
SYSTEM PRES UP		X	前部系统高压电磁阀状态
NUTRAL FLOW BYPASS		X	空挡流量旁通电磁阀状态
ANTI DRIFT BOOM		X	大臂防漂移电磁阀状态
ANTI DRIFT STICK		X	小臂防漂移电磁阀状态
AUTO LUB RELAY		X	自动润滑电磁阀状态
COOLING FAN CURRENT		X	风扇转速电磁阀电流状态
REVERSE FAN SOL	X	X	反向风扇电磁阀状态
LIFT MODE SOL	X		重物提升控制状态
1P/2P CHANGE SOL	X		辅助电路流量合并电磁阀状态
FAULT ALARM	X	X	作业报警状态
DESIRED ENG SPEED	X	X	所需的发动机转速
BOOM EXTEND		X	大臂油缸杆伸出电磁阀电流
BOOM RETRACT		X	大臂油缸杆缩回电磁阀电流
STICK EXTEND		X	小臂油缸杆伸出电磁阀电流
STICK RETRACT		X	小臂油缸杆缩回电磁阀电流
BUCKET EXTEND		X	铲斗油缸杆伸出电磁阀电流
BUCKET RETRACT		X	铲斗油缸杆缩回电磁阀电流
SWING LEFT		X	左回转电磁阀电流
SWING RIGHT		X	右回转电磁阀电流
TRAVEL LEFT FW		X	左前进电磁阀电流状态
TRAVEL LEFT BW		X	左后退电磁阀电流状态
TRAVEL RIGHT FW		X	右前进电磁阀电流状态
TRAVEL RIGHT BW		X	右后退电磁阀电流状态
BM LOWERING CHECK		X	大臂下降单向电磁阀电流状态
ST LOWERING CHECK		X	小臂下降单向电磁阀电流状态

续表

显　　示	345C	365C/385C	内　　容
ATCH EXTEND		X	附件伸出/CW 电磁阀电流状态
ATCH RETRACT		X	附件缩回/CCW 电磁阀电流状态
MID CIRCUIT ♯1-A		X	中压电路♯1-A 电磁阀电流状态
MID CIRCUIT ♯1-B		X	中压电路♯1-B 电磁阀电流状态
POWER SHIFT PRES		X	机具泵动力换挡压力电磁阀电流状态
POWER SHIFT PRES	X		动力换挡压力
DESIRED PS PRESS		X	所需的机具泵动力换挡压力
FLOW LIMIT PRES	X		主泵流量限制压力
FLOW LIMIT	X		主泵流量限制
SWING PUMP SWASH		X	回转泵斜盘倾角电磁阀电流状态
FAN MOTOR SPEED	X		所需发动机冷却风扇转速
ATCH ♯1 EXTEND VALVE	X		附件阀♯1 伸出压力指令
ATCH ♯1 RETRACT VALVE	X		附件阀♯1 缩回压力指令
ATCH ♯3 EXTEND VALVE	X		附件阀♯3 伸出压力指令
ATCH ♯3 RETRACT VALVE	X		附件阀♯3 缩回压力指令
ATCH ♯1 RELIEF VALVE	X		变化的溢流阀♯1 压力指令
ATCH ♯2 RELIEF VALVE	X		变化的溢流阀♯2 压力指令

如图 5-106 所示在"MISC STATUS"（MISC 状态）菜单下，通过"上"键 1 或"下"键 6 来翻看系统零、部件信息表。

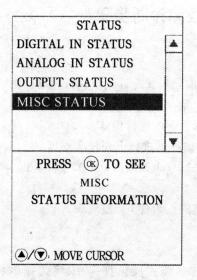

图 5-106　MISC 状态窗口

表 5-17 所示为"MISC STATUS"（MISC 状态）菜单下的系统零、部件信息表。

注意：每个模式上的输入参数将改变，表 5-17 中的检查项目并不表示目前机器配置。

表 5-17 MISC 状态输入参数

显 示	345C	365C/385C	内 容
ALTERNATOR R TERM	X	X	交流发电机状态
DES ENG FAN SP		X	所需的发动机冷却风扇转速
EHD FLOW RATE		X	高动力辅助电路流量率
SPOOL GAIN SEL		X	阀芯前进选择
SPOOL RES SEL		X	阀芯反应选择
AEC MODE STAT		X	发动机自动控制模式
WORK MODE		X	机器工作模式
TRAVEL MODE		X	行走速度换挡设定
AUTO LUB MODE		X	机器自动润滑控制模式
SMART BOOM MODE		X	大臂漂移开关状态
ENGINE DIAG CLOCK		X	发动机 ECM 自我诊断时间表
ONE TOUCH IDOL ST		X	单触点低怠速状态
START AID STATUS		X	乙醚注射
TOTAL FUEL		X	全部燃油
FUEL CONSUMPTION	X	X	燃油消耗率
RATED FUEL LIMIT		X	扭矩限制
FRC FUEL LIMIT		X	烟雾限制
ENG LOAD FACTOR		X	目前发动机转速下的负载程度
ENG POWER DERATE	X	X	发动机动力下降程度

5.3 C-9 电控柴油机故障诊断步骤

5.3.1 校准模式的步骤

"CALIBRATIONS"（校准）模式允许用户进行校准。图 5-107 所示为校准模式输入键。

在"SERVICE"（维修）菜单下，按"上"键 1 或"下"键 6 加亮显示"CALIBRA-TION"（校准），然后按"OK"键 8 进行确认。

如图 5-108 所示，可通过监控器进行下列校准项目。

① 控制阀：1-A1 阀伸出；2-A1 阀缩回；3-A2 阀伸出；4-A2 阀缩回；5-A3 阀伸出；6-A3 阀缩回。

② 溢流阀：附件♯1 溢流阀；附件♯2 溢流阀。

③ PS 压力阀。

④ 流量限制阀。

⑤ 操纵杆/踏板/附件：1-L 模式操纵杆；2-R 模式操纵杆；3-左附件踏板；4-右附件踏板。

⑥ 发动机转速。

⑦ 风扇转速。

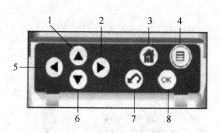

图 5-107　校准模式输入键

1—"上"键；2—"右"键；3—"起始"键；

4—"主菜单"键；5—"左"键；6—"下"键；

7—"取消"键或"后退"键；8—"OK"键

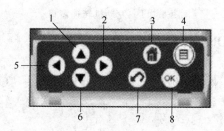

图 5-109　设备测试按键

1—"上"键；2—"右"键；3—"起始"键；

4—"主菜单"键；5—"左"键；6—"下"键；

7—"取消"键或"后退"键；8—"OK"键

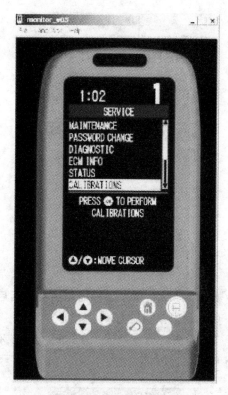

图 5-108　校准确认窗口

（1）设备测试模式

图 5-109 所示为设备测试按键。

如图 5-110 所示，在"SERVICE"（维修）菜单下，选择"DEVICE TEST"（设备测试），按"上"键 1 或"下"键 6 直到"DEVICE TEST"（设备测试）加亮显示，然后按"OK"键 8 进行确认。

提供下列设备测试：所需的发动机转速；动力换挡压力；流量限制压力；A1 阀伸出；A1 阀缩回；A3 阀伸出；A3 阀缩回；A1 溢流阀；A2 溢流阀；2 泵流量限制；1 泵流量限制。

按"上"键 1 或"下"键 6 直到所需的设备测试加亮显示。当屏幕显示"01：STAND BY"（01：准备），按"OK"键 8 开始设备测试。

在"MAIN MENU"（主菜单）下，选择"SERVICE"（维修）菜单，进入"DEVICE TEST"（设备测试），按"上"键 1 或"下"键 6 直到"POWER SHIFT PRES"（动力换挡压力）加亮显示，然后按"OK"键 8 确认。

注意：通过按主菜单键 4 可以从任何屏幕状态返回到"MAIN MENU"（主菜单）。

（2）确定所需发动机转速

如图 5-111 所示，按"左"键 5 或"右"键 2 来增加或减少发动机转速。按"OK"键 8 启动扫描测试。

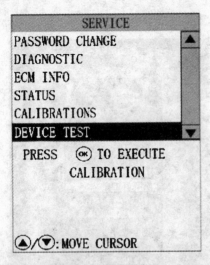

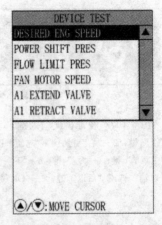

图 5-110　设备测试窗口　　　　　　　　　图 5-111　发动机转速窗口

　　如图 5-112 所示，当扫描测试被激活后，按"OK"键 8 停止扫描测试。

（3）动力换挡压力

　　如图 5-113 所示，按"左"键 5 或"右"键 2 来增加或减少动力换挡压力。按"OK"键 8 启动扫描测试。

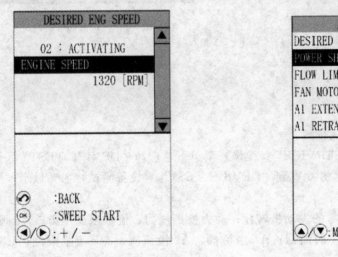

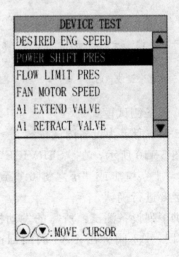

图 5-112　增加或减少发动机转速窗口　　　　　图 5-113　动力换挡窗口

　　如图 5-114 所示，当扫描测试被激活后，按"OK"键 8 停止扫描测试。

5.3.1.1　控制阀

　　如图 5-115 所示，进行以下步骤校准控制阀。

① 主菜单。

② 进入维修菜单。

③ 输入"SERVICE"（维修）密码。

④ 校准。

⑤ 控制阀。

⑥ 在菜单模式下选择所需的控制阀。

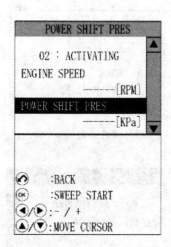

图 5-114　增加或减少动力换挡压力窗口

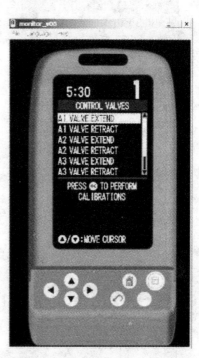

图 5-115　校准控制阀维修菜单窗口

当蓝色数字出现时，进行表 5-18 中的操作步骤。注意：如果用户在校准过程中输入错误，需重新启动校准程序。

表 5-18　校准控制阀维修操作步骤

步骤	操作
1	连接压力表到所选阀的压力口处,然后按"OK"键 8 进入下一步
2	解除所有控制,然后按"OK"键 8 进入下一步
3	当按"OK"键 8 时,保持操纵杆在前进位置,以便进入下一步
4	当调节压力值时,保持操纵杆在前进位置。按"右"键 2 或"左"键 5 来增加或减少显示在压力表上的压力。当压力调节到目标值后,按"OK"键 8 进入下一步
5	重复第 3 步
6	对新的目标阀重复第 4 步
7	重复第 2 步
8	结束校准

（1）A1 阀伸出

如图 5-116 所示，在"A1 VALVE EXTEND"（A1 阀伸出）菜单下，使用"左"键 5 或"右"键 2 来增加或减少附阀♯1 伸出压力，然后按"OK"键 8 启动扫描测试。

如图 5-117 所示，当扫描测试被激活后，按"OK"键 8 停止扫描测试。

（2）A1 阀缩回

如图 5-118 所示，在"A1 VALVE RETRACT"（A1 阀缩回）菜单下，使用"左"键 5 或"右"键 2 来增加或减少附阀♯1 缩回压力，然后按"OK"键 8 启动扫描测试。

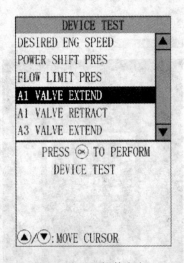

图 5-116　A1 阀伸出窗口

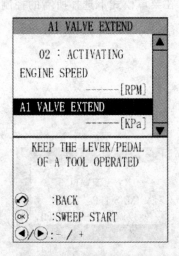

图 5-117　增加或减少附阀♯1 伸出压力窗口

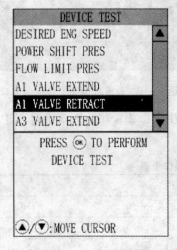

图 5-118　A1 阀缩回窗口

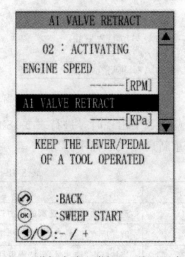

图 5-119　增加或减少附阀♯1 缩回压力窗口

如图 5-119 所示，当扫描测试被激活后，按"OK"键 8 停止扫描测试。

（3）A3 阀伸出

如图 5-120 所示，在"A3 VALVE EXTEND"（A3 阀伸出）菜单下，使用"左"键 5 或"右"键 2 来增加或减少附阀♯3 的伸出压力，然后按"OK"键 8 启动扫描测试。

如图 5-121 所示，当扫描测试被激活后，按"OK"键 8 停止扫描测试。

（4）A3 阀缩回

如图 5-122 所示，在"A3 VALVE RETRACT"（A3 阀缩回）菜单下，使用"左"键 5 或"右"键 2 来增加或减少附阀♯3 的缩回压力，然后按"OK"键 8 启动扫描测试。

如图 5-123 所示，当扫描测试被激活后，按"OK"键 8 停止扫描测试。

5.3.1.2　溢流阀

如图 5-124 所示，进行下列步骤来校准溢流阀。

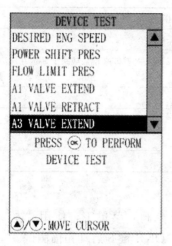

图 5-120　A3 阀伸出窗口

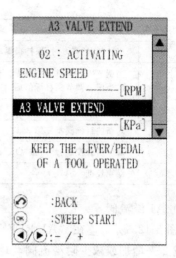

图 5-121　增加或减少附阀♯3 伸出压力窗口

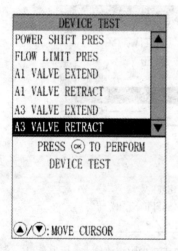

图 5-122　A3 阀缩回窗口

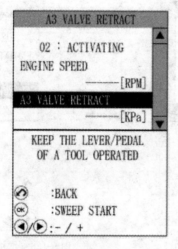

图 5-123　增加或减少附阀♯3 缩回压力窗口

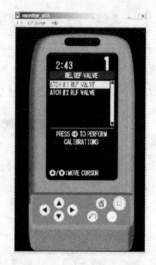

图 5-124　校准溢流阀窗口

① 主菜单。

② 进入维修菜单。

③ 输入 "SERVICE"（维修）密码。

④ 校准。

⑤ 溢流阀。

⑥ 在菜单模式下选择所需的溢流阀。

当蓝色数字出现时，进行表 5-19 中的操作步骤。

注意：如果用户在校准过程中输入错误，需重新启动校准程序。

表 5-19　校准溢流阀步骤

步　　骤	操　　作
1	连接压力表到所选阀的压力口处，然后按"OK"键 8 进入下一步

续表

步　骤	操　作
2	当按"OK"键8时,保持操纵杆在前进位置,以便进入下一步
3	当调节压力值时保持操纵杆在前进位置。按"右"键2或"左"键5来增加或减少显示在压力表上的压力。当压力调节到目标值后,按"OK"键8进入下一步
4	重复第2步
5	对新的目标阀重复第3步
6	解除所有控制,然后按"OK"键8进入下一步
7	结束校准

（1）A1 溢流阀

如图 5-125 所示,在"A1 RLF VALVE"（A1 溢流阀）菜单下,使用"左"键 5 或"右"键 2 来增加或减少附溢流阀＃1 的压力,然后按"OK"键 8 启动扫描测试。

如图 5-126 所示,当扫描测试被激活后,按"OK"键 8 停止扫描测试。

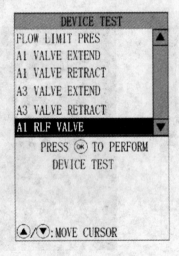
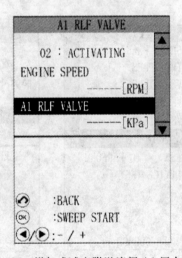

图 5-125　A1 溢流阀窗口　　　　　　　　图 5-126　增加或减少附溢流阀＃1 压力窗口

（2）A2 溢流阀

如图 5-127 所示,在"A2 RLF VALVE"（A2 溢流阀）菜单下,使用"左"键 5 或"右"键 2 来增加或减少附阀＃2 的压力,然后按"OK"键 8 启动扫描测试。

如图 5-128 所示,当扫描测试被激活后,按"OK"键 8 停止扫描测试。

5.3.1.3　流量限制阀

如图 5-129 所示,进行下列步骤校准流量限制阀。

① 主菜单。

② 进入维修菜单。

③ 输入"SERVICE"（维修）密码。

④ 校准。

⑤ 流量限制阀。

⑥ 在菜单模式下选择所需的流量限制阀。

当蓝色数字出现时,进行表 5-20 中的操作。

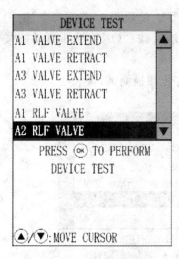

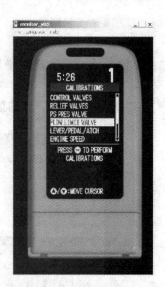

图 5-127 A2 溢流阀窗口　　　图 5-128 附阀♯2的压力窗口　　　图 5-129 校准流量限制阀窗口

注意：如果用户在校准过程中输入错误，需重新启动校准程序。

表 5-20 校准流量限制阀步骤

步　骤	操　作
1	连接压力表到所选阀的压力口处，然后按"OK"键8进入下一步
2	充分舒展小臂，然后按"OK"键8进入下一步
3	保持小臂在最大伸展位置，然后按"OK"键8进入下一步
4	当调节压力值时，保持小臂在最大伸展位置。按"右"键2或"左"键5来增加或减少显示在压力表上的压力。当压力调节到目标值后，按"OK"键8进入下一步
5	重复第3步
6	对新的目标阀重复第4步
7	结束校准

（1）流量限制压力

如图 5-130 所示，在"FLOW LIMIT PRES"（流量限制压力）菜单下，使用"左"键5 或"右"键2来增加或减少流量限制压力，然后按"OK"键8启动扫描测试。

如图 5-131 所示，当扫描测试被激活后，按"OK"键8停止扫描测试。

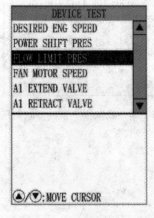

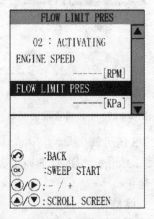

图 5-130 流量限制压力窗口　　　　　　　　图 5-131 增加或减少流量限制压力窗口

（2）1 泵流量限制

如图 5-132 所示，在"1 PUMP FLOW LIMIT"（1 泵流量限制）菜单下，使用"左"键 5 或"右"键 2 来增加或减少 1 泵流量限制压力，然后按"OK"键 8 启动扫描测试。

如图 5-133 所示，当扫描测试被激活后，按"OK"键 8 停止扫描测试。

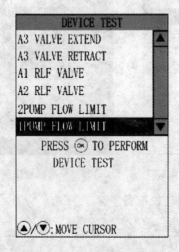

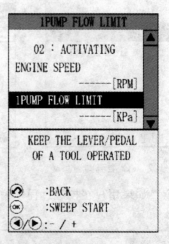

图 5-132　1 泵流量限制窗口　　　　图 5-133　增加或减少 1 泵流量限制压力窗口

（3）2 泵流量限制

如图 5-134 所示，在"2 PUMP FLOW LIMIT"（2 泵流量限制）菜单下，使用"左"键 5 或"右"键 2 来增加或减少 2 泵流量限制，然后按"OK"键 8 启动扫描测试。

如图 5-135 所示，当扫描测试被激活后，按"OK"键 8 停止扫描测试。

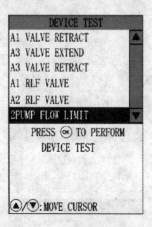

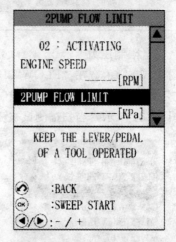

图 5-134　2 泵流量限制窗口　　　　图 5-135　增加或减少 2 泵流量限制压力窗口

5.3.1.4　PS 压力阀

如图 5-136 所示，进行下列步骤来校准 PS 压力阀。

① 主菜单。

② 进入维修菜单。

③ 输入"SERVICE"（维修）密码。

④ 校准。

⑤ PS 压力阀。

⑥ 在菜单模式下选择所需的 PS 压力阀。

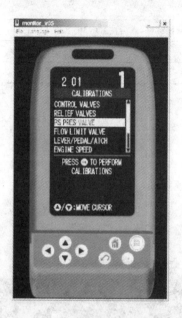

图 5-136　校准 PS 压力阀窗口

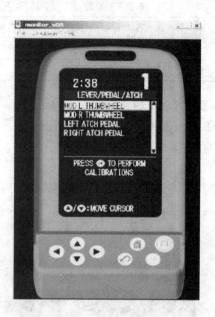

图 5-137　校准左右手推杆窗口

当蓝色数字出现时，进行表 5-21 中的操作。

注意：如果用户在校准过程中输入错误，需重新启动校准程序。

表 5-21　校准 PS 压力阀

步　骤	操　作
1	连接压力表到所选阀的压力口处，然后按"OK"键 8 进入下一步
2	按"右"键 2 或"左"键 5 来增加或减少当前值。当压力调节到目标值后，按"OK"键 8 进入下一步
3	对新目标阀重复第 2 步
4	结束校准

5.3.2　操纵杆/踏板/附件

如图 5-137 所示，进行下列步骤校准左右手推杆。

① 主菜单。

② 进入维修菜单。

③ 输入"SERVICE"（维修）密码。

④ 校准。

⑤ 操纵杆/踏板/附件。

⑥ 在菜单模式下选择所需的操纵装置。

当蓝色数字出现时，进行表 5-22 中的操作。

注意：如果用户在校准过程中输入错误，需重新启动校准程序。

表 5-22　校准左右手推杆

步　骤	操　作
1	按"OK"键 8 进入下一步
2	解除所有控制,然后按"OK"键 8 进入下一步
3	移动操纵杆到前进位置,然后再移到后退位置。解除操纵杆,然后按"OK"键 8 进入下一步
4	按"OK"键 8 进入下一步
5	结束校准

（1）发动机转速

如图 5-138 所示，进行下列步骤校准左右手推杆。

① 主菜单。

② 进入维修菜单。

③ 输入"SERVICE"（维修）密码。

④ 校准。

⑤ 发动机转速。

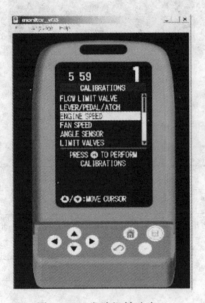

图 5-138　发动机转速窗口

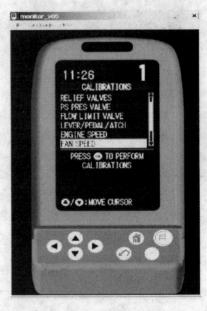

图 5-139　风扇转速窗口

当蓝色数字出现时，进行表 5-23 中的操作。

注意：如果用户在校准过程中输入错误，需重新启动校准程序。

表 5-23　发动机转速校准

步　骤	操　作
1	按"OK"键 8 进入下一步
2	按"OK"键 8
3	同步骤 2
4	同步骤 2

续表

步　骤	操　作
5	同步骤 2
6	同步骤 2
7	同步骤 2
8	同步骤 2
9	同步骤 2
10	同步骤 2
11	结束校准

（2）风扇转速

如图 5-139 所示，进行下列步骤校准左右手推杆。

① 主菜单。

② 进入维修菜单。

③ 输入"SERVICE"（维修）密码。

④ 校准。

⑤ 风扇转速。

当蓝色数字出现时，进行表 5-24 中的操作。

注意：如果用户在校准过程中输入错误，需重新启动校准程序。

表 5-24　风扇转速校准步骤

步　骤	操　作
1	连接转速传感器到风扇上，然后按"OK"键 8 进入下一步
2	按"右"键 2 或"左"键 5 来增加或减少当前值。当风扇转速调节为目标值后，按"OK"键 8
3	对新目标值重复第 2 步
4	结束校准

5.3.3　额定模式

"OVERRIDE"（额定）菜单允许用户查看额定的系统零、部件，以便协助机器进行故障诊断。图 5-140 所示为额定模式按键。

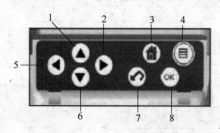

图 5-140　额定模式按键

1—"上"键；2—"右"键；3—"起始"键；4—"主菜单"键；5—"左"键；

6—"下"键；7—"取消"键或"后退"键；8—"OK"键

（1）额定模式设定步骤

在"SERVICE"（维修）菜单下，按"上"键 1 或"下"键 6 直到"OVERRIDE"（额

定）加亮显示，然后按"OK"键8确认。

图 5-141 按"上"键1或"下"键6加亮显示额定模式。

图 5-142 移动光标到所需的参数前，使用按键改变参数值，按"OK"键8启动额定模式。

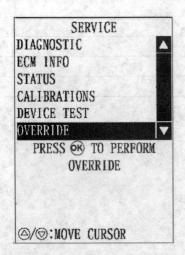

图 5-141 加亮显示额定模式窗口

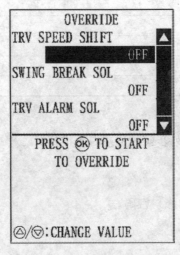

图 5-142 改变参数值窗口

图 5-143 停止额定模式窗口

图 5-143 停止额定模式时，加亮该项目并按"左"键5。

表 5-25 所示为"OVERRIDE"（额定）菜单的系统零部件信息表。

表 5-25 额定信息

显　　示	345C	365C/385C	内　　容
DESIRED ENG SPEED	X	X	所需发动机转速
FAN MOTOR SPEED	X	X	风扇马达转速
TRV SPEED SHIFT	X	X	行走速度电磁阀额定
SWING BREAK SOL	X	X	回转制动电磁阀额定
TRV ALARM	X	X	行走报警过量
SYSTEM PRES UP		X	前端系统高压电磁阀额定
NEUTRAL FLOW BYPASS		X	空挡流量旁通电磁阀额定
ANTI DRIFT BOOM		X	大臂防漂移电磁阀额定
ANTI DRIFT STICK		X	小臂防漂移电磁阀额定
AUTO LUB RELAY		X	自动润滑电磁阀额定
REVERSE FAN SOL	X	X	自动反向风扇电磁阀额定
1P/2P CHANGE SOL	X		辅助电路流量合并电磁阀额定
FAULT ALARM	X		作业报警过量
1/2 WAY CHANGE SOL	X		1联/2联电磁阀额定
RELEF CHK SOL ♯1	X		溢流阀♯1单向电磁阀额定
RELEF CHK SOL ♯2	X		溢流阀♯2单向电磁阀额定
BOOM EXTEND		X	大臂油缸杆伸出电磁流量额定
BOOM RETRACT		X	大臂油缸杆缩回电磁流量额定

续表

显　示	345C	365C/385C	内　容
STICK EXTEND		X	小臂油缸杆伸出电磁流量额定
STICK RETRACT		X	小臂油缸杆缩回电磁流量额定
BUCKET EXTEND		X	铲斗油缸杆伸出电磁流量额定
BUCKET RETRACT		X	铲斗油缸杆缩回电磁流量额定
SWING LEFT		X	左回转电磁阀流量额定
SWING RIGHT		X	右回转电磁阀流量额定
TRV LEFT FW		X	左行走前进电磁流量额定
TRV LEFT BW		X	左行走后退电磁流量额定
TRV RIGHT FW		X	右行走前进电磁流量额定
TRV RIGHT BW		X	右行走后退电磁流量额定
BM LOWERING CHECK		X	大臂下降单向/调制阀电磁流量额定
ST LOWERING CHECK		X	小臂下降单向/调制阀电磁流量额定
ATCH EXTEND		X	附件伸出/CW 电磁流量额定
ATCH RETRACT		X	附件缩回/CCW 电磁流量额定
MID CURCIT EXTEND		X	中压电路♯1-A 电磁流量额定
MID CURCIT RETRACT		X	中压电路♯1-B 电磁流量额定
POWER SHIFT PRES		X	机具泵动力换挡压力电磁流量额定
SWING PUMP SW ASH		X	斜盘电磁流量额定

（2）配置模式

图 5-144 所示为配置模式按键。

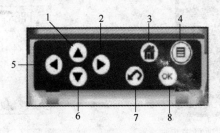

图 5-144　配置模式按键

1—"上"键；2—"右"键；3—"起始"键；4—"主菜单"键；5—"左"键；

6—"下"键；7—"取消"键或"后退"键；8—"OK"键

在"SERVICE"（维修）菜单下，按"上"键 1 或"下"键 6 直到加亮显示"CONFIG-URATIONS"（配置），然后按"OK"键 8 进行确认，如图 5-145 所示。

（3）工作模式配置

如图 5-146 所示，进行下列步骤，进入"WORK MODE CONFIG"（工作模式配置）菜单：

① 主菜单；

② 进入维修菜单；

③ 输入"SERVICE"（维修）密码；

④ 配置；

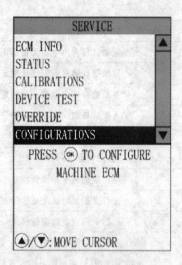

图 5-145 配置模式窗口

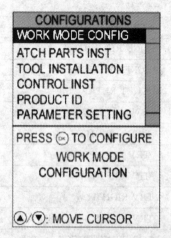

图 5-146 工作模式配置窗口

⑤ 工作模式配置。

屏幕显示如图 5-147 所示。

图 5-147 所需设定的项目窗口

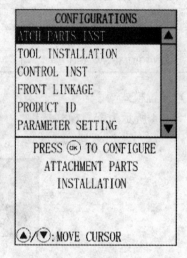

图 5-148 附件零、部件安装窗口

在图 5-147 中，按"上"键 1 或"下"键 6 加亮显示所需设定的项目，按"OK"键 8 移动加亮区到数据值位置。

按"上"键 1 或"下"键 6 改变数值，按"OK"键设定新值。

（4）附件零、部件安装

如图 5-148 所示，进行下列步骤，进入"ATCH PARTS INST"（附件零、部件安装）菜单：

① 主菜单；

② 进入维修菜单；

③ 输入"SERVICE"（维修）密码；

④ 配置；

⑤ 附件零、部件安装。

屏幕显示如图 5-149 所示。

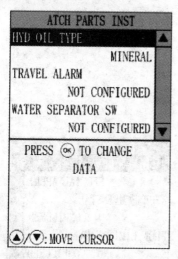

图 5-149　改变的设定项目窗口

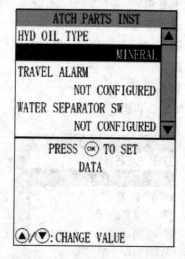

图 5-150　储存设定值窗口

如图 5-149 所示，按"上"键 1 或"下"键 6 加亮显示需要改变的设定项目。按"OK"键 8 来移动加亮区到数据值位置上。

如图 5-150 所示，按"上"键 1 或"下"键 6 来改变数值。数值改变后，按"OK"键 8 储存设定的值。

其他可能的配置列于表 5-26 中。

表 5-26　附件零、部件安装

显示	345C	365C/385C	内　容
附件零、部件安装			
HYD OIL TYPE	X	X	液压油类型
TRAVEL ALARM	X	X	行走报警安装状态
WATER SEPARATOR SW	X	X	油水分离器水位开关配置
FUEL FILTER SW	X	X	发动机燃油过滤器配置
2ND FUEL FILTER SW	X	X	二级燃油过滤器配置
ATCH HYD OIL FLTR SW	X	X	附件液压油过滤器开关配置
AUTO LUB SYSTEM		X	自动润滑系统配置
OLW SENSOR		X	机器过载压力传感器安装状态
STRAIGHT TRV PEDAL		X	直线行走踏板安装状态
BOOM LOWERING CHECK		X	大臂单向阀配置
STICK LOWERING CHECK		X	小臂单向阀配置
ENG COOLING FAN MAP	X	X	发动机冷却风扇配置
TOP ENG FAN SPEED		X	发动机冷却风扇最高转速
REVERSE FAN	X	X	发动机风扇反向功能安装状态
MSS	X	X	机器先进安全系统安装状态
HEAVY LIFT	X		重物提升系统安装状态
QUICK COUPLER	X		快速连接器安装状态
FINE SWING	X		微调回转系统安装状态

（5）机具安装

如图 5-151 所示，进行下列步骤，进入"TOOL INSTALLATION"（机具安装）菜单：

① 主菜单；

② 进入维修菜单；

③ 输入"SERVICE"（维修）密码；

④ 配置；

⑤ 机具安装。

屏幕显示如图 5-152 所示。

图 5-151　机具安装窗口

图 5-152　改变设定项目窗口

如图 5-152 所示，按"上"键 1 或"下"键 6 加亮显示需要改变的设定项目。按"OK"键 8 来移动加亮区到数据值位置上。

如图 5-153 所示，按"上"键 1 或"下"键 6 来改变数值。数值改变后，按"OK"键 8 储存设定的值。

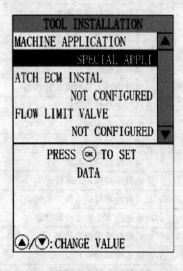

图 5-153　储存设定值窗口

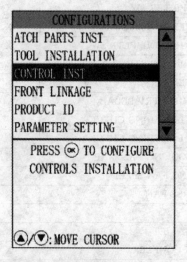

图 5-154　控制安装窗口

其他可能的配置列于表 5-27 中。

表 5-27 机具安装

显 示	345C	365C/385C	内 容
	机具安装		
AUX PEDAL		X	辅助踏板安装状态
MEDIUM PRES CIRCUIT		X	中压液压回路配置
AUX CIRCUIT		X	辅助液压回路#1配置
JOYSTICK HANDLE		X	操纵手柄配置
MACHINE APPLICATION	X		机器应用配置
ATCH ECM INSTALLATION	X		附件控制器安装状态
FLOW LIMIT VALVE	X		主泵流量限制控制阀安装状态
ATCH VALVE #1	X		附阀#1配置
ATCH VALVE #3	X		附阀#3配置
COMBINER VALVE	X		附阀#1复合器配置
VARIABLE RELIEF #1	X		可变溢流阀#1配置
VARIABLE RELIEF #2	X		可变溢流阀#2配置
TOOL LOAD PRES SENSOR	X		F2型阀负载压力传感器安装状态

（6）控制安装

如图 5-154 所示，进行下列步骤，进入 "CONTROL INST"（控制安装）菜单：

① 主菜单；

② 进入维修菜单；

③ 输入 "SERVICE"（维修）密码；

④ 配置；

⑤ 机具安装。

屏幕显示如图 5-155 所示。

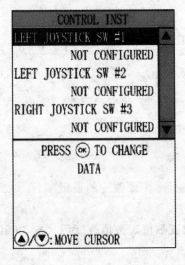

图 5-155 改变设定项目窗口

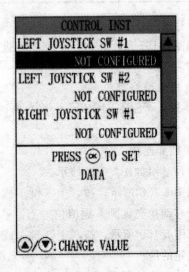

图 5-156 储存设定值窗口

如图 5-155 所示，按"上"键 1 或"下"键 6 加亮显示需要改变的设定项目。按"OK"键 8 来移动加亮区到数据值位置上。

如图 5-156 所示，按"上"键 1 或"下"键 6 来改变数值。数值改变后，按"OK"键 8 储存设定的值。

其他可能的配置列于表 5-28 中。

表 5-28　控制输入安装

显　　示	345C	365C/385C	内　　容
控制输入安装			
LEFT JOYSTICK SW #1	X	X	左操纵杆开关 #1 安装状态
LEFT JOYSTICK SW #2	X	X	左操纵杆开关 #2 安装状态
RIGHT JOYSTICK SW #1	X	X	右操纵杆开关 #1 安装状态
RIGHT JOYSTICK SW #2	X	X	右操纵杆开关 #2 安装状态
ATCH SW #1	X		附件开关 #1 安装状态
ATCH SW #2	X		附件开关 #2 安装状态
ATCH SW #3	X		附件开关 #3 安装状态
ATCH SW #4	X		附件开关 #4 安装状态
LEFT THUMBWHEEL	X	X	左操纵杆安装状态
RIGHT THUMBWHEEL	X	X	右操纵杆安装状态
ATCH LEFT PEDAL	X		左附件踏板安装状态
ATCH RIGHT PEDAL	X		右附件踏板安装状态
JOYSTICK INPUT #1		X	操纵杆输入 #1 配置
JOYSTICK INPUT #2		X	操纵杆输入 #2 配置
JOYSTICK INPUT #3		X	操纵杆输入 #3 配置
JOYSTICK INPUT #4		X	操纵杆输入 #4 配置
AUX PRI FLOW MODE		X	辅助优先流量模式开通

（7）前部连接

如图 5-157 所示，进行下列步骤进入"FRONT LINKAGE"（前部连接）菜单：

① 主菜单；

② 进入维修菜单；

③ 输入"SERVICE"（维修）密码；

④ 配置；

⑤ 前部连接。

屏幕显示如图 5-158 所示。

如图 5-158 所示，按"上"键 1 或"下"键 6 加亮显示需要改变的设定项目。按"OK"键 8 来移动加亮区到数据值位置上。

如图 5-159 所示，按"上"键 1 或"下"键 6 来改变数值。数值改变后，按"OK"键 8 储存设定的值。

其他可能的配置列于表 5-29 中。

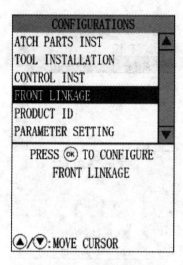

图 5-157　前部连接窗口

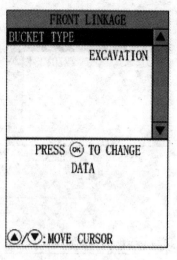

图 5-158　设定项目窗口

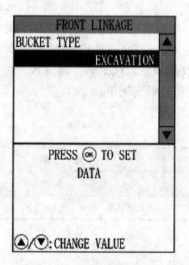

图 5-159　储存设定值窗口

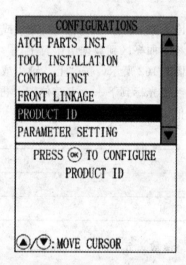

图 5-160　产品 ID 号窗口

表 5-29　前部连接配置

显　　示	345C	365C/385C	内　　容
前部连接配置			
BUCKET TYPE		X	铲斗类型配置

（8）产品 ID 号

如图 5-160 所示，进行下列步骤，进入"PRODUCT ID"（产品 ID 号）菜单：

① 主菜单；

② 进入维修菜单；

③ 输入"SERVICE"（维修）密码；

④ 配置；

⑤ 产品 ID 号。

屏幕显示如图 5-161 所示。

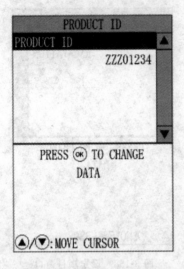

图 5-161　改变设定项目窗口

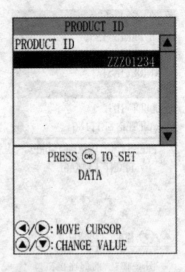

图 5-162　储存设定值窗口

　　如图 5-161 所示，按"上"键 1 或"下"键 6 加亮显示需要改变的设定项目。按"OK"键 8 来移动加亮区到数据值位置上。

　　如图 5-162 所示，按"上"键 1 或"下"键 6 来改变数值。按"右"键 2 或"左"键 5 来移动红色光标到下一个字符位置，再按"OK"键 8 储存设定的值。

　　其他可能的配置列于表 5-30 中。

表 5-30　产品 ID 号

显　　示	345C	365C/385C	内　　容
产品 ID 号			
PRODUCT ID	X	X	产品识别号

5.3.4　参数设定

　　如图 5-163 所示，下列参数设定可通过监控器配置：

- 发动机转速；
- 旋钮扭矩；
- AEC 转速；
- 行走速度换挡压力；
- 过载报警压力；
- 单触式低怠速速度；
- 获取信息/反馈信息；
- 自动润滑系统；
- 超高延伸破碎；
- 反向风扇操作时间；
- 主泵负载初始扭矩。

（1）发动机转速

如图 5-164 所示，进行下列步骤，进入"ENGINE SPEED"（发动机转速）菜单：

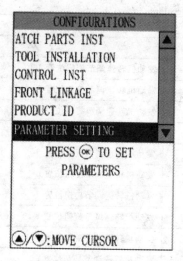

图 5-163　参数设定窗口

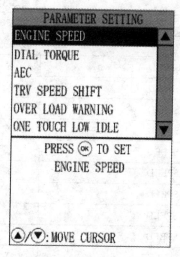

图 5-164　发动机转速窗口

① 主菜单；

② 进入维修菜单；

③ 输入"SERVICE"（维修）密码；

④ 配置；

⑤ 参数设定；

⑥ 发动机转速。

屏幕显示如图 5-165 所示。

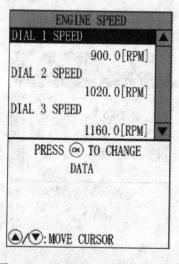

图 5-165　设定项目发动机转速窗口

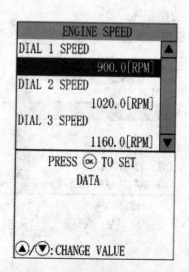

图 5-166　储存设定值窗口

如图 5-165 所示，按"上"键 1 或"下"键 6 加亮显示需要改变的设定项目。按"OK"键 8 来移动加亮区到数值位置上。

如图 5-166 所示，按"上"键 1 或"下"键 6 来改变数值。数值改变后，按"OK"键 8 储存设定的值。

其他可能的配置列于表 5-31 中。

表 5-31   发动机转速调节旋钮

显　　示	345C	365C/385C	内　　容
发动机转速：发动机转速调节旋钮			
DIAL 1 SPEED	X	X	发动机转速调节旋钮位置 1
DIAL 2 SPEED	X	X	发动机转速调节旋钮位置 2
DIAL 3 SPEED	X	X	发动机转速调节旋钮位置 3
DIAL 4 SPEED	X	X	发动机转速调节旋钮位置 4
DIAL 5 SPEED	X	X	发动机转速调节旋钮位置 5
DIAL 6 SPEED	X	X	发动机转速调节旋钮位置 6
DIAL 7 SPEED	X	X	发动机转速调节旋钮位置 7
DIAL 8 SPEED	X	X	发动机转速调节旋钮位置 8
DIAL 9 SPEED	X	X	发动机转速调节旋钮位置 9
DIAL 10 SPEED	X	X	发动机转速调节旋钮位置 10

（2）旋钮扭矩

如图 5-167 所示，进行下列步骤，进入"DIAL TORQUE"（旋钮扭矩）菜单：

① 主菜单；

② 进入维修菜单；

③ 输入"SERVICE"（维修）密码；

④ 配置；

⑤ 参数设定；

⑥ 旋钮扭矩。

屏幕显示如图 5-168 所示。

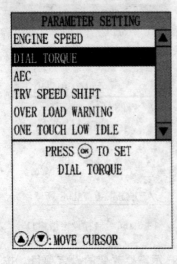

图 5-167   旋钮扭矩窗口

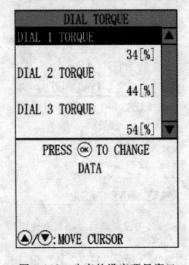

图 5-168   改变的设定项目窗口

如图 5-168 所示，按"上"键 1 或"下"键 6 加亮显示需要改变的设定项目。按"OK"键 8 来移动加亮区到数值位置上。

如图 5-169 所示，按"上"键 1 或"下"键 6 来改变数值。数值改变后，按"OK"键 8

储存设定的值。

其他可能的配置列于表 5-32 中。

表 5-32　液压动力比的调节旋钮

显　　示	345C	365C/385C	内　　容
液压动力比的调节旋钮			
DIAL 1 TORQUE	X	X	液压动力比的调节旋钮位置 1
DIAL 2 TORQUE	X	X	液压动力比的调节旋钮位置 2
DIAL 3 TORQUE	X	X	液压动力比的调节旋钮位置 3
DIAL 4 TORQUE	X	X	液压动力比的调节旋钮位置 4
DIAL 5 TORQUE	X	X	液压动力比的调节旋钮位置 5
DIAL 6 TORQUE	X	X	液压动力比的调节旋钮位置 6
DIAL 7 TORQUE	X	X	液压动力比的调节旋钮位置 7
DIAL 8 TORQUE	X	X	液压动力比的调节旋钮位置 8
DIAL 9 TORQUE	X	X	液压动力比的调节旋钮位置 9
DIAL 10 TORQUE	X	X	液压动力比的调节旋钮位置 10

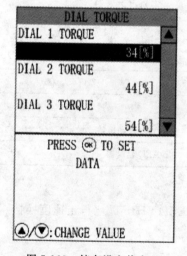

图 5-169　储存设定值窗口

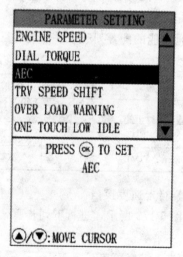

图 5-170　AEC 窗口

（3）AEC 模式

如图 5-170 所示，进行下列步骤，进入"AEC"菜单：

① 主菜单；

② 进入维修菜单；

③ 输入"SERVICE"（维修）密码；

④ 配置；

⑤ 参数设定；

⑥ AEC。

屏幕显示如图 5-171 所示。

如图 5-171 所示，按"上"键 1 或"下"键 6 加亮显示需要改变的设定项目，按"OK"键 8 来移动加亮区到数值位置上。

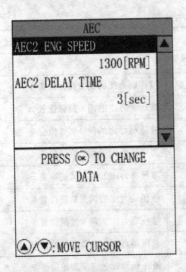

图 5-171　改变设定项目窗口

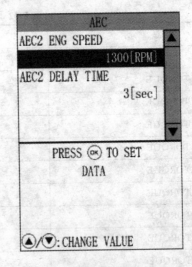

图 5-172　参数设定窗口

如图 5-172 所示，按"上"键 1 或"下"键 6 来改变数值。数值改变后，按"OK"键 8 储存设定的值。

其他可能的配置列于表 5-33 中。

表 5-33　AEC 模式设定

显　　示	345C	365C/385C	内　　容
AEC 模式设定			
AEC2 ENG SPEED	X	X	AEC 发动机转速设定
AEC2 DELAY TIME	X	X	AEC 延时器

（4）行走速度换挡

如图 5-173 所示，进行下列步骤，进入"TRV SPEED SHIFT"（行走速度换挡）菜单：

① 主菜单；

② 进入维修菜单；

③ 输入"SERVICE"（维修）密码；

④ 配置；

⑤ 参数设定；

⑥ 行走速度转换。

屏幕显示如图 5-174 所示。

如图 5-174 所示，按"上"键 1 或"下"键 6 加亮显示需要改变的设定项目。按"OK"键 8 来移动加亮区到数值位置上。

如图 5-175 所示，按"上"键 1 或"下"键 6 来改变数值。数值改变后，按"OK"键 8 储存设定的值。

其他可能的配置列于表 5-34 中。

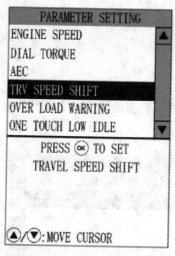

图 5-173 行走速度换挡窗口

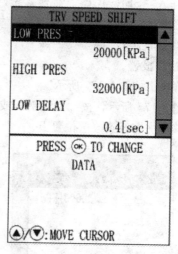

图 5-174 参数设定窗口

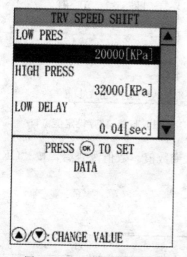

图 5-175 储存设定值窗口

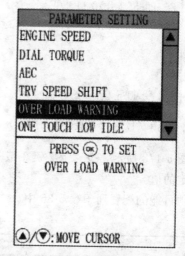

图 5-176 过载报警窗口

表 5-34 行走速度换挡

显 示	345C	365C/385C	内 容
行走速度换挡			
LOW PRES	X		行走低速换挡压力
HIGH PRES	X		行走高速转换压力
LOW DELAY	X		行走低速换挡延时
HIGH DELAY	X		行走高速换挡延时

（5）过载报警

如图 5-176 所示，进行下列步骤，进入"OVER LOAD WARNING"（过载报警）菜单：

① 主菜单；

② 进入维修菜单；

③ 输入 "SERVICE"（维修）密码；

④ 配置；

⑤ 参数设定；

⑥ 过载报警。

屏幕显示如图 5-177 所示。

如图 5-177 所示，按 "上" 键 1 或 "下" 键 6 加亮显示需要改变的设定项目。按 "OK" 键 8 来移动加亮区到数值位置上。

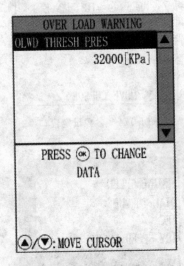

图 5-177　参数设定窗口

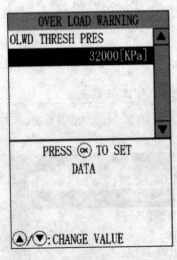

图 5-178　储存设定值窗口

如图 5-178 所示，按 "上" 键 1 或 "下" 键 6 来改变数值。数值改变后，按 "OK" 键 8 储存设定的值。

其他可能的配置列于表 5-35 中。

表 5-35　机器过载

显　　示	345C	365C/385C	内　　容
过载报警:机器过载			
OLWD THRESH PRES	X	X	机器过载压力限定值

（6）单触式低怠速

如图 5-179 所示，进行下列步骤，进入 "ONE TOUCH LOW IDLE"（单触式低怠速）菜单：

① 主菜单；

② 进入维修菜单；

③ 输入 "SERVICE"（维修）密码；

④ 配置；

⑤ 参数设定；

⑥ 单触式低怠速。

屏幕显示如图 5-180 所示。

如图 5-180 所示，按 "上" 键 1 或 "下" 键 6 加亮显示需要改变的设定项目。按 "OK" 键 8 来移动加亮区到数值位置上。

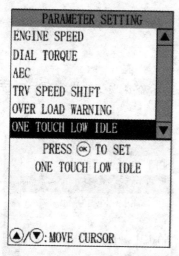

图 5-179　单触式低怠速窗口

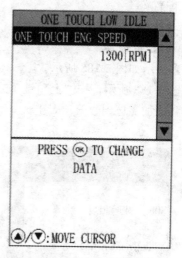

图 5-180　参数设定窗口

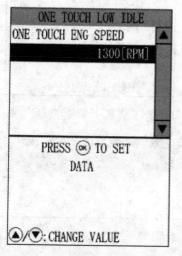

图 5-181　储存设定值窗口

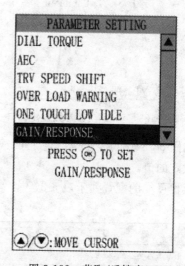

图 5-182　获取/反馈窗口

如图 5-181 所示，按"上"键 1 或"下"键 6 来改变数值。数值改变后，按"OK"键 8 储存设定的值。

其他可能的配置列于表 5-36 中。

表 5-36　单触式低怠速发动机转速

显　　　示	345C	365C/385C	内　　　容
单触式低怠速:单触式低怠速发动机转速			
ONE TOUCH ENG SPEED	X	X	单触式发动机转速设定

(7) 获取/反馈信息

如图 5-182 所示，进行下列步骤，进入"GAIN/RESPONSE"（获取/反馈）菜单：

① 主菜单；

② 进入维修菜单；

③ 输入"SERVICE"（维修）密码；

④ 配置；

⑤ 参数设定；

⑥ 获取/反馈。

屏幕显示如图 5-183 所示。

如图 5-183 所示，按"上"键 1 或"下"键 6 加亮显示需要改变的设定项目。按"OK"键 8 来移动加亮区到数值位置上。

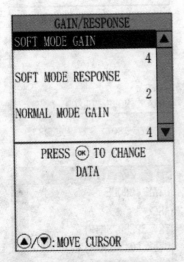

图 5-183　获取/反馈参数设定窗口

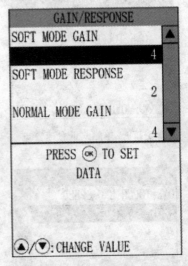

图 5-184　获取/反馈储存设定值窗口

如图 5-184 所示，按"上"键 1 或"下"键 6 来改变数值。数值改变后，按"OK"键 8 储存设定的值。

其他可能的配置列于表 5-37 中。

表 5-37　获取/反馈设定

显　示	345C	365C/385C	内　容
获取/反馈设定			
SOFT MODE GAIN		X	软件模式获取设定
SOFT MODE RESPONSE		X	软件模式反馈设定
NORMAL MODE GAIN		X	正常模式获取设定
NORMAL MODE RESPONSE		X	正常模式反馈设定
QUICK MODE GAIN		X	快速模式获取设定
QUICK MODE RESPONSE		X	快速模式反馈设定

（8）自动润滑系统

如图 5-185 所示，进行下列步骤，进入"AUTO LUB SYSTEM"（自动润滑系统）菜单：

① 主菜单；

② 进入维修菜单；

③ 输入"SERVICE"（维修）密码；

④ 配置；

⑤ 参数设定；

⑥ 自动润滑系统。

屏幕显示如图 5-186 所示。

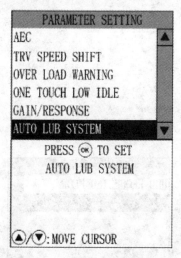

图 5-185　自动润滑系统窗口

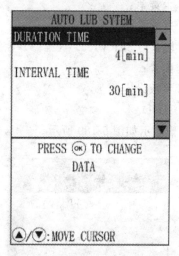

图 5-186　润滑系统参数设定窗口

　　如图 5-186 所示，按"上"键 1 或"下"键 6 加亮显示需要改变的设定项目。按"OK"键 8 来移动加亮区到数值位置上。

　　如图 5-187 所示，按"上"键 1 或"下"键 6 来改变数值。数值改变后，按"OK"键 8 储存设定的值。

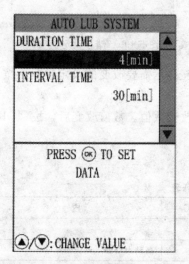

图 5-187　润滑系统储存设定值窗口

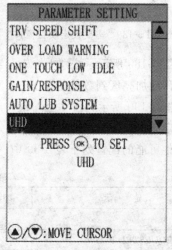

图 5-188　进入 UHD 窗口

其他可能的配置列于表 5-38 中。

表 5-38　自动润滑系统设定

显　　示	345C	365C/385C	内　　容
自动润滑系统:自动润滑系统设定			
DURATION TIME		X	自动润滑持续时间
INTERVAL TIME		X	自动润滑间隔时间

（9）超高延伸破碎（UHD）

如图 5-188 所示，进行下列步骤，进入"UHD"菜单：

① 主菜单；

② 进入维修菜单；

③ 输入"SERVICE"（维修）密码；

④ 配置；

⑤ 参数设定；

⑥ UHD。

屏幕显示如图 5-189 所示。

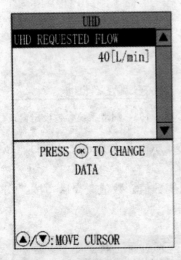

图 5-189　需要设定项目窗口

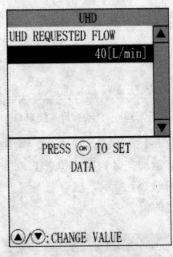

图 5-190　储存设定值窗口

如图 5-189 所示，按"上"键 1 或"下"键 6 加亮显示需要改变的设定项目。按"OK"键 8 来移动加亮区到数值位置上。

如图 5-190 所示，按"上"键 1 或"下"键 6 来改变数值。数值改变后，按"OK"键 8 储存设定的值。

其他可能的配置列于表 5-39 中。

表 5-39　UHD 配置列表

显　示	345C	365C/385C	内　容
UHD:超高延伸破碎			
UHD REQUESTED FLOW		X	高动力辅助电路流量率

（10）反向风扇

如图 5-191 所示，进行下列步骤，进入"REVERSE FAN"（反向风扇）菜单：

① 主菜单；

② 进入维修菜单；

③ 输入"SERVICE"（维修）密码；

④ 配置；

⑤ 参数设定；

⑥ 反向风扇。

屏幕显示如图 5-192 所示。

如图 5-192 所示，按"上"键 1 或"下"键 6 加亮显示需要改变的设定项目。按"OK"键 8 来移动加亮区到数值位置上。

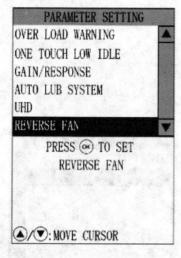

图 5-191　反向风扇窗口

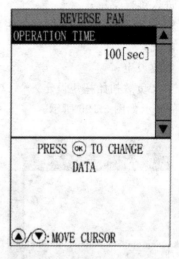

图 5-192　设定项目数值窗口

如图 5-193 所示，按"上"键 1 或"下"键 6 来改变数值。数值改变后，按"OK"键 8 储存设定的值。

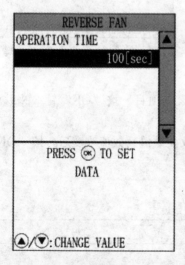

图 5-193　储存设定

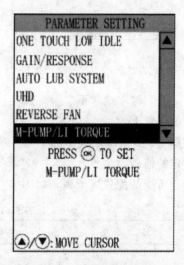

图 5-194　主泵负载屏幕

其他可能的配置列于表 5-40 中。

表 5-40　发动机风扇反向功能设定

显　　示	345C	365C/385C	内　　容
反向风扇:发动机风扇反向功能设定			
OPERATION TIME	X	X	发动机风扇反向运行时间

（11）主泵负载初始扭矩

如图 5-194 所示，进行下列步骤，进入 "M-PUMP/LI TORQUE"（主泵负载初始扭矩）菜单：

① 主菜单；

② 进入维修菜单；

③ 输入 "SERVICE"（维修）密码；

④ 配置；

⑤ 参数设定；

⑥ 主泵负载初始扭矩设定。

屏幕显示如图 5-195 所示。

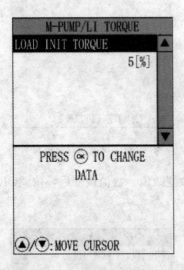
图 5-195　主泵负载初始扭矩窗口

图 5-196　设定项目窗口

按 "上" 键 1 或 "下" 键 6 加亮显示需要改变的设定项目。按 "OK" 键 8 来移动加亮区到数值位置上。

如图 5-196 所示，按 "上" 键 1 或 "下" 键 6 来改变数值。数值改变后，按 "OK" 键 8 储存设定的值。

其他可能的配置列于表 5-41 中。

表 5-41　主泵负载初始扭矩设定

显　　示	345C	365C/385C	内　　容
主泵负载初始扭矩设定			
LOAD INIT TORQUE	X		主泵负载初始扭矩

5.3.5　机具程序模式

"TOOL PROGRAM"（机具程序模式）菜单允许用户改变所选机具的设定。图 5-197 所示为机具程序模式按键。

如图 5-198 所示，在 "SERVICE"（维修）菜单下，按 "上" 键 1 或 "下" 键 6 直到 "TOOL PROGRAM"（机具程序模式）加亮显示，然后按 "OK" 键 8 确认。

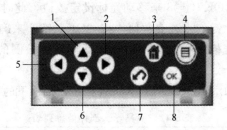

图 5-197　机具程序模式按键

1—"上"键；2—"右"键；3—"起始"键；4—"主菜单"键；5—"左"键；

6—"下"键；7—"取消"键或"后退"键；8—"OK"键

图 5-198　机具程序模式窗口

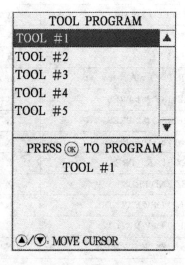

图 5-199　机具程序

　　按"上"键 1 或"下"键 6 直到所需的机具被加亮显示，按"OK"键 8 进入所选择机具的程序，屏幕将显示如图 5-199 所示。

　　如图 5-200 所示，按"上"键 1 或"下"键 6 来加亮显示需要改变的项目。

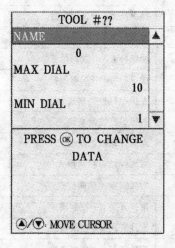

图 5-200　改变项目窗口

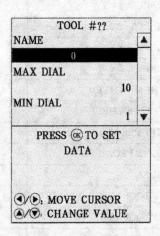

图 5-201　设定数值窗口

如图 5-201 所示，按"OK"键 8 来移动光标设定数值，此时数值将被加亮显示。

按"上"键 1 或"下"键 6 来改变数值。按"OK"键 8 来确认数值。

注意：显示项目将随着模式的改变而变化，表 5-42 中检测的项目并不一定代表机器目前配置。

表 5-42 所示为"TOOL PROGRAM"（机具程序）菜单下的零、部件信息列表。

表 5-42　机具零、部件信息列表

显　示	345C	365C/385C	内　容
NAME	X	X	机具程序名称
MAX DIAL	X	X	机具最大调节旋钮位置
MIN DIAL	X		机具最小调节旋钮位置
UNDERSPEED ENABLE	X		机具速度不足启动
COMBINER ENABLE	X		两泵合流启动
WARNING TEMP	X		液压温度过高报警设定
ONE OR TWO WAY	X		1 联/2 联阀模式
VAR RELIEF #1 PRES	X		变量溢流阀#1 压力
VAR RELIEF #2 PRES	X		变量溢流阀#2 压力
F2 DERATE MAX PRES	X		F2 型阀最大下降控制压力
F2 SQEZ START PRES	X		F2 型阀启动压力下降
F2 SQEZ END PRES	X		F2 型阀关闭压力下降
F2 MULTI OPE EXTND	X		复合附阀最大伸展先导压力
F2 MULTI OPE RETCT	X		复合附阀最大缩回先导压力
MOD L JOYSTK SW #1	X	X	左操纵杆开关#1 控制模式
MOD L JOYSTK SW #2		X	左操纵杆开关#2 控制模式
MOD R JOYSTK SW #1	X	X	右操纵杆开关#1 控制模式
MOD R JOYSTK SW #2	X	X	右操纵杆开关#2 控制模式
JOYSTK INPUT #1 (PR)		X	操纵杆#1 比例阀配置
JOYSTK INPUT #4 (PR)		X	操纵杆#4 比例阀配置
JOYSTK INPUT #1			操纵杆#1 开关阀配置
JOYSTK INPUT #2		X	操纵杆#2 开关阀配置
JOYSTK INPUT #3		X	操纵杆#3 开关阀配置
JOYSTK INPUT #4		X	操纵杆#4 开关阀配置
MOD L THUMBWHEEL	X	X	左操纵杆控制模式
MOD R THUMBWHEEL	X	X	右操纵杆控制模式
ATCH LEFT PEDAL	X		左附件踏板控制模式
ATCH RIGHT PEDAL	X		右附件踏板控制模式
ATCH PEDAL		X	附属踏板比例阀配置
ATCH #1 TOOL SW	X		附件开关#1 控制模式
ATCH #2 TOOL SW	X		附件开关#2 控制模式
ATCH #3 TOOL SW	X		附件开关#3 控制模式

显　　示	345C	365C/385C	内　　容
ATCH ♯4 TOOL SW	X		附件开关♯4控制模式
ATCH VALVE MODE		X	附阀♯1模式
ATCH MAX EXT FLOW		X	附阀♯1最大伸展流量
ATCH EXT OPEN RATE		X	附阀♯1伸展打开程度
ATCH EXT CLOSE RATE		X	附阀♯1伸展关闭程度
ATCH MAX RET FLOW		X	附阀♯1最大缩回流量率
ATCH RET OPEN RATE		X	附阀♯1缩回打开程度
ATCH RET CLOSE RATE		X	附阀♯1缩回关闭程度
PRI MIN EXT FLOW		X	附阀最小伸展流量
PRI EXT RED PRES		X	伸展流量减压
PRI EXT RELIEF PRES		X	增加溢流压力
PRI MIN RET FLOW		X	附阀最小缩回流量
PRI RET RED PRES		X	缩回流量减压
PRI RET RELIEF PRES		X	增加溢流压力
MED C1-A MAX SOL		X	中压电路♯1-A最大电磁流
MED C1-A MIN SOL		X	中压电路♯1-A最小电磁流
MED C1-A OPEN RATE		X	中压电路♯1-A打开程度
MED C1-A CLOSE RATE		X	中压电路♯1-A关闭程度
MED C1-B MAX SOL		X	中压电路♯1-B最大电磁流量
MED C1-B MIN SOL		X	中压电路♯1-B最小电磁流量
MED C1-B OPEN RATE		X	中压电路♯1-B打开程度
MED C1-B CLOSE RATE		X	中压电路♯1-B关闭程度
INIT PUMP POWER RED	X	X	中压电路主泵动力下降(初始设置)
TOTAL PUMP POW RED	X	X	中压电路主泵动力下降(整体)
A1 FLOW	X		附阀♯1流量设定
A1 MULTI ADD FLOW	X		附阀♯1复合操作额外流量
A1 NOMINAL PRES	X		附阀♯1额定压力
A1 OPEN TIME	X		附阀♯1打开时间
A1 CLOSE TIME	X		附阀♯1关闭时间
A1 EXTEND MAX PRES	X		附阀♯1最大伸展压力
A1 RETCT MAX PRES	X		附阀♯1最大缩回压力
A2 FLOW			附阀♯2流量设定
A2 MUTLI ADD FLOW			附阀♯2复合操作额外流量
A2 NOMINAL PRES			附阀♯2额定压力
A2 OPEN TIME			附阀♯2打开时间
A2 CLOSE TIME			附阀♯2关闭时间
A2 EXTEND MAX PRES			附阀♯2最大伸展压力

显　示	345C	365C/385C	内　容
A2 RETCT MAX PRES			附阀#2 最大缩回压力
A3 FLOW	X		附阀#3 流量设定
A3 MULTI ADD FLOW	X		附阀#3 复合操作额外流量
A3 NOMINAL PRES	X		附阀#3 额定压力
A3 OPEN TIME	X		附阀#3 打开时间
A3 CLOSE TIME	X		附阀#3 关闭时间
A3 EXTEND MAX PRES	X		附阀#3 最大伸展压力
A3 RETCT MAX PRES	X		附阀#3 最大缩回压力
A4 FLOW			附阀#4 流量设定
A4 MULTI ADD FLOW			附阀#4 复合操作额外压力
A4 NOMINAL PRES			附阀#4 额定压力
A4 OPEN TIME			附阀#4 打开时间
A4 CLOSE TIME			附阀#4 关闭时间
A4 EXTEND MAX PRES			附阀#4 最大伸展压力
A4 RETCT MAX PRES			附阀#4 最大缩回压力

第6章 C-9柴油机电控系统故障诊断与排除

6.1 故障诊断代码的规定及应用

6.1.1 故障代码和事件故障代码

故障代码告诉操作者已发现故障,并向维修人员指出故障性质。当电控模块检测到柴油机故障时,电控模块便会产生故障代码。可在ET或各种电子显示器上查看故障代码。故障代码分为两种:故障代码和事件故障代码。

6.1.1.1 故障代码

故障代码简称故障码,用于指示电控模块检测到的电气或电子故障。使用诊断启动开关可获得故障代码。

故障代码由模块识别码(MID)、部件鉴别码(CID)和故障模式识别码(FMI)组成。

(1)模块识别码(MID)

MID由2位或3位数组成,它表明产生故障代码的电子模块。由于产生故障代码的电子模块是明显的,因此某些电子显示器不显示MID。模块识别码说明见表6-1。

表6-1 模块识别码说明

MID	说　明
30	CAT监控系统
36	电控模块(ECM)

(2)部件鉴别码(CID)

CID由3位或4位数字组成,CID显示出代码是由哪个部件产生的,如数字17表示断油阀。

(3)故障模式识别码(FMI)

FMI是一组2位数代码,它指示出故障类型。故障模式识别码一览表见表6-2。

表6-2 故障模式识别码一览表

FMI	说　明	FMI	说　明
00	数据是当前的,但却超过运行正常范围	08	频率、脉冲宽度或周期不正常
01	数据是当前的,但却低于运行正常范围	09	有异常更新
02	数据不稳定、断断续续或不正确	10	有异常更换率
03	电压高于正常值或/和高压短路	11	无法辨识故障模式
04	电压低于正常值或/和低压短路	12	设备或部件故障
05	电流低于正常值或电路断路	13	设备或部件校准不正确
06	电流高于正常值或电路接地	14~31	保留
07	机械系统回应不正常		

6.1.1.2 事件故障代码

事件故障代码用于指示电控模块检测到柴油机或挖掘机内有操作问题，不代表有电子故障。这些代码通常表明是机械故障，而不是电控系统故障。事件故障代码是在测试到柴油机工作状态反常时产生的，如当机油压力太低时就会产生事件故障代码。事件故障代码表示有一个故障征兆。ECM 记录下来的事件通常是一个机械故障，而不是电控系统故障。

柴油机的一般参数是可程控的，但对于某些参数，如柴油机报警、柴油机减载运行和柴油机停车参数是非程控的。

可用 ET 启动这些参数。在启动这些参数后，将在显示模块上进行显示，事件将被记录在 ECM 中。在未启动这些参数时，在显示模块上将不进行显示，但事件被记录在 ECM 中。

6.1.2 诊断常用名词解释

（1）电子维修工具（ET）

ET 是一种卡特挖掘机专用的维修工具或是一套用于个人计算机的卡特挖掘机专用维修软件程序。

ET 可用来查看或更改某些影响柴油机运行的参数，这些参数储存在 ECM 中，但并不在个性化模块中。某些参数受到密码保护，以防止未授权更改。ET 也可用来查看故障代码、事件故障代码、发动机结构。

还可以使用 ET 进行诊断测试、传感器校准、闪示编程和参数设置。

（2）诊断灯

诊断灯有时也称为柴油机检查灯/指示灯，诊断灯用来提醒操作者故障代码存在与否。

（3）故障代码

诊断代码也称为故障代码，这些代码指出电子控制系统的工作故障。故障代码有两种：当前故障代码和历史故障代码。

① 当前故障代码。当前故障代码表示检查出一个当前故障，应尽快排除故障。在检修历史故障代码之前，始终使用当前故障代码。

② 历史故障代码。有历史故障代码并不表示一定要进行修理，这个故障也许是暂时的。也许在记录该代码后，已经解决了问题。如果系统有动力供给，不论何时，只要部件断开了，就可能产生一个自行故障代码。在重新连接部件时，该代码不再生效。历史故障代码对间歇性故障的诊断和排除是有用的。历史故障代码也可用于评估柴油机和电子控制系统的性能。每个产生的代码都储存在 ECM 的固定存储器中。在产生代码时，ECM 将记录以下内容：

a. 代码首次出现的时间；

b. 代码最后出现的时间；

c. 代码出现的次数。

这些内容是诊断和排除间歇性故障的依据。如果在 100h 内没有重复出现的代码记录，任何故障代码就将自动取消。反复记录下来的故障代码可能表示有一个故障。

（4）故障模式识别码（FMI）

该识别码表明部件上已发生的故障类型。

（5）程序可控参数

可用电子维修工具（ET）来改变影响柴油机工作的某些参数，这些参数储存在电控模块（ECM）中，有密码保护，防止未授权更改。这些参数是系统结构参数。

（6）工厂密码

工厂密码是一组数字或者是一组专门用来限制参数存取的字母/数字，只有卡特代理商用的电脑系统才能计算工厂密码。由于工厂密码中含有英文字母，因此只能用 ET 修改系统结构参数。系统结构参数会影响额定功率或排放。

需用密码来执行下列功能。

① 调定新的 ECM。更换 ECM 时，必须将系统结构参数编入新的 ECM 中。第一次调定新的 ECM 参数时不使用工厂密码，之后某些参数就受到工厂密码的保护。

② 清除事件故障代码。大部分事件故障代码一旦被记录下来，就必须使用密码来清除。只有在确定问题已经解决后才能清除这些代码。

③ 解除参数。一旦参数被锁定，就需要使用密码来解除这些参数。

（7）ATA 数据自动传输器

ATA 数据自动传输器是两个导线的连接器，用来与其他微处理机等设备进行通信。ATA 数据自动传输器在卡特挖掘机上最广泛的应用是闪示编程。

（8）CDL 数据自动传输器

CDL 数据自动传输器是一个串行通信端口，用来与其他微处理机进行通信。

（9）闪示（烁）代码（FC）

闪示代码是在诊断灯上闪烁的专用的 CAT 代码序号，这些闪示代码表明电子控制系统的故障或由 ECM 检查出来的事件。

（10）闪示编程

闪示编程指用 ET 在数据自动传输器上对 ECM 进行编程或更新，而不是指更换部件，它是在 ECM 中的一种编程方法或者是一种更新个性化模块的方法。可用 ET 将新的个性化模块闪示到 ECM 中，通过将数据从 PC 转移到 ECM 来完成闪示编程。

（11）个性化模块

个性化模块附置在 ECM 内侧，该模块包括 ECM 的所有指令（软件）及特定功率系列的性能曲线图。可通过闪示编程对个性化模块重新编程。

（12）CAT 柴油机监控器

CAT 柴油机监控器是一个监控传感器的柴油机电子控制部件，它就测试出的问题向操作者提出警告。

（13）CAT 监控系统

CAT 监控系统是一个模块式电子显示系统，它通过数据自动传输器和电控模块进行通信。电子显示器可用于显示来自电子控制系统的故障代码。

（14）部件别码（CID）

CID 是具有故障代码的电子控制系统的特定零、部件的鉴别号码。

（15）通信适配器

通信适配器在电子控制模块和 ET 之间提供一个通信线路。

（16）控制区网络（CAN）数据自动传输器

CAN 数据自动传输器是一个串行通信端口，它用来与其他微处理机进行通信。

6.1.3　故障代码诊断

（1）故障代码 0001-11：1 缸喷油器故障

① 主要故障现象

a. 柴油机个别缸不着火。

b. 柴油机功率低。

② 故障原因

a. 1 缸喷油器电磁线圈导线断路、短路。

b. 1 缸喷油器电磁线圈内部断路、短路。

③ 系统反应　ECM 会记录故障代码，可在显示模块或 ET 上查看故障代码。如果故障代码产生的原因是共用线路短路或断路，那么有两个气缸会受到影响，因为它们用同一条导线接到喷油器上。

（2）故障代码 0002-11：2 缸喷油器故障

① 主要故障现象

a. 柴油机个别缸不着火。

b. 柴油机功率低。

② 故障原因

a. 2 缸喷油器电磁线圈导线断路、短路。

b. 2 缸喷油器电磁线圈内部断路、短路。

③ 系统反应　ECM 会记录故障代码，可在显示模块或 ET 上查看故障代码。如果故障代码产生的原因是共用线路短路或断路，那么有两个气缸会受到影响，因为它们用同一条导线接到喷油器上。

（3）故障代码 0003-11：3 缸喷油器故障

① 主要故障现象

a. 柴油机个别缸不着火。

b. 柴油机功率低。

② 故障原因

a. 3 缸喷油器电磁线圈导线断路、短路。

b. 3 缸喷油器电磁线圈内部断路、短路。

③ 系统反应　ECM 会记录故障代码，可在显示模块或 ET 上查看故障代码。如果故障代码产生的原因是共用线路短路或断路，那么有两个气缸会受到影响，因为它们用同一条导线接到喷油器上。

（4）故障代码 0004-11：4 缸喷油器故障

① 主要故障现象

a. 柴油机个别缸不着火。

b. 柴油机功率低。

② 故障原因

a. 4 缸喷油器电磁线圈导线断路、短路。

b. 4 缸喷油器电磁线圈内部断路、短路。

③ 系统反应　ECM 会记录故障代码，可在显示模块或 ET 上查看故障代码。如果故障代码产生的原因是共用线路短路或断路，那么有两个气缸会受到影响，因为它们用同一条导线接到喷油器上。

（5）故障代码 0005-11：5 缸喷油器故障

① 主要故障现象

a. 柴油机个别缸不着火。

b. 柴油机功率低。

② 故障原因

a. 5 缸喷油器电磁线圈导线断路、短路。

b. 5 缸喷油器电磁线圈内部断路、短路。

③ 系统反应　ECM 会记录故障代码，可在显示模块或 ET 上查看故障代码。如果故障代码产生的原因是共用线路短路或断路，那么有两个气缸会受到影响，因为它们用同一条导线接到喷油器上。

（6）故障代码 0006-11：6 缸喷油器故障

① 主要故障现象

a. 柴油机个别缸不着火。

b. 柴油机功率低。

② 故障原因

a. 6 缸喷油器电磁线圈导线断路、短路。

b. 6 缸喷油器电磁线圈内部断路、短路。

③ 系统反应　ECM 会记录故障代码，可在显示模块或 ET 上查看故障代码。如果故障代码产生的原因是共用线路短路或断路，那么有两个气缸会受到影响，因为它们用同一条导线接到喷油器上。

（7）故障代码 0041-03：8V 直流电源和蓄电池正极短路

① 主要故障现象　如果电压明显低于 8V，就会对柴油机产生显著影响，柴油机会被限制为低怠速状态。

② 故障原因　ECM 检测到 ECM 充电超过 1s 或 ECM 读出信号电压高于 8.45V 持续 1s。

③ 系统反应　ECM 将记录下故障代码，可在显示模块或 ET 上查看故障代码。ECM 将所有数字传感器数据标示为无效数据，并且所有数字传感器数据都设置成默认数值。

（8）故障代码 0041-04：8V 直流电源和接地短路

① 主要故障现象　如果电压明显低于 8V，就会对柴油机产生显著影响，柴油机会被限制为低怠速状态。

② 故障原因　ECM 检测到 ECM 充电超过 1s 或 ECM 读出信号电压高于 8.45V 持续 1s。

③ 系统反应　ECM 将记录下故障代码，可在显示模块或 ET 上查看故障代码。ECM 将所有数字传感器数据标示为无效数据，并且所有数字传感器数据都设置成默认数值。

（9）故障代码 0042-11：喷油驱动压力控制阀断路/短路

① 主要故障现象

a. 如果喷油驱动压力控制阀信号线路接地短路，柴油机就会停止运转。

b. 柴油机持续运转，但柴油机怠速不稳定。

② 故障原因　ECM 检测到下述情况之一：

a. 喷油驱动压力控制阀断路；

b. 接地短路；

c. 接到蓄电池正极线路短路；

d. 在柴油机运行时，跨越电磁线圈短路。

③ 系统反应　ECM 将记录故障代码，可在显示模块或 ET 上查看故障代码。

ECM 将喷油驱动压力控制阀依次打开和关闭。柴油机运转时，ECM 在 1s 内将喷油驱动压力控制阀开闭数次。

(10) 故障代码 0091-08：油门位置信号反常

① 主要故障现象　必须使用备用油门开关来设置柴油机转速。

② 故障原因　ECM 检测到油门信号频率大于 2000Hz 或小于 150Hz 的时间达 2s。

③ 系统反应　ECM 将记录故障代码，可在显示模块或 ET 上查看故障代码。ECM 将油门位置作为无效数据加以标记。

在出现下列情况之一前，将近期柴油机转速保持为所需的柴油机转速。

a. ECM 从备用油门开关上接收不同柴油机转速信号。

b. 来自油门开关的信号开始生效并保持 2s 以上。

(11) 故障代码 0094-03：燃油压力传感器和蓄电池正极断路/短路

① 主要故障现象　柴油机停机或不运转。

② 故障原因　ECM 检测到下面所有情况：

a. ECM 读取高于 4.8V 的信号电压持续 8s；

b. 对 ECM 的供电至少已有 2s；

c. 5V 传感器供电线路和蓄电池正极短路故障代码 0262-03 当前不存在；

d. 5V 传感器供电线路和接地短路故障代码 0262-04 当前不存在；

e. 柴油机不运转或柴油机至少已持续运转了 3min。

③ 系统反应　ECM 将记录故障代码，可在显示模块或 ET 上查看故障代码。ECM 将燃油压力作为无效数据进行标记，并采用 600kPa 的压力作为默认值。

(12) 故障代码 0094-04：燃油压力传感器接地短路

① 主要故障现象　柴油机停机或不运转。

② 故障原因　ECM 检测到下面所有情况：

a. ECM 读取高于 4.8V 的信号电压持续 8s；

b. 对 ECM 的供电至少已有 2s；

c. 5V 传感器供电线路和蓄电池正极短路故障代码 0262-03 当前不存在；

d. 5V 传感器供电线路和接地短路故障代码 0262-04 当前不存在；

e. 柴油机不运转或柴油机至少已持续运转了 3min。

③ 系统反应　ECM 将记录故障代码，可在显示模块或 ET 上查看故障代码。ECM 将燃油压力作为无效数据进行标记，并采用 600kPa 的压力作为默认值。

(13) 故障代码 0100-03：机油压力传感器和蓄电池正极断路/短路

① 主要故障现象

a. 柴油机低功率运转。

b. 柴油机转速降低。

② 故障原因　ECM 检测到下面所有情况：

a. ECM 读取高于 4.8V 的信号电压持续 8s；

b. 对 ECM 的供电至少已有 2s；

c. 5V 传感器供电线路和蓄电池正极短路故障代码 0262-03 当前不存在；

d. 5V 传感器供电线路和接地短路故障代码 0262-04 当前不存在；

e. 柴油机不运转。

③ 系统反应　ECM 将记录故障代码，可在显示模块或 ET 上查看故障代码。ECM 将机油压力作为无效数据进行标记，并采用 600kPa 的压力作为默认值。

（14）故障代码 0100-04：机油压力传感器接地短路

① 主要故障现象

a. 柴油机低功率运转。

b. 柴油机转速降低。

② 故障原因　ECM 检测到下面所有情况：

a. ECM 读取高于 0.2V 的信号电压持续 18s；

b. 对 ECM 的供电至少已有 2s；

c. 5V 传感器供电线路和蓄电池正极短路故障代码 0262-03 当前不存在；

d. 5V 传感器供电线路和接地短路故障代码 0262-04 当前不存在；

e. 柴油机不运转。

③ 系统反应　ECM 将记录故障代码，可在显示模块或 ET 上查看故障代码。ECM 将机油压力作为无效数据进行标记，并采用 600kPa 的压力作为默认值。

（15）故障代码 0110-03：冷却液温度传感器和蓄电池正极断路/短路

① 主要故障现象

a. 柴油机不会进入冷模式。

b. 柴油机不着火。

c. 柴油机低功率运转。

d. 柴油机转速降低。

② 故障原因　ECM 检测到下列所有情况：

a. ECM 读取 4.92V 以上的信号电压持续 8s；

b. 对 ECM 的供电至少已有 2s。

③ 系统反应　ECM 将记录故障代码，可在显示模块或 ET 上查看故障代码。ECM 将冷却液温度作为无效数据进行标记并采用 90℃ 的温度作为默认值。

（16）故障代码 0110-04：冷却液温度传感器接地短路

① 主要故障现象

a. 柴油机不着火。

b. 柴油机低功率运转。

c. 柴油机转速降低。

② 故障原因　ECM 检测到下列所有情况：

a. ECM 读取 0.2V 以下的信号电压持续 8s。

b. 对 ECM 的供电至少已有 2s。

③ 系统反应　BCM 将记录故障代码，可在显示模块或 ET 上查看故障代码。ECM 将冷却液温度作为无效数据进行标记，并采用 90℃ 的温度作为默认值。当故障代码为当前故障代码时，柴油机不会进入冷模式。

（17）故障代码 0164-00：喷油驱动压力过高

① 主要故障现象　柴油机低功率运转。

② 故障原因　ECM 检测到下列所有情况：

a. 实际的喷油驱动压力超过 26.5MPa 至少 6s；

b. 5V 传感器供电线路和蓄电池正极短路故障代码 0262-03 当前不存在；

c. 5V 传感器供电线路和接地短路故障代码 0262-04 当前不存在；

d. 喷油驱动压力传感器和蓄电池正极断路/短路故障代码 0164-03 当前不存在；

e. 喷油驱动压力传感器和接地短路故障代码 0164-04 当前不存在；

f. 对 ECM 的供电至少已有 2s；

g. 冷模式当前不存在。

③ 系统反应　ECM 将记录故障代码，可在显示模块或 ET 上查看故障代码。ET 上的"喷油器驱动电流"会变为 0%。

(18) 故障代码 0164-02：喷油驱动压力传感器信号消失

① 主要故障现象　柴油机低功率运转。

② 故障原因　ECM 检测到下列情况之一；

a. 柴油机关闭后，实际的喷油驱动压力仍超过 3MPa 至少 3s；

b. 实际的喷油驱动压力与所需的喷射驱动压力之间的差值超过 2MPa 至少 10s；

c. 喷油驱动压力的改变和通往控制阀电流的改变不一致。

③ 系统反应　ECM 将记录故障代码，可在显示模块或 ET 上查看故障代码。ET 上的"喷油驱动压力"状态默认值设置为 17.5MPa。

(19) 故障代码 0164-03：喷油驱动压力传感器和蓄电池正极断路/短路

① 主要故障现象

a. 柴油机低功率运转。

b. 柴油机怠速运转不良。

② 故障原因　ECM 检测到下列所有情况：

a. 喷油驱动压力传感器的信号电压超过 4.96V 至少 0.6s；

b. 5V 传感器供电线路和蓄电池正极短路故障代码 0262-03 当前不存在；

c. 5V 传感器供电线路和接地短路故障代码 0262-04 当前不存在；

d. 对 ECM 的供电至少已有 2s；

e. 冷模式当前不存在。

③ 系统反应　ECM 将记录故障代码，可在显示模块或 ET 上查看故障代码。ECM 将喷油驱动压力作为无效数据进行标记，并采用 17.5MPa 的压力作为默认值。ECM 会将喷油驱动压力控制阀的电流设置为固定值。

(20) 故障代码 0164-04：喷油驱动压力传感器和接地短路

① 主要故障现象

a. 柴油机低功率运转。

b. 柴油机怠速运转不良。

② 故障原因　ECM 检测到下列所有情况：

a. 喷油驱动压力传感器的信号电压低于 0.1V 至少 0.6s；

b. 5V 传感器供电线路和蓄电池正极短路故障代码 0262-03 当前不存在；

c. 5V 传感器供电线路和接地短路故障代码 0262-04 当前不存在；

d. 对 ECM 的供电至少已有 2s；

e. 冷模式当前不存在。

③ 系统反应　ECM 将记录故障代码，可在显示模块或 ET 上查看故障代码。ECM 将喷油驱动压力作为无效数据进行标记，并采用 17.5MPa 的压力作为默认值。ECM 会将喷油驱动压力控制阀的电流设置为固定值。

(21) 故障代码 0164-11：喷油驱动压力传感器机械故障

① 主要故障现象

a. 柴油机低功率运转。

b. 柴油机怠速运转不良。

c. 在正常工作温度下柴油机启动困难。

d. 低于正常工作温度时柴油机容易启动。

② 故障原因　ECM 检测到下列情况之一：

a. 实际的喷油驱动压力与所需的喷油驱动压力之间的差值超过 3MPa；

b. 通往喷油驱动压力控制阀的最大或最小电流输出时间长于所需时间。

该故障代码表明有一个机械故障，ECM 和电子控制系统运行正常。

③ 系统反应　ECM 将记录故障代码，可在显示模块或 ET 上查看故障代码。

④ 故障诊断与排除　也许仅在工作温度下才有故障。如果系统在最近维修过，那么喷油驱动系统中可能存有空气。在 1500r/min 的转速下启动柴油机数分钟，排除残存的空气。

(22) 故障代码 0168-02：系统电压脉动

① 主要故障现象

a. 柴油机不着火。

b. 柴油机停止运转。

② 故障原因　ECM 检测到有下列情况之一：

a. 柴油机不能启动，蓄电池电压降到低于 9V，经 0.06s 后回升；

b. 柴油机不能启动，蓄电池电压在最后 7s 内 3 次降低，低于 9V。

③ 系统反应　ECM 将记录故障代码，可在显示模块或 ET 上查看故障代码。只有在柴油机运转时 ECM 才会记录代码。

(23) 故障代码 0172-03：进气温度传感器和蓄电池正极断路/短路

① 主要故障现象　柴油机低功率运转。

② 故障原因　ECM 检测到下列所有情况：

a. ECM 读取 4.92V 以上信号电压至少 8s；

b. 5V 传感器供电线路和蓄电池正极短路故障代码 0262-03 当前不存在；

c. 5V 传感器供电线路和接地短路故障代码 0262-04 当前不存在；

d. 对 ECM 的供电至少已有 2s。

③ 系统反应　ECM 将记录故障代码，可在显示模块或 ET 上查看故障代码。ECM 将进气温度作为无效数据进行标记，并采用 85℃ 的温度作为默认值。

(24) 故障代码 0172-04：进气温度传感器接地短路

① 主要故障现象　柴油机低功率运转。

② 故障原因　ECM 检测到下列所有情况：

a. ECM 读取 0.2V 以下信号电压至少 8s；

b. 5V 传感器供电线路和蓄电池正极短路故障代码 0262-03 当前不存在；

c. 5V 传感器供电线路和接地短路故障代码 0262-04 当前不存在；

d. 对 ECM 的供电至少已有 2s。

③ 系统反应　ECM 将记录故障代码，可在显示模块或 ET 上查看故障代码。ECM 将进气温度作为无效数据进行标记，并采用 85℃的温度作为默认值。

(25) 故障代码 0175-03：机油温度传感器和蓄电池正极断路/短路

① 主要故障现象　没有故障现象。

② 故障原因　ECM 检测到下列所有情况：

a. ECM 读取 4.92V 以上信号电压至少 8s；

b. 5V 传感器供电线路和蓄电池正极短路故障代码 0262-03 当前不存在；

c. 5V 传感器供电线路和接地短路故障代码 0262-04 当前不存在；

d. 对 ECM 的供电至少已有 2s。

③ 系统反应　ECM 将记录故障代码，可在显示模块或 ET 上查看故障代码。ECM 将机油温度作为无效数据进行标记，并将机油温度数值调整成冷却液温度数值。如果冷却液温度传感器有故障，就要使用下列其一数值：

a. 柴油机运转时，将机油温度设定为 65℃；

b. 柴油机停止运转时，将机油温度设定为－10℃。

(26) 故障代码 0175-04：机油温度传感器接地短路

① 主要故障现象　没有故障现象。

② 故障原因　ECM 检测到下列所有情况：

a. ECM 读取 0.2V 以下信号电压至少 1s；

b. 5V 传感器供电线路和蓄电池正极短路故障代码 0262-03 当前不存在；

c. 5V 传感器供电线路和接地短路故障代码 0262-04 当前不存在；

d. 对 ECM 的供电至少已有 2s。

③ 系统反应　ECM 将记录故障代码，可在显示模块或 ET 上查看故障代码。ECM 将机油温度作为无效数据进行标记，并将机油温度数值调整成冷却液温度数值。如果冷却液温度传感器有故障，就要使用下列其一数值：

a. 柴油机运转时，将机油温度设定为 65℃；

b. 柴油机停止运转时，将机油温度设定为－10℃。

(27) 故障代码 0190-02：柴油机转速信号消失

① 主要故障现象

a. 柴油机不着火。

b. 柴油机停止运转。

只有主柴油机速度/正时传感器（顶部）和次柴油机速度/正时传感器（底部）同时有故障，柴油机才会停机。

② 故障原因　ECM 检测到下列所有情况：

a. 柴油机运转 3s 后却没有启动；

b. 主柴油机速度/正时传感器（顶部）正时齿圈模式消失，而柴油机转速却不快速下降；

c. 正时齿圈模式在消失 1s 内返回；

d. 最后 2s 蓄电池电压高于 9V。

③ 系统反应　ECM 将记录故障代码，可在显示模块或 ET 上查看故障代码。ECM 将使用次柴油机速度/正时传感器（底部）。

（28）故障代码 0190-11：柴油机转速信号不明

① 主要故障现象

a. 柴油机不着火。

b. 柴油机停止运转。

只有主柴油机速度/正时传感器（顶部）和次柴油机速度/正时传感器（底部）同时有故障，柴油机才会停机。

② 故障原因　ECM 检测到下列所有情况：

a. 主柴油机速度/正时传感器（顶部）正时齿圈模式消失超过 1s；

b. 来自次柴油机速度/正时传感器（底部）的信号良好。

③ 系统反应　ECM 将记录故障代码，可在显示模块或 ET 上查看故障代码。ECM 将使用次柴油机速度/正时传感器（底部）。

（29）故障代码 0253-02：个性化模块失配

① 主要故障现象　柴油机停止运转。

② 故障原因　个性化模块与机型不匹配。

注意：用于更换的个性化模块是为不同的柴油机系列或不同的柴油机应用准备的。个性化模块是闪示个性化模块，个性化模块经过闪示编程安装在 ECM 中。

③ 系统反应　ECM 将记录故障代码，可在显示模块或 ET 上查看故障代码。柴油机不能喷油且无法启动。ET 将无法重设故障代码，让柴油机启动。

④ 故障诊断与排除　检查 ECM 个性化模块的零件号，确保个性化模块零件号和原来柴油机配置一致。

如果一致，那么安装的个性化模块正确。必须清除故障代码，清除故障代码时需要工厂密码。个性化模块代码必须设置为零。

如果不一致，那么安装的个性化模块不正确。使用正确的个性化模块并重新设定 ECM。

（30）故障代码 0261-13：需要进行柴油机正时标定

① 主要故障现象

a. 柴油机不着火。

b. 柴油机低功率运转。

c. 柴油机转速下降。

d. 柴油机排气管冒白烟。

② 故障原因　新安装过 ECM，未进行正时标定或标定不符合技术要求。

③ 系统反应　ECM 将记录故障代码，可在显示模块或 ET 上查看故障代码。ECM 使用默认正时。

（31）故障代码 0262-03：5V 传感器供电线路和蓄电池正极短路

① 主要故障现象　柴油机低功率运转。

② 故障原因　ECM 检测到下列所有情况；

a. ECM 读取 5.25V 以上信号电压至少 2s；

b. 对 ECM 的供电至少已有 3s。

③ 系统反应　ECM 将记录故障代码，可在显示模块或 ET 上查看故障代码。ECM 将

所有模拟传感器数据标示为无效数据，且所有模拟传感器数据都设置成默认值。

（32）故障代码 0262-04：5V 传感器供电线路和接地短路

① 主要故障现象　柴油机低功率运转。

② 故障原因　ECM 检测到下列所有情况：

a. ECM 读取 4.25V 以下信号电压至少 2s；

b. 对 ECM 的供电至少已有 3s。

③ 系统反应　ECM 将记录故障代码，可在显示模块或 ET 上查看故障代码。ECM 将所有模拟传感器数据标示为无效数据，且所有模拟传感器数据都设置成默认值。

（33）故障代码 0273-03：增压压力传感器和蓄电池正极断路/短路

① 主要故障现象　柴油机低功率运转。

② 故障原因　ECM 检测到下列所有情况：

a. ECM 读取 4.8V 以上信号电压至少 2s；

b. 5V 传感器供电线路和蓄电池正极短路故障代码 0262-03 当前不存在；

c. 5V 传感器供电线路和接地短路故障代码 0262-04 当前不存在；

d. 对 ECM 的供电至少已有 2s。

③ 系统反应　ECM 将记录故障代码，可在显示模块或 ET 上查看故障代码。ECM 将涡轮增压器出口压力作为无效数据进行标记，并用 0kPa 作为默认值。

（34）故障代码 0273-04：增压压力传感器接地短路

① 主要故障现象　柴油机低功率运转。

② 故障原因　ECM 检测到下列所有情况：

a. ECM 读取 0.2V 以上信号电压至少 2s；

b. 5V 传感器供电线路和蓄电池正极短路故障代码 0262-03 当前不存在；

c. 5V 传感器供电线路和接地短路故障代码 0262-04 当前不存在；

d. 对 ECM 的供电至少已有 2s。

③ 系统反应　ECM 将记录故障代码，可在显示模块或 ET 上查看故障代码。ECM 将涡轮增压器出口压力作为无效数据进行标记，并用 0kPa 作为默认值。

（35）故障代码 0274-03：大气压力传感器和蓄电池正极断路/短路

① 主要故障现象　柴油机功率降低。

② 故障原因　ECM 检测到下列所有情况：

a. ECM 读取 4.8V 以上信号电压至少 8s；

b. 5V 传感器供电线路和蓄电池正极短路故障代码 0262-03 当前不存在；

c. 5V 传感器供电线路和接地短路故障代码 0262-04 当前不存在；

d. 对 ECM 的供电至少已有 2s。

③ 系统反应　ECM 将记录故障代码，可在显示模块或 ET 上查看故障代码。ECM 将大气压力作为无效数据进行标记，并用 100kPa 作为默认值。

（36）故障代码 0274-04：大气压力传感器接地短路

① 主要故障现象　柴油机功率降低。

② 故障原因　ECM 检测到下列所有情况：

a. ECM 读取 0.2V 以下信号电压至少 8s；

b. 5V 传感器供电线路和蓄电池正极短路故障代码 0262-03 当前不存在；

c. 5V 传感器供电线路和接地短路故障代码 0262-04 当前不存在；

d. 对 ECM 的供电至少已有 2s。

③ 系统反应　ECM 将记录故障代码，可在显示模块或 ET 上查看故障代码。ECM 将大气压力作为无效数据进行标记，并用 100kPa 作为默认值。

(37) 故障代码 0286-05：机油压力过低指示灯接地断路/短路

① 主要故障现象　没有故障现象。

② 故障原因　ECM 检测到下列所有情况：

a. 机油压力过低指示灯接地断路至少 1.9s；

b. 机油压力过低指示灯输出驱动器关闭；

c. 最后 2s 蓄电池电压高于 9V；

d. 对 ECM 的供电至少已有 3s。

③ 系统反应　ECM 将记录故障代码，可在显示模块或 ET 上查看故障代码。

(38) 故障代码 0286-06：机油压力过低指示灯和蓄电池正极短路

① 主要故障现象　没有故障现象。

② 故障原因　ECM 检测到下列所有情况：

a. 机油压力过低指示灯短路至少 1.9s；

b. 机油压力过低指示灯输出驱动器打开；

c. 最后 2s 蓄电池电压高于 9V；

d. 对 ECM 的供电至少已有 3s。

③ 系统反应　ECM 将记录故障代码，可在显示模块或 ET 上查看故障代码。

(39) 故障代码 0342-02：次柴油机速度/正时传感器信号消失

① 主要故障现象　柴油机响应没有显著变化，除非主柴油机速度/正时传感器（顶部）信号消失；否则将会使柴油机停机。

② 故障原因　次柴油机速度/正时传感器（底部）信号是间歇性的或消失了。

③ 系统反应　ECM 将记录故障代码，可在显示模块或 ET 上查看故障代码。

(40) 故障代码 0342-11：次柴油机速度/正时传感器机械故障

① 主要故障现象　柴油机响应没有显著变化，除非主柴油机速度/正时传感器（顶部）信号消失；否则将会使柴油机停机。

② 故障原因　次柴油机速度/正时传感器（底部）信号是间歇性的或消失了。

③ 系统反应　ECM 将记录故障代码，可在显示模块或 ET 上查看故障代码。

(41) 故障代码 0617-05：进气加热器继电器断路

① 主要故障现象　柴油机启动困难。

② 故障原因　ECM 检测到以下所有情况：

a. ECM 和进气加热器继电器之间的断路状态至少持续 2s；

b. 对 ECM 的供电至少已有 1s；

c. 柴油机未能启动；

d. 在断路之前蓄电池电压大于 9V 至少 2s。

③ 系统反应　ECM 将记录故障代码，可在显示模块或 ET 上查看故障代码。

(42) 故障代码 0617-06：进气加热器继电器接地短路

① 主要故障现象　柴油机启动困难。

② 故障原因 ECM 检测到以下所有情况：

a. ECM 和进气加热器继电器之间的接地短路状态至少持续 2s；

b. 对 ECM 的供电至少已有 1s；

c. 柴油机未能启动；

d. 在短路之前蓄电池电压大于 9V 至少 2s。

③ 系统反应 ECM 将记录故障代码，可在显示模块或 ET 上查看故障代码。

（43）故障代码 1627-05：燃油泵继电器断路

① 主要故障现象 柴油机不能喷射燃油。

② 故障原因 ECM 检测到以下所有情况：

a. 输出驱动器是关闭的；

b. 燃油泵继电器和蓄电池正极之间的线路断路或短路至少 2s；

c. 对 ECM 的供电至少已有 3s；

d. 蓄电池电压大于 9V 至少 2s。

③ 系统反应 ECM 将记录故障代码，可在显示模块或 ET 上查看故障代码。

（44）故障代码 01627-06：燃油泵继电器接地短路

① 主要故障现象 柴油机不能喷射燃油。

② 故障原因 ECM 检测到以下所有情况：

a. 输出驱动器是关闭的；

b. 燃油泵继电器和蓄电池正极之间的线路断路或短路至少 2s；

c. 对 ECM 的供电至少已有 3s；

d. 蓄电池电压大于 9V 至少 2s。

③ 系统反应 ECM 将记录故障代码，可在显示模块或 ET 上查看故障代码。

（45）事件故障代码 E015：柴油机冷却液温度高，低功率运转

① 故障现象 柴油机低功率运行。

② 故障原因

a. 冷却系统可能有故障。

b. 冷却液温度传感器可能有故障。

③ ECM 检测情况

a. 柴油机运行已超过 3min。

b. 冷却液温度在 108℃ 以上超过 4s。

c. 冷却液温度传感器和蓄电池正极断路/短路故障代码 0110-03 当前不存在。

d. 冷却液温度传感器接地短路故障代码 0110-04 当前不存在。

④ 系统反应

a. ECM 将记录下诊断事件。

b. 冷却液温度在 108℃ 以上时，每升高 1℃，ECM 将降低柴油机功率 12.5%。最多降低满功率的 25%。

c. 在冷却液温度降到 106℃ 达 20s 后，ECM 将恢复柴油机最大功率。

⑤ 故障诊断与排除

a. 调取故障代码。

ⅰ. 将 ET 和 ET 连接器相连。

ⅱ．将点火钥匙开关转到 ON 位置，柴油机不运转。

ⅲ．检查故障代码或记录故障代码。

如果无故障代码，那么进行第 b 步；如果有故障代码，那么检修当前的故障代码，直至故障排除。

b．检查冷却系统。

ⅰ．如果冷却系统无故障，那么可能有间歇性故障。

ⅱ．如果冷却系统有故障，那么检修柴油机，直至故障排除。

（46）事件故障代码 E017：柴油机冷却液高温报警

① 故障现象　柴油机低功率运转。

② 故障原因

a．冷却系统可能有故障。

b．冷却液温度传感器可能有故障。

③ ECM 检测情况

a．柴油机运行已超过 3min。

b．冷却液温度在 107℃以上超过 4s。

c．冷却液温度传感器和蓄电池正极断路/短路故障代码 0110-03 当前不存在。

d．冷却液温度传感器接地短路故障代码 0110-04 当前不存在。

④ 系统反应

a．ECM 将记录下这个报警。

b．冷却液温度在 105℃以下超过 4s，ECM 将重新设置报警。

⑤ 故障诊断与排除

a．调取故障代码。

ⅰ．将 ET 和 ET 连接器相连。

ⅱ．将点火钥匙开关转到 ON 位置，柴油机不运转。

ⅲ．检查故障代码或记录故障代码。

如果有故障代码，那么检修当前的故障代码，直至故障排除；如果没有故障代码，那么进行第 b 步。

b．检查冷却系统。

ⅰ．如果冷却系统无故障，那么可能有间歇性故障。

ⅱ．如果冷却系统有故障，那么检修柴油机，直至故障排除。

（47）事件故障代码 E025：进气温度高，低功率运转

① 故障现象　柴油机低功率运转。

② 故障原因

a．中冷器可能有故障。

b．进气温度传感器可能有故障。

③ ECM 检测情况

a．柴油机运行已超过 3min。

b．进气温度在 79℃以上超过 4s。

c．进气温度传感器和蓄电池正极断路/短路故障代码 0172-03 当前不存在。

d．进气温度传感器接地短路故障代码 0172-04 当前不存在。

④ 系统反应

a. ECM 将记录下诊断事件。

b. ECM 将该报警信号输送给驾驶室内的显示器。

c. 当进气温度在 79℃以上时，每升高 1℃，ECM 将降低柴油机功率 3%。最多降低满功率的 20%。

d. 如果进气温度降低到 77℃达 20s 之久，那么 ECM 将恢复满功率。

⑤ 故障诊断和排除

a. 调取故障代码。

ⅰ. 将 ET 和 ET 连接器相连。

ⅱ. 将点火钥匙开关转到 ON 位置，柴油机不运转。

ⅲ. 检查故障代码或记录故障代码。

如果有故障代码，那么检修当前的故障代码，直至故障排除；如果没有故障代码，那么进行第 b 步。

b. 检查中冷器。如果中冷器没有故障，那么可能有间歇性故障，监控柴油机工作并检修，直至故障排除；如果中冷器有故障，那么检修或更换中冷器，直至故障排除。

（48）事件故障代码 E027：进气温度过高报警

① 故障现象　柴油机低功率运转。

② 故障原因

a. 中冷器可能有故障。

b. 进气温度传感器可能有故障。

③ ECM 检测情况

a. 柴油机运行已超过 3min。

b. 进气温度在 75℃以上超过 4s。

c. 存在故障代码 0172-03。

d. 存在故障代码 0172-04。

④ 系统反应

a. ECM 将记录下该报警。

b. ECM 将该报警信号输送给驾驶室内的显示器。

c. 当进气温度低于 73℃超过 4s 时，ECM 将使报警灯复位。

⑤ 诊断和排除

a. 调取故障代码。

ⅰ. 将 ET 和 ET 连接器相连。

ⅱ. 将点火钥匙开关转到 ON 位置，柴油机不运转。

ⅲ. 检查故障代码或记录故障代码。

如果有故障代码，那么检修当前的故障代码，直至故障排除；如果没有故障代码，那么进行第 b 步。

b. 检查中冷器。如果中冷器没有故障，那么可能有间歇性故障，监控柴油机工作并检修，直至故障排除；如果中冷器有故障，那么检修或更换中冷器，直至故障排除。

（49）事件故障代码 E039：机油压力过低

① 故障现象　柴油机低功率运转。

② 故障原因

a. 润滑系统可能有故障。

b. 机油压力传感器可能有故障。

③ ECM 检测情况

a. 柴油机运行已超过 10s。

b. 机油压力过低超过 2s。

c. 存在故障代码 0100-03。

d. 存在故障代码 0100-04。

④ 系统反应

a. ECM 将记录下该诊断事件。

b. ECM 将使柴油机功率降低 35%。

c. 在机油压力上升到正常值以上 20s 后，ECM 将恢复最大功率。

⑤ 故障诊断和排除

a. 调取故障代码。

ⅰ. 将 ET 和 ET 连接器相连。

ⅱ. 将点火钥匙开关转到 ON 位置，柴油机不运转。

ⅲ. 检查故障代码或记录故障代码。

如果有故障代码，那么检修当前的故障代码，直至故障排除；如果没有故障代码，那么进行第 b 步。

b. 检查润滑系统。

ⅰ. 如果润滑系统没有故障，那么可能有间歇性故障，监控柴油机工作并检修，直至故障排除。

ⅱ. 如果润滑系统有故障，那么检修润滑系统，直至故障排除。

（50）事件故障代码 E095：燃油滤清器阻塞报警

① 故障现象　柴油机低功率运转。

② 故障原因　燃油滤清器阻塞。

③ ECM 检测情况

a. 柴油机运行已超过 60s。

b. 燃油压力过低超过 10s。

c. 燃油压力传感器和蓄电池正极断路/短路故障代码 0094-03 当前不存在。

d. 燃油压力传感器接地短路故障代码 0094-04 当前不存在。

④ 系统反应

a. ECM 将记录下该报警。

b. ECM 将该报警信号输送给驾驶室内的显示器。

c. 在燃油压力恢复正常值超过 4s 后，ECM 将使报警灯复位。

⑤ 故障诊断和排除

a. 调取故障代码。

ⅰ. 将 ET 和 ET 连接器相连。

ⅱ. 将点火钥匙开关转到 ON 位置，柴油机不运转。

ⅲ. 检查故障代码或记录故障代码。

如果有故障代码，那么检修当前的故障代码，直至故障排除；如果没有故障代码，那么进行第 b 步。

b. 检查燃油系统。

ⅰ. 如果燃油系统没有故障，那么可能有间歇性故障，监控柴油机工作并检修，直至故障排除。

ⅱ. 如果燃油系统有故障，那么检修燃油系统，直至故障排除。

（51）事件故障代码 E096：燃油压力过高

① 故障原因

a. 燃油系统可能有故障。

b. 燃油压力传感器可能有故障。

② ECM 检测情况

a. 柴油机运行已超过 60s。

b. 燃油压力过高超过 4s。

c. 燃油压力传感器和蓄电池正极断路/短路故障代码 0094-03 当前不存在。

d. 燃油压力传感器接地短路故障代码 0094-03 当前不存在。

③ 系统反应

a. ECM 将记录下该报警。

b. ECM 将该报警信号输送给驾驶室内的显示器。

④ 故障诊断和排除

a. 调取故障代码。

ⅰ. 将 ET 和 ET 连接器相连。

ⅱ. 将点火钥匙开关转到 ON 位置，柴油机不运转。

ⅲ. 检查故障代码或记录故障代码。

如果有故障代码，那么检修当前的故障代码，直至故障排除；如果没有故障代码，那么进行第 b 步。

b. 检查燃油系统。

ⅰ. 若燃油系统没有故障，则可能有间歇性故障，监控柴油机工作并检修，直至故障排除。

ⅱ. 若燃油系统有故障，则检修燃油系统，直至故障排除。

（52）事件故障代码 E100：机油压力过低报警

① 故障现象　柴油机低功率运转。

② 故障原因

a. 润滑系统可能有故障。

b. 机油压力传感器可能有故障。

③ ECM 检测情况

a. 柴油机运行已超过 10s。

b. 机油压力过低超过 2s。

c. 机油压力传感器和蓄电池正极断路/短路故障代码 0100-03 当前不存在。

d. 机油压力传感器接地短路故障代码 0100-04 当前不存在。

④ 系统反应

a. ECM 将记录下该报警。

b. 在机油压力上升到正常值以上 20s 后，ECM 将使报警灯复位。

⑤ 故障诊断和排除

a. 调取故障代码。

ⅰ. 将 ET 和 ET 连接器相连。

ⅱ. 将点火钥匙开关转到 ON 位置，柴油机不运转。

ⅲ. 检查故障代码或记录故障代码。

如果有故障代码，那么检修当前的故障代码，直至故障排除；如果没有故障代码，那么进行第 b 步。

b. 检查润滑系统。

ⅰ. 如果润滑系统没有故障，那么可能有间歇性故障，监控柴油机工作并检修，直至故障排除。

ⅱ. 如果润滑系统有故障，那么检修润滑系统，直至故障排除。

（53）事件故障代码 E190：柴油机超速报警

① 故障现象　对柴油机性能无影响

② 故障原因　操作者可能错误操作设备。

③ ECM 检测情况　柴油机转速高于 2800r/min 超过 0.6s。

④ 系统反应　ECM 将记录下该事件。

（54）事件故障代码 E265：用户定义熄火

① 故障现象　柴油机熄火。

② 故障原因　用户定义的停车开关已启动。

③ ECM 检测情况　用户定义的停车开关已启动。

④ 系统反应　ECM 将记录下该事件。

6.2　柴油机有关电路检测

6.2.1　柴油机传感器供电电路检测

（1）系统运行说明

ECM 为机油温度传感器、涡轮增压器出口压力传感器、机油压力传感器、大气压力传感器、喷油驱动压力传感器、燃油压力传感器提供+5V 直流电压。

+5V 供电电路故障代码的产生原因可能是传感器供电电路对蓄电池正极短路和接地短路及线束断路，也可能是因为传感器方面的原因，而 ECM 方面的原因可能性最小。

（2）柴油机传感器位置和电路

柴油机传感器供电电路如图 6-1 所示。

（3）传感器供电电路检测步骤 1——检测电气接头和线束

① 将点火钥匙开关转到 OFF/RESET（关闭/复位）位置。

② 检测 ECM 柴油机线束接头 J2/P2、ECM 设备线束接头 J1/P1 和 J61/P61、机油温度传感器接头 J101/P101、涡轮增压器出口压力传感器接头 J200/P200、机油压力传感器接头 J201/P201、大气压力传感器接头 J203/P203、喷油驱动压力传感器接头 J204/P204、燃油压力传感器接头 J208/P208。

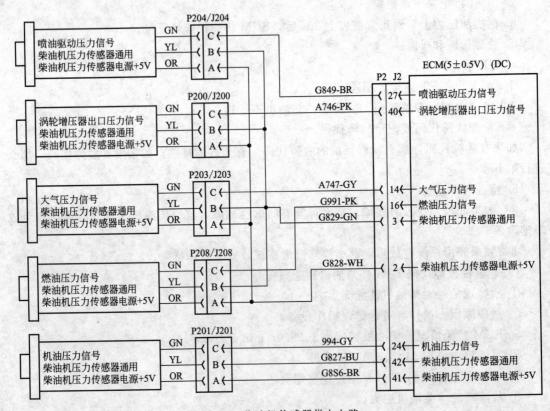

图 6-1 柴油机传感器供电电路

ECM 接头 P2 侧各端子位置如图 6-2 所示。

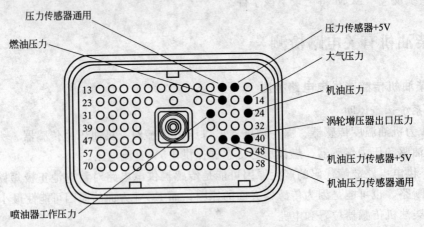

图 6-2 ECM 接头 P2 侧各端子位置

③ 检测 ECM 接头六方头螺钉的扭矩是否为 6N·m。

④ 检测从传感器到 ECM 的线束和配线是否磨损或扭结。

所有接头、针脚和插座应当完好，连接可靠，并且线束和配线没有腐蚀、磨损或扭结，进行检测步骤 2，否则，修理或更换接头或配线，确保所有密封件处于正确的位置，并且接头连接完好。

（4）传感器供电电路检测步骤 2——使用 ET 检测是否有当前故障代码

① 将 ET 连接到挖掘机数据线接头上。

② 将点火钥匙开关转到 ON 位置，同时柴油机处于停机状态，等待至少 5s，使故障代码显示。

③ 查看 ET 显示屏，检测并记录所有当前故障代码，检查是否存在故障代码 0262-03 和 0262-040。

故障代码为当前状态时进行检测步骤 3，仅存在历史故障代码时进行检测步骤 5，不存在当前故障代码或历史故障代码时说明＋5V 供电电路工作正常，检测结束。

（5）传感器供电电路检测步骤 3——断开 ECM 上的接头

① 将 ET 连接到挖掘机数据线接头上。

② 将点火钥匙开关转到 OFF 位置，同时柴油机处于停机状态。

③ 断开 ECM 柴油机线束接头 J2/P2。

④ 将点火钥匙开关转到 ON 位置，同时柴油机处于停机状态。

⑤ 访问 ET 的当前故障代码显示屏，检测是否存在 0262-03 和 0262-04 等当前故障代码。

注意：当 ECM 柴油机线束接头 J2/P2 断开且点火钥匙开关在 ON 位置时，对于所有柴油机传感器，断路的故障代码将处于当前状态或历史状态，这属于正常现象。

当 ECM 柴油机线束接头 J2/P2 断开时＋5V 故障代码是当前的，将检测用的 ECM 暂时连接到 ECM 设备线束接头 J1/P1 上，重新检测＋5V 故障代码。如果＋5V 故障代码不是当前故障代码，那么原来的 ECM 有故障。重新连接原来的 ECM，并检测＋5V 故障代码，如果＋5V 故障代码变为当前故障代码，那么更换 ECM。确保已将故障排除，检测结束。

当线束断开时，＋5V 故障代码不再是当前的，故障是由线束或连接到线束上的传感器造成的。重新连接 ECM 柴油机线束接头 J2/P2，进行检测步骤 4。

（6）传感器供电电路检测步骤 4——当正在查看当前故障代码时，断开＋5V 传感器

① 将 ET 连接到挖掘机数据线接头上。

② 将点火钥匙开关转到 ON 位置，同时柴油机处于停机状态。

③ 访问 ET 上的当前故障代码显示屏，确认故障代码 0262-03 或 0262-04 是当前故障代码。

④ 每次断开机油温度传感器接头 J101/P101、涡轮增压器出口压力传感器接头 J200/P200、机油压力传感器接头 J201/P201、大气压力传感器接头 J203/P203、喷油驱动压力传感器接头 J204/P204、燃油压力传感器接头 J208/P208 中的一种。

⑤ 当 ET 正处于被查看状态时，断开每种压力传感器后要等待 30s，以确认由于断开该传感器已经解除了 ＋5V 故障代码的当前状态。

注意：在传感器断开且点火钥匙开关处于 ON 位置的情况下，当＋5V 故障代码不再处于当前状态时，断路的故障代码将表现为当前状态或历史状态，这属于正常现象。在完成本检测步骤后，清除这些故障代码。

如果＋5V 故障代码仍然存在，那么线束是导致该故障的原因。让传感器保持断开状态，进行检测步骤 5。

如果当特定的传感器断开时 ＋5V 故障代码不再存在，那么进行修理。重新连接怀疑导致故障的传感器，若重新连接传感器后故障再次出现，则断开传感器。如果断开传感器后故障消失，那么更换传感器。清除所有故障代码。

（7）传感器供电电路检测步骤 5——检测柴油机线束

① 将点火钥匙开关转到 OFF 位置，同时柴油机处于停机状态。

② 断开 ECM 接头 J2/P2 和 ECM 接头 J1/P1。确认连接到 ECM 接头上的所有＋5V 压力传感器都已经断开。

③ 安装一个数字万用表，测量电阻阻值约为 20Ω，但不低于 20Ω。

④ 测量从 ECM 接头 P2-2（＋5V 压力传感器）到 P2-14、P2-16、P2-24、P2-27、P2-40、P2-3 各端子的电阻。

⑤ 测量过程中不断地扭动线束，以显示找到间歇性短路。

如果每个电阻测量值均大于 20Ω，那么柴油机线束中的＋5V 线路没有短路。确保柴油机线束连接到 ECM 上且所有传感器重新连接，此时没有故障发生。清除所有故障代码。

如果电阻测量值小于 20Ω，那么应进行修理，更换柴油机线束。清除所有记录的故障代码。确保已将故障排除，检测结束。

6.2.2 进气加热器电路检测

（1）系统运行说明

当存在当前故障代码时，使用故障代码 0617-05 和 0617-06 的信息，对进气加热器电路或进气加热器、进气加热器继电器进行有关电路检测。

如果在启动时存在冷却液温度传感器开路或短路故障代码，且进气温度低于 10℃，那么进气加热器将工作。

如果在启动时存在进气温度传感器开路或短路故障代码，且冷却液温度低于 40℃，那么进气加热器将工作。

（2）进气加热器位置和电路

进气加热器在柴油机上的安装位置见图 6-3，进气加热器供电电路见图 6-4。

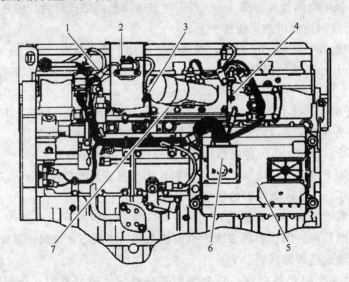

图 6-3　进气加热器在柴油机上的安装位置

1—进气加热器继电器接头 J501/P501；2—进气加热器继电器；3—进气加热器电源接头；4—进气加热器接地接头；5—电控模块（ECM）；6—ECM 柴油机线束接头 J2/P2；7—进气加热器

（3）**进气加热系统检测步骤 1——检测电气接头和配线**

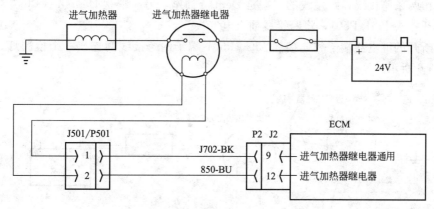

图 6-4　进气加热器供电电路

① 检测进气加热器继电器接头 J501/P501 和 ECM 柴油机线束接头 J2/P2。检测进气加热器继电器上的端子连接。

② 在 ECM 接头中的每条导线上进行 45N 拉力检测。

ECM 接头 ECM 侧各端子位置见图 6-5。

③ 检测 ECM 接头六角螺钉的扭矩是否为 6N·m。

④ 检测传感器后部和 ECM 间的线束和配线是否磨损或扭结。

所有接头、针脚和插座应当完好，连接可靠，并且线束和配线没有腐蚀、磨损或扭结，进行检测步骤 2；否则，修理或更换接头或配线。确保所有密封件处于正确的位置，并且接头连接完好。

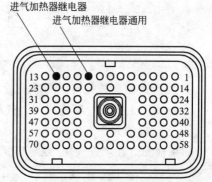

图 6-5　ECM 接头 ECM 侧各端子位置

（4）进气加热系统检测步骤 2——进气加热器通电检测

① 将点火钥匙开关转到 ON 位置。

② 进气加热器指示灯应该亮 2s，然后熄灭。

③ 将 ET 连接到驾驶室数据传输接头上。

④ 在 ET 上执行专项检测"进气加热器启动"。

⑤ 开始检测并且听进气加热器中的"咔嗒"声。

注意：进气加热器继电器位于柴油机左前侧。不要继续进行"进气加热器启动"检测，避免进气加热器进行没有必要的循环，从而防止蓄电池放电。"进气加热器启动"检测有一个 1min 定时器，当时间到了之后它可以解除这个检测。

如果继电器启动，那么说明继电器功能正常，检测结束。

如果继电器启动，但怀疑进气加热器仍可能有故障，那么进行检测步骤 3。

如果继电器没有启动，那么继电器电路有故障，进行检测步骤 4。

（5）进气加热系统检测步骤 3——在进气加热器继电器触点上检测电压

① 将点火钥匙开关转到 OFF 位置。

② 断开进气加热器继电器端子和进气加热器间的导线。

③ 制作两条跨接线，跨接线的一端是 Deutsh 插座，另一端是 Deutsh 针脚。

④ 断开接头 J501/P501，将跨接线插入电气接头。

⑤ 在断开的继电器端子和连接到 J501/P501 端子的跨接线间连接一个检测灯。检测灯连接如图 6-6 所示。

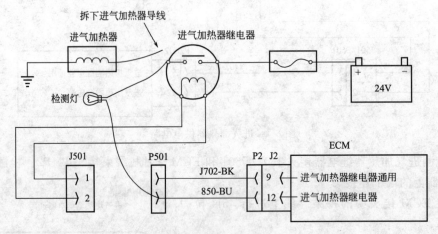

图 6-6　检测灯连接（1）

⑥ 将点火钥匙开关转到 ON 位置。

⑦ 在 ET 上执行专项检测"进气加热器启动"。

⑧ 启动检测并观察检测灯。

如果检测灯在"进气加热器启动"检测中时亮时灭，那么应检修进气加热器继电器及进气加热器继电器的蓄电池正极连接是否良好。断开接自继电器端子的导线，进行检测步骤 5。

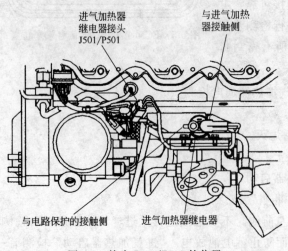

图 6-7　接头 J501/P501 的位置

如果检测灯不亮或一直亮着，那么重新将导线连接到继电器端子，进行检测步骤 6。

（6）进气加热系统检测步骤 4——在进气加热器继电器的电气接头 P501 上检测电压

① 断开进气加热器继电器接头 J501/P501。接头 J501/P501 位置见图 6-7。

② 在进气加热器继电器的柴油机线束侧接头 P501 的两个端子上连接一个检测灯。检测灯连接见图 6-8。

③ 将点火钥匙开关转到 ON 位置。

④ 在 ET 上执行专项检测"进气加热器启动"。

⑤ 开始检测并观察检测灯。

如果检测灯在"进气加热器启动"检测中时亮时灭，那么应检修或更换进气加热器并回到检测。确认故障排除，检测结束。

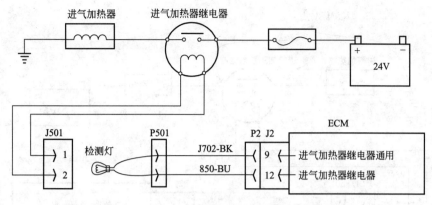

图 6-8　检测灯连接（2）

如果检测灯不亮或一直亮着，那么说明进气加热器继电器接头 P501 没有接收到正确的电压，进行检测步骤 7。

（7）进气加热系统检测步骤 5——检测进气加热器的配线

① 将点火钥匙开关转到 OFF 位置。

② 从进气加热器上断开两条导线。

③ 使用数字万用表在导线的两端测量电阻，这条导线将进气加热器和进气加热器继电器连接到一起。

④ 在柴油机的接地螺柱和进气加热器导线的另一端测量电阻，这条导线与接地螺柱连接。

如果测量阻值小于 20Ω，那么应检修或更换进气加热器。确认故障排除，检测结束。

如果测量阻值不小于 20Ω，那么应检修损坏的导线。确认故障排除，检测结束。

（8）进气加热系统检测步骤 6——在蓄电池正极端子接头上检测继电器触点

① 将点火钥匙开关转到 OFF 位置。

② 将检测灯连接到继电器触点端子上，这个端子和进气加热器电路保护装置（导线 K995-OR）连接。

③ 将检测灯的另一端与柴油机接地螺柱相连。检测灯连接见图 6-9。

④ 将点火钥匙开关转到 ON 位置。

如果当点火钥匙开关转到 ON 位置时检测灯变亮，那么应检修 ECMP2-12 和接头 P501 端子 2 间的配线。确认故障排除，检测结束。

如果当点火钥匙开关转到 ON 位置时检测灯不亮，那么应检修进气加热器电路保护装置和配线。确认故障排除，检测结束。

（9）进气加热系统检测步骤 7——检测接头 P501 上是否存在蓄电池电压

① 将点火钥匙开关转到 OFF 位置。

② 断开进气加热器继电器接头 J501/P501。

③ 在接头 P501 端子 1 和柴油机接地螺柱间连接一个检测灯。检测灯连接见图 6-10。

④ 将点火钥匙开关转到 ON 位置。

如果检测灯变亮并一直亮着，那么进行检测步骤 8。

如果检测灯不亮，那么应检修蓄电池负极端子和接头 P501 端子 1 间的配线。

（10）进气加热系统检测步骤 8——检测 ECM

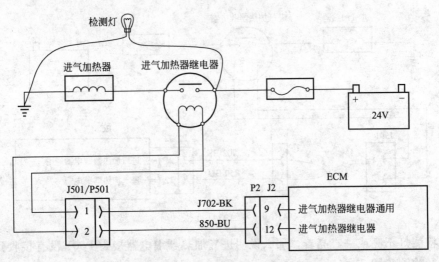

图 6-9　检测灯连接（3）

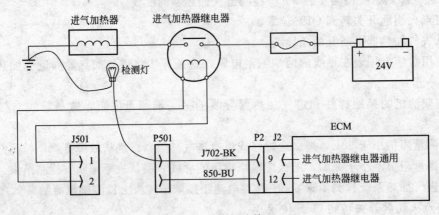

图 6-10　检测灯连接（4）

① 将点火钥匙开关转到 OFF 位置。

② 断开 ECM 柴油机线束接头 J2/P2，只在 ECM 接头 J2 上安装一个 70 端子 T 形转接盒。T 形转接盒 ECM 侧连接见图 6-11。

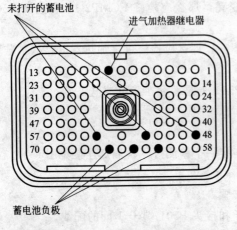

图 6-11　T 形转接盒 ECM 侧连接

③ 在 T 形转接盒端子 9 和 12 间连接一个检测灯。检测灯连接见图 6-12。

④ 将点火钥匙开关转到 ON 位置。

⑤ 在 ET 上执行专项检测"进气加热器启动"。

⑥ 开始检测并观察检测灯。

注意：当 ECM 柴油机线束接头 J2/P2 断开且点火钥匙开关处于 ON 位置时，所有柴油机传感器断路故障代码将会被启动或被记录，这是正常的。

如果检测灯在"进气加热器启动"检测中时亮时灭，那么应检修接头 P501 和 ECM 接头

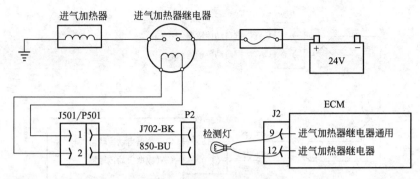

图 6-12　检测灯连接（5）

P2 间的配线。确认故障排除，检测结束。

如果检测灯在"进气加热器启动"检测中常亮或常灭，那么进行检测步骤 9。

（11）进气加热系统检测步骤 9——检测到 ECM 的电池电压

① 将点火钥匙开关转到 OFF（关闭）位置。

② 断开 ECM 设备线束接头 J1/P1，安装一个 70 端子 T 形转接盒。

③ 在 T 形转接盒端子 48 和 61 间连接一个伏特表。

④ 将点火钥匙开关转到 ON 位置，查看伏特表。

⑤ 将点火钥匙开关转到 OFF 位置。

⑥ 在 T 形转接盒线束的端子 52 和 63 间连接一个伏特表。

⑦ 将点火钥匙开关转到 ON 位置，查看伏特表。

⑧ 将点火钥匙开关转到 OFF 位置。

⑨ 在 T 形转接盒线束的端子 53 和 65 间连接一个伏特表。

如果当点火钥匙开关在 ON 位置时电压在 23.0～25.5V 之间（直流电压），那么应更换 ECM。确认故障排除，检测结束。

如果当点火钥匙开关在 ON 位置时电压不在 23.0～25.5V 之间（直流电压），那么应检修挖掘机配线。确认故障排除，检测结束。

6.2.3　CAT 数据传输电路检测

（1）系统运行说明

CAT 数据传输线是一种标准的数据传输线，它用于 ECM 和 ET 间的通信。在 ECM 接头 J1 上，ECM 为 CAT 数据传输线提供端子 9（CAT 数据传输线负极）和端子 8（CAT 数据传输线正极）两个连接端子。

当点火钥匙开关在 OFF 位置时，ECM 和 ET 通信，但通信可能中断，并且通信频繁地重新连接。为了避免这个问题，当使用 ET 时，应将点火钥匙开关转到 ON 位置。

ET 可能显示不能识别 ECM 版本，不能保证变化参数和显示数据完整性等错误信息，此信息表示 ET 版本不是最新的或表明 ECM 中的软件要比 ET 中的软件更新。

如果 ET 不能通电或不能通过驾驶室安装的数据传输接头和 ECM 通信，就要进行 CAT 数据传输电路检测。

（2）CAT 数据传输电路

CAT 数据传输电路见图 6-13。

（3）CAT 数据传输电路检测步骤 1——检测电气接头和配线

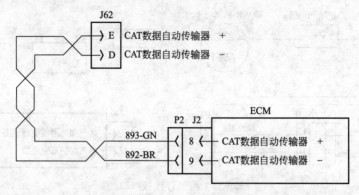

图 6-13　CAT 数据传输电路

① 检测 ECM 接头 J1/P1、数据传输接头、防火墙接头连接器、ET 接头、接头中的数据传输线（端子 8 和 9）的电气端子。

② 在 ECM 接头中的每条导线上施加 45N 拉力进行检测。ECM 接头 J1 ECM 侧端子位置见图 6-14。

③ 检测 ECM 接头六方头螺钉的扭矩是否为 6N·m。

④ 检测接头和 ECM 间的线束和配线是否磨损或扭结。

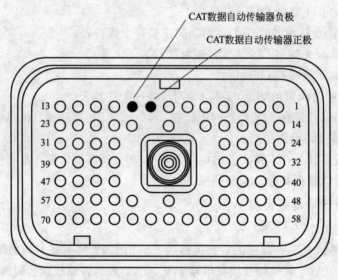

图 6-14　ECM 接头 J1 ECM 侧端子位置

所有接头、针脚和插座应当完好，连接可靠，并且线束和配线没有腐蚀、磨损或扭结，进行检测步骤 2；否则，修理或更换接头或配线。确保所有密封件处于正确的位置且接头连接完好。

（4）CAT 数据传输电路检测步骤 2——使用数据传输线确定故障类型

① 将 ET 连接到驾驶室数据传输接头上。

② 启动柴油机。

如果柴油机启动，ET 通电并且通信正常，那么此时驾驶室数据传输线不存在故障。如果存在间歇性故障，那么应检修所有配线和接头。

如果柴油机启动，ET 通电，但是显示有错误，那么说明 ECM 正在通电，进行检测步骤 3。

如果柴油机能转动，但不管 ET 处于什么样的条件，柴油机均启动不起来，那么进行柴油机无法启动的检修。确认故障排除，检测结束。

如果不管 ET 处于什么样的条件，柴油机都不能启动，那么进行柴油机无法启动的检修。

如果柴油机启动起来，但 ET 不能通电，ET 或通信适配器不能加电，确保 ECM 正在收到正确的蓄电池电压，那么进行检测步骤 4。

注意：检测 ET 显示屏或通信适配器显示屏，这样可以确定 ET 是否已经通电。ET 将显示是否正在通电的信息。如果 ET 加电，那么驾驶室数据传输接头也正在通电。

（5）CAT 数据传输电路检测步骤 3——在 ECM 上检测蓄电池电压

① 确保 ET 连接到驾驶室数据传输接头上。

② 从 ECM 接头 J1 上断开 ECM 接头 P1，插入一个 70 个端子的 T 形转接盒。

③ 将点火钥匙开关转到 ON 位置。

④ 在 ECM 接头 P1 端子 48（未接通的蓄电池正极）和 61 间测量电压，在端子 52（未接通的蓄电池正极）和 63 间测量电压，在端子 53（未接通的蓄电池正极）和 65 间测量电压。

⑤ 在 ECM 接头 P1 端子 70（点火钥匙开关）和 63 间测量电压。T 形转接盒 ECM 侧连接见图 6-15。

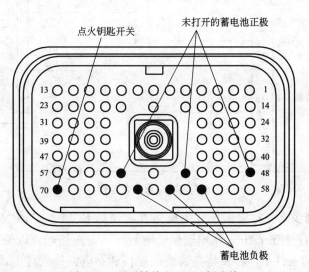

图 6-15　T 形转接盒 ECM 侧连接

如果当点火钥匙开关在 ON 位置时电压为 22.0～27.0V（直流电压），ECM 能得到正确的电压，那么进行检测步骤 5。

如果当点火钥匙开关在 ON 位置时电压不是 22.0～27.0V（直流电压），ECM 没有得到正确的电压，那么进行 ECM 供电电路检测。

（6）CAT 数据传输电路检测步骤 4——检测加到驾驶室数据传输接头上的蓄电池电压

① 将点火钥匙开关转到 ON 位置。

② 使用数字万用表测量驾驶室数据传输接头的蓄电池正极端子和蓄电池负极端子间的电压。9 针脚仪表板数据传输接头见图 6-16。

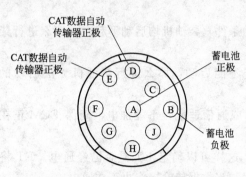

图 6-16　9 针脚仪表板数据传输接头

如果电压是 22.0～27.0V（直流电压），驾驶室数据传输接头当前正在接收正确的电压，那么进行检测步骤 6。

如果电压不是 22.0～27.0V（直流电压），驾驶室数据传输接头没有得到正确的电压，那么应检测接头上的配线和熔丝。如有必要，修理或更换配线或蓄电池。

（7）CAT 数据传输电路检测步骤 5——将 ET 和 ECM 相连

① 将点火钥匙开关转到 ON 位置。

② 断开 ECM 接头 J1/P1。

③ 在 ET 上连接一条旁通线束，将这条旁通线束连接到接头 J1 上。旁通线束连接见图 6-17。

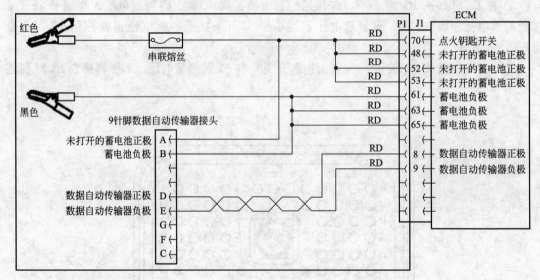

图 6-17　旁通线束连接

注意：这条旁通线束将点火钥匙开关电路直接连到 ECM 上。ECM 将保持通电，直到蓄电池线 "＋" 间的连接被断开。从串联熔丝座上拆下 20A 熔丝，以便 ECM 断电。在没有拆下 20A 串联熔丝的条件下，不要将旁通线束连接到蓄电池接线柱上或将旁通线束从蓄电池接线柱上断开；否则可能会产生火花。

如果 ET 工作正常，那么说明柴油机配线存在故障或柴油机中的另一个设备引起数据传输线故障，重新将两条数据传输线插入接头 P1 中。确定引起故障的设备并进行检修。确认故障排除，检测结束。

如果确认 ET 旁通线束中的 20A 熔丝没有断开，断开的熔丝是熔断的，那么进行检测步骤 7。

（8）CAT 数据传输电路检测步骤 6——更换 ET 或电缆

① 如果另一台柴油机或者另一个 ECM 对于卡特电控柴油机是可用的，那么用相同的电缆将 ET 连接到另一台柴油机上。

② 将点火钥匙开关转到 ON 位置。检查 ET 在另一台柴油机上是否能正常工作。

③ 如果不能找到另一台柴油机，那么找一组不同的 ET 电缆，确保这组 ET 电缆是完整的。

④ 用新的电缆将 ET 连接到驾驶室数据传输接头上。

⑤ 将点火钥匙开关转到 ON 位置。

⑥ 如果改变电缆使 ET 能正常工作，那么进行下列检测步骤：

a. 用新的一组电缆中的导线更换旧的一组电缆中的导线，一次只能更换一条导线；

b. 更换每条导线后，重新给 ET 通电，使用此方法可以找到有故障的导线；

c. 如果改变电缆也不能使 ET 正常工作，那么连接另一个 ET；

d. 将点火钥匙开关转到 ON 位置。

如果原来的 ET 在另一台柴油机上工作，那么进行检测步骤 3。

如果检测柴油机时，另一个 ET 在原来的柴油机上工作，那么应检修或更换有故障的 ET。

(9) CAT 数据传输电路检测步骤 7——连接备用蓄电池和检测用 ECM

将 ET 旁通线束上的蓄电池导线连接到另一个蓄电池上，这个蓄电池没有安装在车上。

如果 ET 工作正常，那么进行 ECM 供电电路检测。

如果 ET 工作不正常，那么进行下列检测步骤：

① 暂时连接一个检测用 ECM；

② 拆下所有跨接线并更换所有接头；

③ 重新检测系统中是否存在当前故障代码；

④ 重复检测步骤；

⑤ 如果连接检测用 ECM 后故障排除，那么重新连接怀疑有故障的 ECM；

⑥ 如果连接怀疑有故障的 ECM 后故障重新出现，那么更换 ECM。

6.2.4　电气接头检测

(1) 系统运行说明

大部分电气故障都是由连接不良引起的，一般是由于端子松动、压纹不正确、湿气过重、腐蚀或连接器配对不正确引起的。下列检测有助于检测接头引起的故障。如果在电气连接器上发现故障，那么检修接头并确定故障已经排除。

将连接器重新接回通常就能消除间歇性电气故障。在断开任何连接器前，一定要先检测是否有故障代码。在重新连接接头后，也要检测是否有故障代码。如果将连接器断开再连回，那么会造成故障代码状态改变。

注意：修理连接器时，要用连接器压纹工具（零件号：1U-5804）将端子压在导线上，切勿焊接端子。拆卸连接器时，要用连接器拆卸工具（零件号：147-6456）卸下连接器的楔形机构。

(2) 电气接头形式

ECM 接头形式见图 6-18，Deutsch 双掷接头插座和插头见图 6-19，线束和插头连接的布线见图 6-20。

(3) 电气接头检测步骤 1——检测 DT 接头上的锁片和 HD 接头上的锁环

① 确保接头正确锁住，也要确保两半接头不能被拉开。

② 确保接头锁片正确锁住，也要确保接头锁片回到锁住位置。

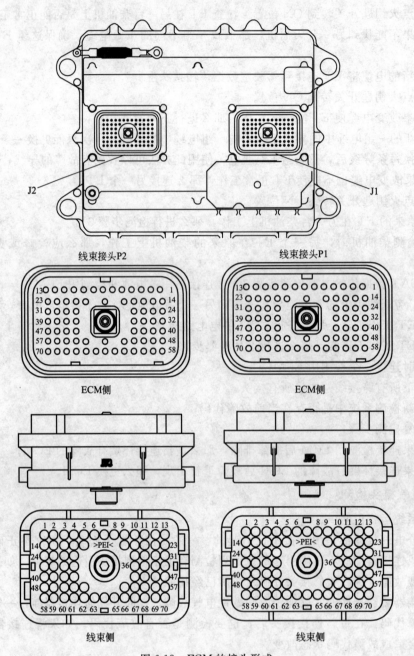

图 6-18　ECM 的接头形式

　　如果接头可靠地锁住，接头和锁止机构没有裂纹和断裂，接头完好，那么进行检测步骤 2。

　　如果接头锁止不可靠或接头和锁止机构有裂纹和断开，那么进行检修或更换接头。

　　（4）电气接头检测步骤 2——检测 ECM 接头上的六角螺钉

　　① 确保已将六角螺钉正确拧紧。不要将螺栓拧得过紧，以避免螺栓断裂。

　　② 六角螺钉的扭矩不要超过 6.0N·m。

　　如果 ECM 接头可靠且 ECM 接头拧紧正确，那么进行检测步骤 3。

　　如果 ECM 接头不可靠，那么检修或更换接头。

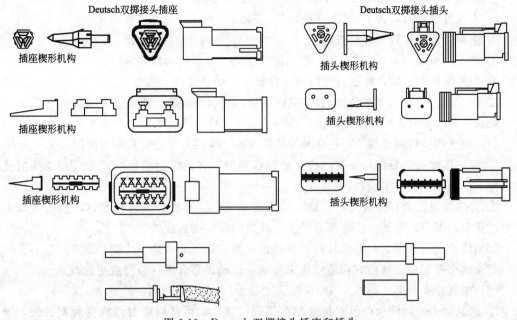

图 6-19　Deutsch 双掷接头插座和插头

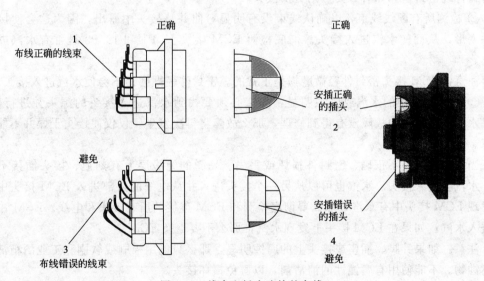

图 6-20　线束和插头连接的布线

（5）电气接头检测步骤 3——在每个端子连接上进行拉力检测

① 每个端子和接头应该能承受 45N 的拉力，且每条导线应该保持在接头体中。这个检测用来检查导线是否正确压入端子及端子是否正确插入接头。

② DT 接头使用一个绿色的楔形机构将端子锁定到位，确保绿色的楔形机构没有丢失且正确安装在 DT 接头上。

如果每个端子和接头能承受 45N 拉力，且每条导线保持在接头体中，那么进行检测步骤 4。

如果端子和接头轻易地被 45N 拉力拉开，那么维修线束。

（6）电气接头检测步骤 4——当进行线和接头拉力检测时检测 ET

① 选择 ET 诊断检测中的"Wiggle Test（摆动检测）"。

② 确认过警告后，按下"OK（确认）"按钮。

③ 选择合适的参数组进行查看。

④ 按下"Start（开始）"按钮，摆动配线线束，以重现间歇性故障。

⑤ 如有间歇性故障，此状态将以高亮度显示，也会发出"嘟嘟"声。

如果"Wiggle Test（摆动检测）"期间不显示间歇性故障，那么进行检测步骤 5。

如果"Wiggle Test（摆动检测）"期间显示间歇性故障，那么应检修线束。

（7）电气接头检测步骤 5——检测每条导线的绝缘层上是否有刻痕或磨损

① 仔细检测每条导线是否有刻痕、磨损或切断，在暴露绝缘层处，导线和柴油机及尖锐零件的摩擦点应该着重检测。

② 检测线束的所有压紧夹，以确认线束正确夹紧。向后拉线束衬套，以检测导线上是否存在压扁的部分，导线的压扁部分是固定线束的压紧夹造成的。

如果线束没有磨损、刻痕或切断，且线束夹紧正确，那么进行检测步骤 6。

如果线束有刻痕、磨损或切断或线束夹紧不正确，那么进行修理或更换线束。

（8）电气接头检测步骤 6——检测接头中是否存在水汽或腐蚀

① 确保接头密封件和白色密封塞都在正确位置。如果任何密封件或密封塞丢失，则更换密封件或密封塞。如有必要，则更换接头。

② 检测所有配线线束，以确认线束没有明显弯曲并从接头中露出，因为这会使接头密封件变形，从而使水汽进入接头。彻底检测 ECM 接头 J1/P1 和 J2/P2 是否有水汽进入的迹象。

注意：ECM 接头密封件轻微磨损是正常的。密封件轻微磨损不会使水汽进入接头。

③ 如果接头中的水汽或腐蚀明显，那么必须要找到水汽进入接头的源头并进行修理。如果水汽进入接头的故障没有得到修理，那么故障将再次发生。仅仅使接头干燥并不能排除故障。

当密封件安装不正确、密封件损坏或丢失、暴露的绝缘层上有刻痕、接头插接不正确时，水汽会进入接头。水汽也可以从另一个接头进入并从电线的内部进入 ECM 接头中。如果发现 ECM 接头中有水汽，那么要彻底检测和 ECM 连接的所有接头和电线。ECM 中不可能进入水汽，如果在 ECM 接头上发现水汽，那么不要更换 ECM。

注意：如果针脚、插座或接头上的腐蚀明显，那么只能用棉刷或软刷和工业酒精清除这些腐蚀物。不能使用有腐蚀性的清洁剂，以避免损坏接头。

如果所有接头连接正确，密封良好，线束和配线没有腐蚀、磨损或扭结，那么进行检测步骤 7。

如果接头连接不正确或密封不好或线束和配线腐蚀、磨损或扭结，那么应维修或更换接头或配线，确保所有密封件都在正确位置且所有接头都完全插入。

使柴油机运转几分钟并再次检测是否有水汽存在，确认已经排除了故障。如水汽再次出现，它是通过毛细作用进入接头的，即使水汽进入路径已经得到维修，也要更换有水汽的电线。

（9）电气接头检测步骤 7——检测接头端子

检测端子有没有损坏，端子是否正确地和接头对准，端子是否正确地位于接头内部。

如果端子正确对准且端子看上去没有损坏，那么进行检测步骤 8。

如果端子没有正确对准或端子看上去损坏，那么修理或更换端子。

（10）电气接头检测步骤 8——检测每个针角在插座中的插接情况

① 使用一个新的针脚，将针脚插入每个插座，一次插入一个插座，这样可以确定插座是否能很好地夹紧针脚。

② 使用一个新的插座，将插座插入每个针脚上，一次插入一个针脚，这样可以确定插座是否能很好地夹紧针脚。针脚位于接头的插接侧。

③ 当接头固定在图 6-21(a) 所示位置时，接触端子应该保持连接，接触端子是针脚或者插座。插座接触见图 6-21(b)。

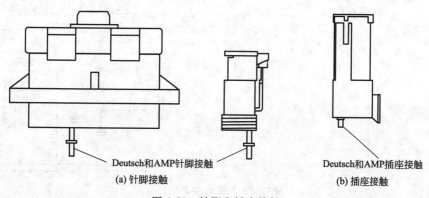

图 6-21　针脚和插座接触

如果针脚和插座接触良好，那么检测结束；否则，进行修理或更换端子。

6.2.5　ECM 供电电路检测

（1）系统运行说明

ECM 通过由柴油机线束提供的配线接收电源电压（蓄电池电压）。当点火钥匙开关在 ON 或 START（启动）位置时，ECM 从接头 P1 端子 70（点火钥匙开关）上接收蓄电池电压。当 ECM 检测到在这个输入端子上存在蓄电池电压时，ECM 接通电源。当蓄电池电压从这个输入端子上去除掉时，ECM 将断电。

ECM 间歇性供电，可能是由于正极侧（未受开关保护的蓄电池正极）或负极侧（蓄电池负极）电路有故障。

一般情况下，数据传输接头可以得到蓄电池电源，数据传输接头的蓄电池电源和点火钥匙开关没有关系。因此，能给 ET 通电，但也许不能和 ECM 通信。点火钥匙开关在 ON 位置，ECM 才能保持通信。如果点火钥匙开关在 OFF 位置，连接 ET 后，ECM 将断电不长的一段时间，这是正常的，进行 CAT 数据传输电路的检测。对于间歇性故障，如间歇性断电，是由柴油机配线引起的，暂时旁通柴油机配线是一种确定故障根源的有效方法。如果随着柴油机配线旁通症状消失，那么柴油机配线就是产生故障的原因。

通过供电电路检测确定柴油机线束是否提供正确的电压。如果故障代码 0168-02 被记录了几次或怀疑 ECM 没有得到蓄电池供电电压，那么使用这个方法进行检测。

注意：通过快速循环操作点火钥匙开关，可以产生这个故障代码。对于挖掘机的一些模块，也需要这样来使故障代码显示。如果这样做了，要清除已记录的故障代码，防止将来出现混淆和不正确的诊断。

（2）ECM 供电电路

ECM 供电电路如图 6-22 所示。

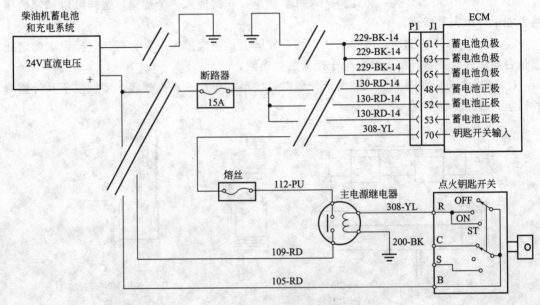

图 6-22　ECM 供电电路

（3）ECM 供电电路检测步骤 1——检测电气接头和配线

① 彻底检测 ECM 接头 J1/P1、蓄电池连接及到点火钥匙开关的连接。

② 在 ECM 接头中和未受开关保护的蓄电池正极（端子 48、52 和 53）、蓄电池负极（端子 61、63 和 65）、点火钥匙开关（端子 70）的每条电线上，进行一次 45N 拉力检测。ECM 接头 J1/P1 见图 6-23。

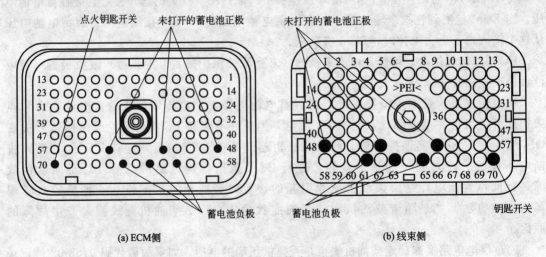

图 6-23　ECM 接头 J1/P1

③ 检测 ECM 接头六方头螺钉的扭矩是否为 6N·m。

④ 检测蓄电池和 ECM 间的线束和配线是否磨损和存在扭点，同时，也要检测点火钥匙开关和 ECM 间的线束和配线是否磨损和存在扭点。

　　所有接头、针脚和插座都连接良好并插入可靠，线束和配线没有腐蚀、磨损或扭点，诊断和排除故障代码 0168-02，进行检测步骤 2。

　　如果有的接头、针脚和插座连接不完全和插入不可靠，线束和配线腐蚀、磨损或扭结，那么说明接头或配线有故障，应检修或更换接头或配线。确保所有密封件都在正确位置且所有接头部分完全插入。

　　（4）ECM 供电电路检测步骤 2——在 ECM 上检测蓄电池电压

　　① 从接头 J1 上断开接头 P1，插入一个 70 个端子的 T 形转接盒。ECM 的 T 形转接盒 ECM 侧接头见图 6-24。

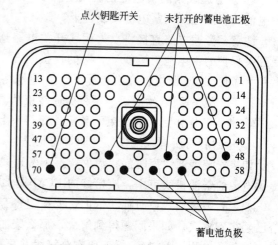

图 6-24　ECM 的 T 形转接盒 ECM 侧接头

　　② 在接头 P1 端子 48（未受开关保护的蓄电池正极）和 61（蓄电池负极）间测量电压。

　　③ 在接头 P1 端子 52（未受开关保护的蓄电池正极）和 63（蓄电池负极）间测量电压。

　　④ 在接头 P1 端子 53（未受开关保护的蓄电池正极）和 65（蓄电池负极）间测量电压。

　　⑤ 将点火钥匙开关转到 ON 位置。

　　⑥ 在接头 P1 端子 70（未受开关保护的蓄电池正极）和 63（蓄电池负极）间测量电压。如果测量电压在 23.0～25.5V（直流电压）间，此时没有出现怀疑的间歇性故障，那么说明 ECM 正在接收正确的电压。

　　如果怀疑间歇性故障存在，那么进行电气接头的检测。

　　如果蓄电池电压超出范围，那么进行检测步骤 3。

　　如果间歇性有电压或者没有电压，那么进行检测步骤 4。

　　如果电压超出范围，那么沿着点火钥匙开关的配线查找，点火钥匙开关的配线从 ECM 通过点火钥匙开关电路连接到蓄电池，检测电路或配线的电路保护装置，找到故障并修理。

　　（5）ECM 供电电路检测步骤 3——检测蓄电池

　　① 在蓄电池接线柱上测量无负载蓄电池电压。

　　② 使用蓄电池负载检测器（零件号：4C-4911），检查蓄电池电压。

　　如果蓄电池通过负载检测，测量电压高于 23V（直流电压），那么应检修柴油机配线线束。

　　如果蓄电池通过负载检测，测量电压低于 23V（直流电压），那么应重新充电或更换有故障的蓄电池。

　　（6）ECM 供电电路检测步骤 4——使用 ET 的旁通线束使柴油机线束旁通

　　这个旁通线束只用于检测，此旁通线束只能短暂连接到挖掘机上。使用旁通线束是为了确定间歇性故障的原因是否是 ECM 或点火钥匙开关的蓄电池电源中断。旁通线束连接见图 6-17。

　　① 将点火钥匙开关转到 OFF 位置。

　　② 断开 ECM 接头 J1/P1。

　　③ 将旁通线束连接到 ECM 接头 J1 上。

④ 从旁通线束的蓄电池正极线上拆下 20A 串联熔丝；将未受开关保护的蓄电池正极和蓄电池线直接连接到蓄电池接线柱上。

注意：旁通电路直接将点火钥匙开关电路连接到 ECM 上，ECM 将保持有电，直到未受开关保护的蓄电池正极线"＋"的连接断开。从串联熔丝座上拆下 20A 串联熔丝，这样做是为了使 ECM 断电。在没有拆下 20A 串联熔丝前，不要将旁通线束连接到蓄电池上。在没有拆下 20A 串联熔丝前，不要将旁通线束从蓄电池上断开。

⑤ 将 ET 连接到旁通线束的数据传输接头上，确认通信已经建立。

⑥ 检测后将所有配线恢复到原来的状况。

如果安装旁通线束时症状消失，拆下旁通线束时症状又会出现，那么故障出在向 ECM 提供电源的柴油机线束中，应检修向 ECM 提供电源的配线。

如果安装旁通线束时症状依旧，那么应将旁通线束安装到另一个蓄电池上并检查问题是否已经得到解决。如果问题得到解决，那么柴油机线束存在问题；如果问题仍存在，那么暂时连接一个检测用 ECM，拆下所有跨接线并更换所有接头，再次检测系统中是否有故障代码并重复检测步骤。

如果连接检测用 ECM，问题得到了解决，那么可能是 ECM 有故障。如果连接怀疑有问题的 ECM，问题又再次出现，那么更换 ECM。

6.2.6 柴油机压力传感器电路断路或短路检测

（1）系统运行说明

每当 ECM 通电且点火钥匙开关位于 OFF 位置超过 5s 时，ECM 便会对传感器进行自动校准。在自动校准期间，ECM 根据气压传感器和允许的压力偏差范围对压力传感器进行校准。

此检测用于对模拟柴油机传感器回路中的断路或短路进行故障诊断和排除。这些传感器向柴油机 ECM 提供非常多的信号，也从 ECM 接收调整过的 5.0V 直流电压。

注意：如果 ECM 检测到模拟传感器供电电压有故障，那么进行柴油机传感器供电电路的检测。压力传感器与蓄电池正极断路/短路和接地短路故障代码如下。

① 故障代码 0094-03。

② 故障代码 0094-04。

③ 故障代码 0100-03。

④ 故障代码 0100-04。

⑤ 故障代码 0164-02。

⑥ 故障代码 0164-04。

⑦ 故障代码 0273-03。

⑧ 故障代码 0273-04。

⑨ 故障代码 0274-03。

⑩ 故障代码 0274-04。

（2）传感器位置和电路

传感器在柴油机上的安装位置见图 6-25，柴油机传感器供电电路见图 6-1。

（3）柴油机压力传感器电路断路或短路检测步骤 1——检测当前的 5V 传感器供电故障代码

① 将 ET 连接到 ET 连接器上。

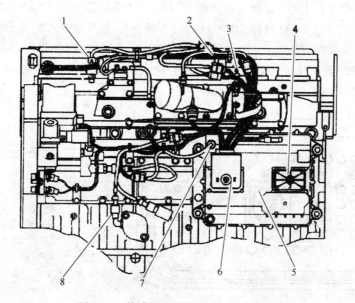

图 6-25　传感器在柴油机上的安装位置

1—喷油驱动压力传感器；2—气压传感器；3—涡轮增压器出口压力传感器；4—ECM 接头 J1/P1；
5—电控模块（ECM）；6—ECM 接头 J2/P2；7—燃油压力传感器；8—机油压力传感器

② 将点火钥匙开关转到 ON 位置，等待 15s，让故障代码显示。

③ 检测是否存在故障代码 0262-03 和 0262-04。

如果上面列出的一个或多个故障代码是当前的，那么进行柴油机传感器供电电路的检测。

如果供电电路没有故障代码，那么进行检测步骤 2。

（4）柴油机压力传感器电路断路或短路检测步骤 2——检测传感器和支架的安装

检测是否有下列故障代码。

a. 故障代码 0094-03。

b. 故障代码 0094-0。

c. 故障代码 0100-03。

d. 故障代码 0100-04。

e. 故障代码 0164-02。

f. 故障代码 0164-04。

g. 故障代码 0273-03。

h. 故障代码 0273-04。

i. 故障代码 0274-03。

j. 故障代码 0274-04。

注意：故障代码 0262-03 和 0262-04 应都不存在。

如果上面列出的一个或多个故障代码是当前的，那么进行检测步骤 3。

如果没有当前故障代码，而先前的故障代码被记录了且发动机运转不正常。如果此时柴油机运转正常，那么可能是因间歇性状况而产生历史故障代码。

（5）柴油机压力传感器电路断路或短路检测步骤 3——检测连接器和导线

① 检测 ECM 接头 J2/P2、涡轮增压器出口压力传感器接头 J200/P200、机油压力传感器接头 J201/P201、气压传感器接头 J203/P203、喷油驱动压力传感器接头 J204/P204 和燃油压力传感器接头 J208/P208。

② 对与故障代码有关的 ECM 连接器和传感器连接器的导线进行 45N 的拉力检测。ECM 接头 J2/P2 见图 6-26。

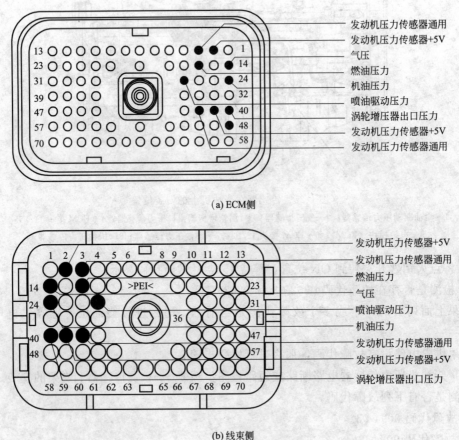

(a) ECM侧

(b) 线束侧

图 6-26　ECM 接头 J2/P2

③ 检测 ECM 连接器六角螺钉的扭矩是否为 6.0N·m。

④ 检测线束和导线是否磨损，检测从传感器后面到 ECM 是否有扭点。

如果所有连接器、插销和插座都完全配对并插入，线束和导线没有腐蚀、磨损和扭点，那么进行检测步骤 4。

如果线束和连接器有故障，那么应检修或更换线束和连接器。确保所有密封件都在正确的位置上且连接器都完全配对。

(6) 柴油机压力传感器电路断路或短路检测步骤 4——检测故障代码是否仍存在

① 查看 ET "自行诊断代码" 屏，检测并记录故障代码。

② 确定与断路或短路故障代码有关的故障。

如果存在短路故障代码，那么进行检测步骤 5。

如果存在断路故障代码，那么进行检测步骤 6。

(7) 柴油机压力传感器电路断路或短路检测步骤 5——断开传感器以产生断路

① 将点火钥匙开关转到 OFF/RESET（关闭/复位）位置。

② 断开有短路故障代码的传感器连接器。

③ 将点火钥匙开关转到 ON 位置，等待 15s。

④ 查看 ET"自行诊断代码"屏，检测有无当前断路故障代码。

如果断开传感器前存在短路故障代码，断开传感器后才出现断路故障代码，那么进行检测步骤 7。

如果传感器线束连接器和 ECM 间短路，那么让传感器保持断开，进行检测步骤 9。

（8）柴油机压力传感器电路断路或短路检测步骤 6——测量传感器供电电压

① 将点火钥匙开关转到 OFF/RESET 位置。

② 从柴油机线束上断开传感器。

③ 只将 T 形转接盒端子 3 接到柴油机线束上，切勿将传感器接到 T 形转接盒上。

④ 将点火钥匙开关转到 ON 位置。

⑤ 测量端子 A（压力传感器电源）到端子 B（传感器共同电源）的电压。

如果电压为 4.5～5.5V，那么拆下 T 形转接盒，进行检测步骤 8。

如果电压不在 4.5～5.5V 范围内，那么进行柴油机传感器供电电路的检测。

（9）柴油机压力传感器电路断路或短路检测步骤 7——检查短路是在连接器中还是在传感器中

① 检查连接器上有无水汽。

② 检测密封情况，并将传感器接回。

③ 如果短路故障代码再次出现，那么问题应出在传感器或引线线束连接器上，应暂时将新的传感器连到线束上，但不要将新的传感器装入柴油机中。

④ 当将新的传感器连在线束上时，检测有无短路故障代码。

如果连接新的传感器后没有短路故障代码，那么确认故障被排除，清除所有故障代码。

如果连接新的传感器后仍存在短路故障代码，那么应检修或更换柴油机线束连接器。

（10）柴油机压力传感器电路断路或短路检测步骤 8——在信号和柴油机线束连接器通用端子间产生短路

① 将点火钥匙开关转到 ON 位置。

② 装配一条 150mm 长的跨接导线，在导线两端压上 Deutsch 端子。

③ 在安装跨接导线前后查看 ET"自行诊断代码"屏。

④ 将跨接导线安装在柴油机线束连接器上，将跨接导线的一端接到传感器信号（端子 C），再将跨接导线另一端接到压力传感器（端子 B）的共同连接点。等待 15s，以显示故障代码。Deutsch DT 连接器端子见图 6-27。

如果安装跨接导线后出现短路故障代码，拆除跨接导线后出现断路故障代码，那么说明

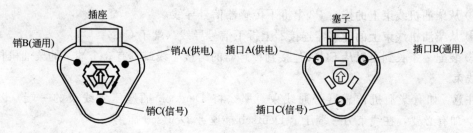

图 6-27　Deutsch DT 连接器端子

柴油机线束和 ECM 都没有问题，应进行下述检修：

　　a. 暂时连接可疑的传感器；

　　b. 如果出现故障代码，那么更换传感器；

　　c. 确认故障代码不再出现。

　　如果安装跨接导线后仍出现断路故障代码，那么断路最有可能发生在传感器共同线路或 ECM 和传感器间的柴油机线束传感器信号导线上，拆除跨接导线，进行检测步骤 9。

　　(11) 柴油机压力传感器电路断路或短路检测步骤 9——在 ECM 连接器上产生断路和短路，以检测 ECM 运行情况

　　① 将点火钥匙开关转到 OFF/RESET 位置。

　　② 断开 ECM 柴油机线束接头 J2/P2。检测连接器两边是否腐蚀或有无水汽。

　　③ 将点火钥匙开关转到 ON 位置，查看 ET "自行诊断代码" 屏，等待 15s，以显示故障代码。对于可疑的传感器，断路故障代码应存在。

　　注意：断开柴油机线束时，压力传感器的所有断路故障代码都出现，这是正常的。不用理会其他压力传感器的故障代码，将注意力集中在可疑传感器的故障代码上。

　　④ 将点火钥匙开关转到 OFF/RESET 位置。

　　⑤ 装配一条 150mm 长的跨接导线，在导线两端压上 Deutsch 插座。

　　⑥ 在 ECM 接头 J2 上安装跨接导线，将跨接导线插入可疑的传感器信号端子和柴油机压力传感器（端子 3）的共同连接点之间。安装跨接导线后短路故障代码应出现。

　　接头 P2 连接见图 6-26。

　　如果断路故障代码和短路故障代码是当前的，那么说明 ECM 运行良好，进行检测步骤 10。

　　如果线束断开时断路故障代码不出现或安装跨接导线后短路故障代码不出现，那么应进行下述检修：

　　a. 暂时连接检测用的 ECM；

　　b. 拆下所有跨接导线并更换所有连接器；

　　c. 再次检测系统有无故障代码；

　　d. 重复检测步骤；

　　e. 如果连上检测用的 ECM 后问题解决了，那么再重新连回可疑的 ECM；

　　f. 如果连回可疑的 ECM 后问题又产生了，那么更换 ECM。

　　(12) 柴油机压力传感器电路断路或短路检测步骤 10——在 ECM 和传感器连接器间将线束布线旁通

　　① 将点火钥匙开关转到 OFF/RESET 位置。

　　② 断开 ECM 柴油机线束接头 J2/P2 和传感器连接器。

　　③ 从柴油机线束上的接头 P2 上拆下传感器信号导线。

　　④ 从柴油机线束上的传感器连接器上拆下信号导线（端子 C）。

　　⑤ 装配一条长到足以从 ECM 连接到传感器的跨接导线或具有 3 个端子的柴油机传感器旁通线束。

　　注意：如有柴油机传感器旁通线束，那么将 Deutsch 插座压到线束的一端，以连接 ECM。如有必要，在线束另一端压上 Deutsch 插座或 Deutsch 插销。

　　⑥ 将柴油机传感器旁通线束插入柴油机线束上的接头 P2 中。将柴油机传感器旁通线束

的另一端插入柴油机线束的传感器连接器中。

⑦ 重新接回 ECM 柴油机线束接头 J2/P2 和传感器连接器。

⑧ 将点火钥匙开关转到 ON 位置。

⑨ 查看 ET "自行诊断代码" 屏有无传感器断路故障代码和短路故障代码。

如果安装跨接导线或旁通线束后故障代码消失，那么说明配线线束有故障，应检修或更换存在故障的配线线束，并清除所有故障代码。

如果安装跨接导线或旁通线束后故障代码依旧存在，那么应重新进行此程序并认真执行每一个步骤。确认故障被排除，检测结束。

6.2.7　柴油机速度/正时传感器电路检测

（1）系统运行说明

如果来自两个传感器中任何一个的信号存在，那么柴油机能够启动且还能运转。柴油机运转期间，如果两个传感器的信号都丢失，那么 ECM 将会使喷油中断并使柴油机熄火。柴油机启动期间，如果两个传感器的信号都丢失，那么柴油机将不能启动。

两个传感器都是磁性传感器，两个传感器是不能互换的。不要交换传感器的位置，两个传感器必须成对地更换。

当存在和柴油机速度/正时传感器电路有关的当前故障代码时，要使用这个方法对系统进行故障检修。

如果需要更换 ECM，那么可将 ECM 参数从怀疑有问题的 ECM 传送到更换的 ECM 中。这个功能要使用 ET 才能完成。

安装传感器时，按下述步骤进行：

① 用机油润滑 O 形密封圈；

② 确保传感器的密封圈位于接头体内的接头面上。如果密封圈损坏或丢失，那么更换密封圈；

③ 拧紧装配支架螺栓前，确保传感器完全装入柴油机中；

④ 确保接头两侧都已锁住；

⑤ 确保线束已经正确定位并固定到线束夹中。

（2）传感器电路

柴油机速度/正时传感器电路见图 6-28。

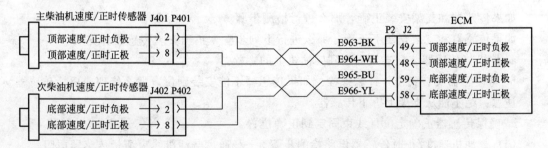

图 6-28　柴油机速度/正时传感器电路

（3）柴油机速度/正时传感器电路检测步骤 1——检测有无故障代码

① 将 ET 连接到驾驶室数据传输接头上。

② 将点火钥匙开关转到 ON 位置。

③ 检测是否存在下列当前故障代码或历史故障代码：

a. 故障代码 0190-02；

b. 故障代码 0190-11；

c. 故障代码 0342-02；

d. 故障代码 0342-11。

注意：如果故障代码被记录但没有启动，那么需要使柴油机运转，直到达到正常的工作温度才能显示故障代码。因为只有当柴油机达到正常工作温度时，故障才有可能发生。启动柴油机的同时在 ET 上监测柴油机转速。

当柴油机正在启动时，需要使用另一个蓄电池给 ET 加电，这样做是为了确保 ET 不重新设置。

如果上面列出的一个或多个故障代码是当前故障代码或历史故障代码，那么进行检测步骤 3。

如果上面列出的故障代码都没有出现且柴油机运转不正常，那么按柴油机无故障码故障的诊断与排除进行维修。

如果柴油机转速没有显示在 ET 上，那么进行检测步骤 2。

（4）柴油机速度/正时传感器电路检测步骤 2——检测传感器和支架的安装

① 为了确保正常工作，传感器凸缘应该和柴油机平齐。

② 检测支架，确保传感器凸缘和柴油机平齐。检测支架是否弯曲变形。传感器凸缘和装配支架见图 6-29。

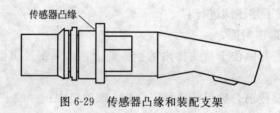

图 6-29　传感器凸缘和装配支架

注意：不能单独更换支架。

③ 确保 O 形密封圈已经安装在传感器上且 O 形密封圈没有损坏。

注意：如果传感器凸缘弯曲或有障碍物阻止传感器读取正确波形，那么柴油机将不启动。

如果传感器和支架安装正确，那么进行检测步骤 3。

如果传感器和支架安装不正确，那么进行下列步骤，正确安装传感器和支架：

a. 拧松将传感器装配支架固定到柴油机上的螺栓。

b. 将传感器安装到位并拧紧螺栓。如果传感器不能安装到位，那么修理或更换传感器。

注意：绝不能从支架上拆下传感器。

c. 确保传感器正确定位且线束固定到正确位置上。

（5）柴油机速度/正时传感器电路检测步骤 3——通过柴油机线束测量传感器电阻

① 将点火钥匙开关转到 OFF/RESET 位置。

② 检测 ECM 接头 J2/P2。

③ 在接头 P2 中 48、49、58、59 的每条导线上进行一次 45N 的拉力检测，接头 P2 和柴油机速度/正时传感器有关。ECM 接头 J2/P2 见图 6-30。

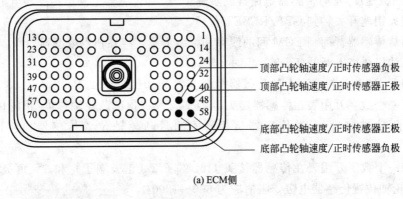

(a) ECM侧

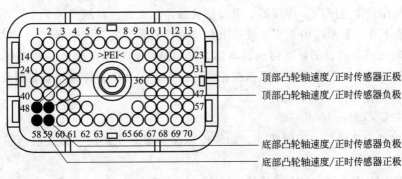

(b) 线束侧

图 6-30　ECM 接头 J2/P2

④ 确保接头上的锁片正确、完全地锁住。

⑤ 检测 ECM 接头六方头螺钉的扭矩是否为 6N·m。

⑥ 如果发现故障，那么检修线束或接头。

⑦ 确保线束正确布线，并固定到正确位置上。

⑧ 确保线束没有拉得太紧。当线束拉得过紧时，振动或移动能引起间歇性连接故障。

⑨ 检测线束上是否有扭点或者磨损。

⑩ 如果线束和接头是好的，那么断开 ECM 接头 J2/P2。

⑪ 按照下列步骤测量顶部凸轮轴速度/正时传感器电阻。

a. 使用一个数字万用表在接头 P2 端子 48（顶部凸轮轴速度/正时传感器正极）和 49（顶部凸轮轴速度/正时传感器负极）间测量传感器电阻，阻值应为 75～230Ω。

b. 在进行电阻测量的同时，通过扯动线束来检测是否存在间歇性断路或短路。拉或摇晃传感器正后方的导线。

⑫ 按照下列步骤测量底部正时/速度传感器电阻。

a. 使用一个数字万用表在接头 P2 端子 58（底部凸轮轴速度/正时传感器正极）和 59（底部凸轮轴速度/正时传感器负极）间测量传感器电阻，阻值应为 600～1800Ω。

b. 在进行电阻测量的同时，通过扯动线束来检测是否存在间歇性断路或短路。拉或摇晃传感器正后方的导线。

如果阻值在正常范围内，不存在断路或短路故障，那么进行检测步骤 5。

如果阻值不在正常范围内，那么进行检测步骤 4。

（6）柴油机速度/正时传感器电路检测步骤 4——在传感器上测量传感器电阻

① 将点火钥匙开关转到 OFF/RESET 位置。

② 检测从传感器背面到 ECM 间的线束和配线上是否存在扭点或磨损。

③ 从柴油机线束上断开怀疑有故障的传感器。

④ 检测 ECM 柴油机线束上的传感器接头 J401/P401 或 J402/P402。

⑤ 使用一个数字万用表在传感器接头 J401 端子 2（顶部凸轮轴速度/正时传感器正极）和 1（顶部凸轮轴速度/正时传感器负极）间测量凸轮轴位置传感器电阻，阻值应为 75～230Ω。

⑥ 使用一个数字万用表在传感器接头 J402 端子 2（正极端子）和 1（负极端子）之间测量底部凸轮轴位置传感器电阻，阻值应为 600～1800Ω。

如果阻值在正常范围内，传感器电阻是正确的，那么进行检测步骤 5。

如果阻值不在正常范围内，那么按照下列步骤检测并安装新传感器。

a. 安装新传感器前，测量新传感器电阻。如果新传感器阻值超出正常范围，那么检测配线线束是否损坏。如果新传感器阻值在正常范围内，那么将新传感器安装到柴油机上。

b. 拧松固定传感器支架的螺栓。

c. 正确安装 O 形密封圈。

d. 将传感器安装到位并拧紧螺栓。如果传感器不能安装到位，那么根据需要修理或更换传感器。

注意：绝不能从支架上拆下传感器。

e. 确保传感器正确定位且线束固定到正确位置上。

（7）柴油机速度/正时传感器电路检测步骤 5——为了检测柴油机速度/正时传感器，安装旁通线束

① 将点火钥匙开关转到 OFF/RESET 位置。

② 断开 ECM 接头 J2/P2。

③ 分别将配线线束的白线、黑线、黄线、蓝线安装到接头 P2 端子 48、49、58、59 上。

注意：需要将配线成对地扭绞。确保在每 2.54cm 长度上配线至少扭绞一次。

④ 重新连接 ECM 接头 J2/P2。

⑤ 启动柴油机，确定旁通线束是否排除了故障。

如果安装旁通线束后故障得到排除，那么说明旁通线束修正了这个故障，应检修或更换线束。

如果旁通线束没有修正这个故障，那么安装原来的线束，进行检测步骤 6。

（8）柴油机速度/正时传感器电路检测步骤 6——检测 ECM

① 将点火钥匙开关转到 OFF 位置。

② 暂时连接一个检测用 ECM。

③ 启动柴油机，使柴油机运转，以重复故障出现时的条件。

④ 如果使用检测用 ECM 时故障得到排除，那么重新连接怀疑有故障的 ECM。

如果使用检测用 ECM 时故障得到排除，但使用怀疑有故障的 EGM 时故障又重新出现，那么更换 ECM。

如果使用检测用 ECM 时故障没有排除，那么应检修或更换传感器。

6.2.8　柴油机温度传感器电路断路或短路检测

（1）系统运行说明

每个温度传感器故障代码的检修步骤都是一样的。温度传感器有两个端子，其不需要来自 ECM 的供电电压。ECM 接头 J2/P2 端子 18 是柴油机温度传感器的公共连接端子。传感器公共连接端子是所有温度传感器共用的。公共线连接到每个传感器的端子 2 上，端子 1 是传感器的输出端子。信号电压通过每个传感器的端子 1 到 ECM 接头 J2/P2 相应的端子上。

只有当前故障代码存在，才能使用这个方法对系统进行故障检修。该方法包括与进气温度传感器、冷却液温度传感器和机油温度传感器有关的断路或短路检测。

（2）柴油机温度传感器电路

柴油机温度传感器电路见图 6-31。

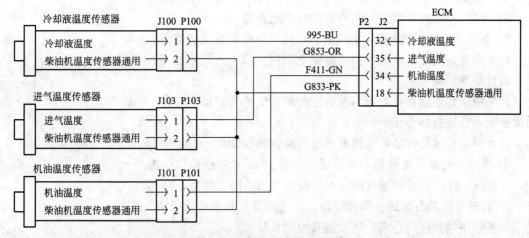

图 6-31　柴油机温度传感器电路

（3）柴油机温度传感器电路断路或短路检测步骤 1——检测所有故障代码

① 将 ET 连接到 ET 连接器上。

② 将点火钥匙开关转到 ON 位置，等待 15s，以使故障代码出现。

③ 检测是否存在下列故障代码。

a. 故障代码 0110-03。

b. 故障代码 0110-04。

c. 故障代码 0172-03。

d. 故障代码 0172-04。

e. 故障代码 0175-03。

f. 故障代码 0175-04。

如果上面列出的一个或多个故障代码被显示，那么进行检测步骤 2。

如果上面列出的故障代码当前不存在且柴油机正常运转，那么按柴油机无故障码故障的诊断与排除进行维修。

如果此时柴油机运转正常，间歇性故障产生于历史故障代码。

（4）柴油机温度传感器电路断路或短路检测步骤 2——检测电气连接和配线

① 检测 ECM 柴油机线束接头 J2/P2 和怀疑有故障的传感器连接器。

② 在与故障代码相关的传感器连接器和 ECM 接头中的每条导线上进行一次 45N 的拉

力检测。ECM 接头 J2/P2 见图 6-32。

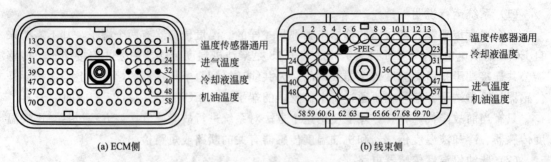

图 6-32　ECM 接头 J2/P2

③ 检测连接器锁片是否正确锁住，锁片是否处于完全锁住位置。

④ 检测 ECM 连接器六方头螺钉的扭矩是否为 6N·m。

⑤ 检测从传感器到 ECM 的线束和配线是否存在扭点或磨损。

如果所有连接器、插销和插座都完全配对并插入，线束和导线没有腐蚀、磨损和扭点，那么进行检测步骤 3。

如果线束和连接器有故障，那么应检修或更换线束和连接器。确保所有密封件都在正确的位置上，且连接器都完全配对。

（5）柴油机温度传感器电路断路或短路检测步骤 3——检查故障代码是否仍然存在

① 将点火钥匙开关转到 ON 位置，等待 15s，以使故障代码出现。

② 查看 ET "当前诊断代码" 屏，检测当前故障代码是否存在。

③ 确定故障是与断路故障代码相关，还是与短路故障代码相关。

如果短路故障代码存在，那么进行检测步骤 5。

如果断路故障代码存在，那么进行检测步骤 4。

（6）柴油机温度传感器电路断路或短路检测步骤 4——断开传感器电路从而形成断路

① 将点火钥匙开关转到 OFF/RESET 位置。

② 断开存在短路故障代码的传感器连接器。

③ 将点火钥匙开关转到 ON 位置，等待 15s，以便故障代码显示。

④ 查看 ET "当前诊断代码" 屏，检测当前断路故障代码是否存在。

如果断开传感器前短路故障代码是当前故障代码，断开传感器后断路故障代码被启动，那么进行检测步骤 6。

如果传感器线束连接器和 ECM 间存在短路，那么使传感器断开，进行检测步骤 7。

（7）柴油机温度传感器电路断路或短路检测步骤 5——在传感器连接器的信号端子和公共端子间形成短路

① 将点火钥匙开关转到 ON 位置。

② 做一条长 150mm 的跨接导线，在导线每一端压入一个 Deutsch 端子。

③ 在跨接导线安装前后，查看 ET "当前诊断代码" 屏。

④ 在柴油机线束连接器上安装跨接导线。将跨接导线的一端安装到传感器的信号端子（端子 1）上，将跨接导线的另一端安装到柴油机温度传感器的公共连接端子（端子 2）上。等待至少 15s，以便短路故障代码出现。

如果安装跨接导线时短路故障代码出现，拆下跨接导线时断路故障代码启动，那么说明柴油机线束和 ECM 是好的，应进行下述检修：

　　a. 暂时连接怀疑有故障的传感器；

　　b. 如果故障代码仍然存在，那么更换传感器；

　　c. 确认已排除故障；

　　d. 清除所有故障代码。

如果安装跨接导线时断路故障代码仍然存在，那么最有可能产生断路的位置是 ECM 和传感器之间柴油机线束的传感器公共端子或信号端子，拆下跨接导线，进行检测步骤 7。

（8）柴油机温度传感器电路断路或短路检测步骤 6——确定短路是在连接器中还是在传感器中

① 检测连接器中是否有水汽。

② 检测密封圈并重新连接传感器。

③ 如果短路故障代码再次出现，那么说明传感器有故障，应暂时将一个新传感器连接到线束上，但不要将它安装到柴油机中。

④ 当将新传感器连接到线束上时，检测是否还存在短路故障代码。

如果当连接新传感器时短路故障代码不再出现，那么确认已排除故障，清除所有记录的故障代码，检测结束。

如果当连接新传感器时短路故障代码仍然出现，那么检修柴油机线束连接器。

（9）柴油机温度传感器电路断路或短路检测步骤 7——通过在 ECM 上产生断路和短路以检测 ECM 工作情况

① 将点火钥匙开关转到 OFF/RESET 位置。

② 断开 ECM 线束连接器，检测连接器两边是否有腐蚀物或水汽进入的迹象。

③ 将点火钥匙开关转到 ON 位置，查看 ET"当前诊断代码"屏，等待至少 15s，以便故障代码显示。对于有故障的传感器，断路故障代码应该显示。

注意：当柴油机线束断开时，所有压力传感器的断路故障代码将被启动，这是正常的。不要考虑这些压力传感器的故障代码。

④ 将点火钥匙开关转到 OFF 位置。

⑤ 做一条 150mm 长的跨接导线，在跨接导线的每一端压入一个 Deutsch 插座。

⑥ 将跨接导线安装到 ECM 端子上，将跨接导线插入怀疑有故障的传感器信号端子和柴油机温度传感器的公共端子（端子 18）之间。安装跨接导线时，短路故障代码应该出现。

注意：如果不能接近传感器连接器，那么可以将一个 70 个端子的 T 形转接盒安装到 ECM 连接器上。允许跨接导线插入 T 形转接盒，确保跨接导线插入 T 形转接盒且所有配线线束都连接好。柴油机接头 P2 见图 6-32。

如果拆下跨接导线时断路故障代码出现，安装跨接导线时短路故障代码出现，那么说明 ECM 工作正常，进行检测步骤 8。

如果线束断开时断路故障代码没有显示或安装跨接导线时短路故障代码没有显示，那么应进行下述检修：

　　a. 暂时连接一个检测用 ECM；

　　b. 拆下所有跨接导线并更换所有连接器；

　　c. 重新检测系统是否存在当前故障代码；

　　d. 重复检测步骤；

e. 如果使用检测用 ECM 时故障得到解决，那么重新连接怀疑有故障的 ECM；

f. 如果使用怀疑有故障的 ECM 时故障重新出现，那么更换 ECM。

（10）柴油机温度传感器电路断路或短路检测步骤 8——在 ECM 和传感器连接器间连接旁通线束

① 将点火钥匙开关转到 OFF/RESET 位置。

② 断开 ECM 线束连接器和传感器连接器。

③ 从 ECM 连接器上拆下传感器信号线。

④ 从柴油机线束上的传感器连接器上拆下信号线（端子 1）。

⑤ 做一条两端装有 Deutsch 插座的跨接导线，跨接导线的长度要足够长，能够连接 ECM 和传感器连接器。

⑥ 将跨接导线的一端插入到 ECM 连接器中，将跨接导线的另一端插入到柴油机线束的传感器连接器上。

⑦ 重新连接 ECM 线束连接器和传感器连接器。

⑧ 将点火钥匙开关转到 ON 位置。

⑨ 查看 ET"当前诊断代码"屏，检查是否存在传感器断路故障代码和短路故障代码。

如果安装跨接导线时故障代码消失，那么说明配线线束存在故障，应进行下述检修：

a. 检修或更换有故障的配线线束；

b. 清除所有故障代码。

如果安装跨接导线时故障代码仍然存在，那么重新开始这个检测步骤并认真执行每一步。确认故障排除，检测结束。

6.2.9　燃油泵继电器电路检测

（1）系统运行说明

燃油泵向喷油器提供燃油。根据下面的信息检测燃油泵继电器的操作情况。

注意：进行任何燃油泵检测前，均要检测燃油油位。如果油箱中没有燃油，燃油泵就会损坏。

（2）燃油泵继电器电路

燃油泵继电器电路见图 6-33。

（3）燃油泵继电器电路检测步骤 1——检测电气连接器和配线

① 将点火钥匙开关转到 OFF/RESET 位置。

② 检测 ECM 接头 J1/P1 和电路中的其他接头。

③ 在接头端子 19（燃油泵继电器）上进行 45N 的拉力检测。ECM 接头 J1/P1 见图 6-34。

④ 检测连接器锁片是否正确锁住，锁片是否处于完全锁住位置。

⑤ 检测 ECM 连接器六方头螺钉的扭矩是否为 6N·m。

⑥ 检测从传感器后部到 ECM 的线束和配线是否存在扭点或磨损。

如果所有连接器、插销和插座都完全配对并插入，线束和导线没有腐蚀、磨损和扭点，那么进行检测步骤 2。

如果线束和连接器有故障，那么应检修或更换线束和连接器。确保所有密封件都在正确的位置上，且连接器都完全配对连接。

确认故障排除，清除所有记录故障代码，检测结束。

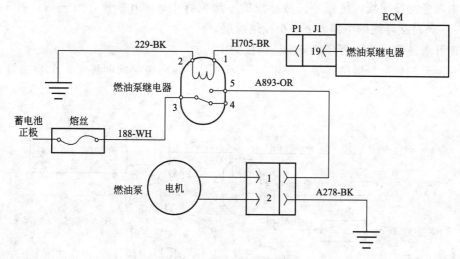

图 6-33　燃油泵继电器电路

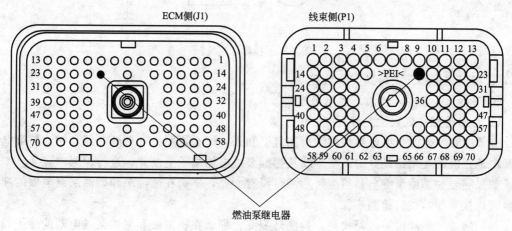

图 6-34　ECM 接头 J1/P1

（4）燃油泵继电器电路检测步骤 2——检测燃油泵继电器控制信号的状态

① 将点火钥匙开关转到 OFF 位置。

② 将 ET 连接到 ET 连接器上。

③ 将点火钥匙开关转到 ON 位置。

④ 进行 ET 上的"燃油泵继电器检测"。

⑤ 开始检测并听一听燃油泵继电器是否有"咔哒"声。

注意：不要连续进行"燃油泵继电器检测"，为了防止蓄电池放电过度，避免燃油泵没有必要的循环。燃油泵有一个 120s 定时器，这是为了在 120s 终止时解除检测。

如果燃油泵继电器启动，燃油泵继电器功能正常，那么检测结束。

如果燃油泵继电器启动，但怀疑燃油泵存在故障，那么进行检测步骤 3。

如果燃油泵继电器没有启动，燃油泵继电器电路中存在故障，那么进行检测步骤 6。

（5）燃油泵继电器电路检测步骤 3——在燃油泵继电器的触点上测量电压

① 将点火钥匙开关转到 OFF 位置。

② 从燃油泵继电器上断开 A893-OR 导线。

③ 做两条跨接导线，使每条跨接导线的一端装有 Deutsch 插座，另一端装有 Deutsch 针脚。从一条跨接导线的中部剥下一小段绝缘层。

④ 断开燃油泵接头，将跨接导线插到接头中。

⑤ 在断开的燃油泵继电器端子和连接到接地端子的跨接导线间连接一个检测灯。连接见图 6-35。

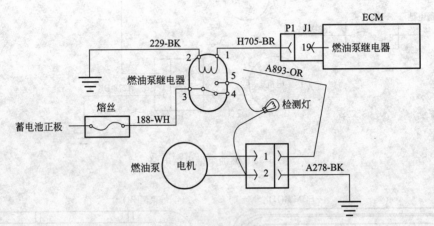

图 6-35 检测灯连接

⑥ 将点火钥匙开关转到 ON 位置。

⑦ 进行 ET 上的"燃油泵继电器检测"。

⑧ 开始检测并观察检测灯。

如果随着"燃油泵继电器检测"检测灯亮和灭，那么说明燃油泵继电器和燃油泵继电器到蓄电池正极的连接都是好的。将导线从燃油泵继电器端子上断开，进行检测步骤 4。

如果随着"燃油泵继电器检测"检测灯没有变亮，那么在燃油泵和燃油泵继电器的端子间重新连接导线，进行检测步骤 9。

如果随着"燃油泵继电器检测"检测灯变亮，那么在燃油泵和燃油泵继电器的端子间重新连接导线，进行检测步骤 9。

（6）燃油泵继电器电路检测步骤 4——检测燃油泵电阻

① 断开燃油泵接头。

② 测量燃油泵电阻。

③ 重新连接燃油泵接头。

如果电阻小于 10Ω，燃油泵电阻正常，那么进行检测步骤 5。

如果电阻大于 10Ω，那么应更换燃油泵。

确认故障排除，检测结束。

（7）燃油泵继电器电路检测步骤 5——检测煤油泵的供电电压

① 断开燃油泵。

② 将点火钥匙开关转到 ON 位置。

③ 进行 ET 上的"优先诊断"。

④ 启动燃油泵继电器。

注意：优先诊断只是将燃油泵继电器启动 120s。

⑤ 使用信号读数探针测量燃油泵继电器端子 2（接地）和 5（燃油泵电源）间的电压。

燃油泵继电器端子见图 6-36。

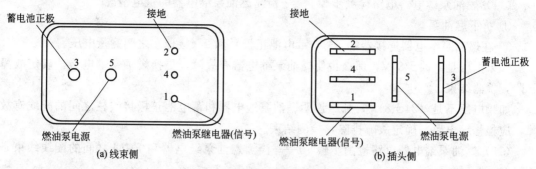

图 6-36　燃油泵继电器端子

如果供电电压大于 22V，ECM 能正确控制燃油泵继电器，但燃油泵不工作，那么应更换燃油泵。确认故障排除，检测结束。

如果供电电压小于 22V，燃油泵没有接收到正确信号，那么进行检测步骤 6。

（8）燃油泵继电器电路检测步骤 6——检测燃油泵继电器电阻

① 将点火钥匙开关转到 OFF/RESET 位置。

② 拔下燃油泵继电器。

③ 在燃油泵继电器端子 1 [燃油泵继电器（信号）] 和 2（接地）之间测量电阻。

如果电阻在 250～500Ω 之间，那么进行检测步骤 7。

如果电阻不在 250～500Ω 之间，那么说明燃油泵继电器有故障，更换燃油泵继电器。确定故障排除，检测结束。

（9）燃油泵继电器电路检测步骤 7——检测到燃油泵继电器的电压信号

① 拔下燃油泵继电器。

② 将点火钥匙开关转到 ON 位置。

③ 进行 ET 上的"优先诊断"。

④ 使燃油泵系统起作用。

⑤ 在燃油泵继电器插头端子 2（接地）和 1 [燃油泵继电器（信号）] 之间测量电压。

如果电压是（24±8）V，那么说明燃油泵继电器正接收 ECM 信号，进行检测步骤 8。

如果电压不是（24±8）V，那么说明燃油泵继电器没有接收 ECM 信号，进行检测步骤 10。

（10）燃油泵继电器电路检测步骤 8——检测燃油泵继电器的输出电压

① 确保所有连接器连接到配线线束上。

② 将点火钥匙开关转到 ON 位置。

③ 进行 ET 上的"优先诊断"。

④ 使燃油泵系统起作用。

⑤ 使用信号读数探针测量燃油泵继电器端子 2（接地）和 5（燃油泵电源）之间的电压。

如果电压是（24±8）V，那么说明燃油泵继电器和燃油泵之间的配线有故障，应检修该电路。确定故障排除，检测结束。

如果电压不是（24±8）V，那么说明燃油泵继电器不能给燃油泵供电，进行检测步骤 9。

(11) 燃油泵继电器电路检测步骤 9——检测燃油泵继电器的供电情况

① 拆下燃油泵。

② 在燃油泵继电器连接器端子 3（蓄电池正极）和 2（接地）之间测量电压。

如果电压是（24±8）V，那么说明燃油泵继电器有故障，更换燃油泵继电器。确定故障排除，检测结束。

如果电压不是（24±8）V，那么说明燃油泵继电器和蓄电池正极接线柱之间的配线有故障，应检修该电路。确定故障排除，检测结束。

(12) 燃油泵继电器电路检测步骤 10——检测燃油泵继电器和 ECM 之间的配线线束是否短路

① 确保钥匙开关在 OFF/RESET 位置。

② 断开 ECM 接头 J1/P1。

③ 拔下燃油泵继电器。

④ 在接头 P1 端子 19（燃油泵继电器信号）和 61（接地）之间测量电阻。ECM 接头 J1/P1 见图 6-37。

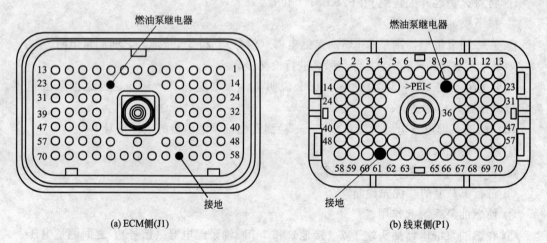

(a) ECM侧(J1)　　　　　　　　　　(b) 线束侧(P1)

图 6-37　ECM 接头 J1/P1

如果电阻大于 20000Ω，那么进行检测步骤 11。

如果电阻小于 20000Ω，那么说明 ECM 和燃油泵继电器之间短路，应检修该电路。确定故障排除，检测结束。

(13) 燃油泵继电器电路检测步骤 11——在 ECM 处检测燃油泵继电器的电压

① 将点火钥匙开关转到 OFF/RESET 位置。

② 从接头 P1 端子 19（燃油泵继电器）处拆下配线。

③ 将点火钥匙开关转到 ON 位置。

④ 进行 ET 上的"优先诊断"。

⑤ 使燃油泵系统起作用。

⑥ 在接头 P1 端子 19（燃油泵继电器）和 61（接地）之间测量开路电压。

⑦ 将点火钥匙开关转到 OFF/RESET 位置。

⑧ 将配线重新连接到接头 P1 端子 19（燃油泵继电器）上。

如果电压是（24±8)V，那么说明 ECM 正提供正确的电压，但线束中存在开路或短路。应检修该电路。确定故障排除，检测结束。

如果电压不是（24±8)V，那么说明 ECM 不能提供正确的电压，应更换 ECM。确定故障排除，检测结束。

6.2.10　喷油驱动压力检测

（1）系统运行说明

当存在故障代码 0164-00 或 0164-11 时，使用下列信息对系统进行故障诊断和排除。

如果下列故障代码中的任何一个被记录，那么请勿进行本检测，请先检修这些故障代码。

① 故障代码 0042-11。

② 故障代码 0164-02。

③ 故障代码 0164-03。

④ 故障代码 0164-04。

注意：故障代码 0164-11 可能是由机械问题触发的。

（2）喷油器喷油驱动系统部件的位置

喷油器喷油驱动系统部件位置见图 6-38。

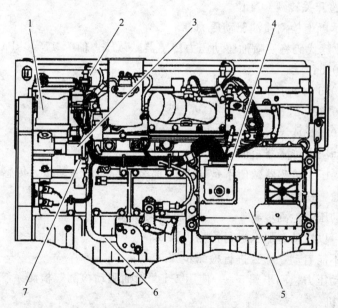

图 6-38　喷油器喷油驱动系统部件位置

1—液压泵；2—喷油驱动压力传感器；3—喷油驱动压力控制阀；4—ECM 接头 J2/P2；
5—电控模块（ECM）；6—液压泵供油管路；7—从泵到歧管的高压机油管路

（3）喷油驱动压力检测步骤 1——检测机油油位

检测机油油位，如果机油适量，那么进行检测步骤 2；否则，调整机油油位。确定故障排除，检测结束。

如果故障没有排除，那么进行检测步骤 2。

（4）喷油驱动压力检测步骤 2——连接 ET 并检测当前故障代码

① 将 ET 连接到数据自动传输器连接器上。

② 将点火钥匙开关转到 ON 位置。

③ 检测有无下列或其他当前故障代码：

a. 故障代码 042-11；

b. 故障代码 0164-02；

c. 故障代码 0164-03；

d. 故障代码 0164-04。

如果故障代码 042-11 存在，那么进行喷油驱动压力控制阀电路的检测。

如果故障代码 0164-02 不存在，那么尝试启动柴油机。若柴油机没有启动，则进行喷油驱动压力检测。

如果故障代码 0164-03 或 0164-04 存在，那么进行柴油机压力传感器电路断路或短路的检测。

如果故障代码 0164-00 或 0164-11 为当前的或历史的，那么进行检测步骤 3。

如果没有当前的或历史的故障代码，那么按柴油机无故障码故障的诊断与排除进行维修。

确认故障排除，检测结束。

（5）喷油驱动压力检测步骤 3——柴油机不工作时检测喷油驱动压力传感器的状态

① 将 ET 连接到驾驶室数据自动传输器连接器上。

② 将点火钥匙开关转到 ON 位置。

③ 在 ET 显示屏上检测喷油驱动压力。

注意：下列故障代码将使喷油驱动压力传感器默认压力值为 17500kPa。

a. 故障代码 0164-03。

b. 故障代码 0164-04。

c. 故障代码 0262-03。

d. 故障代码 0262-04。

如果喷油驱动压力传感器数值是 0kPa，那么进行检测步骤 4。

如果喷油驱动压力传感器数值不是 0kPa，那么进行喷油驱动压力传感器的检测。

确认故障排除，检测结束。

（6）喷油驱动压力检测步骤 4——尝试启动柴油机

如果柴油机可以启动，那么进行检测步骤 5。

如果柴油机不能启动，那么进行检测步骤 6。

（7）喷油驱动压力检测步骤 5——使用 ET“喷油驱动检测”检测系统

① 启动柴油机。

② 使柴油机运转，直到冷却液温度达到 70℃。

③ 将 ET 连接到驾驶室数据自动传输器连接器上。

④ 使柴油机低怠速运转。

⑤ 进入 ET“喷油驱动检测”。

注意：“喷油驱动检测”能够提高或降低喷油驱动压力。

⑥ 开始检测并查看 ET 上实际的喷油驱动压力读数。在不同的压力设置下，将实际的喷油驱动压力和理想的喷油驱动压力进行比较。喷油驱动压力比较见表 6-3。

如果实际的喷油驱动压力和理想的喷油驱动压力相符，喷油驱动输出压力低于 65%，那么进行检测步骤 7。

表 6-3　喷油驱动压力比较

"喷油驱动检测"所需压力/kPa	实际压力/kPa
6000	5300～6700
10000	9300～10700
15000	14300～15700
23000	22300～23700

如果实际的喷油驱动压力和理想的喷油驱动压力不相符，那么进行检测步骤 9。

（8）喷油驱动压力检测步骤 6——断开喷油驱动压力传感器并启动柴油机

① 将点火钥匙开关转到 OFF 位置。

② 断开柴油机线束上的喷油驱动压力传感器接头 J204/P204。

③ 尝试启动柴油机。

如果柴油机可以启动，那么进行喷油驱动压力传感器的检测。确认故障排除，检测结束。

如果柴油机不能启动，那么进行检测步骤 8。

（9）喷油驱动压力检测步骤 7——检测故障代码

① 清除历史故障代码。

② 进行柴油机运转检测，使柴油机带负荷运转，直到它达到工作温度。

③ 检测有无下列故障代码：

a. 故障代码 0042-11；

b. 故障代码 0164-02；

c. 故障代码 0164-03；

d. 故障代码 0164-04。

如果故障代码 042-11 显示，那么进行喷油驱动压力控制阀电路的检测。

如果故障代码 0164-02 不存在，那么尝试启动柴油机。若柴油机没有启动，则进行喷油驱动压力传感器的检测。

如果故障代码 0164-03 或故障代码 0164-04 显示，那么进行柴油机压力传感器电路断路或短路的检测。

如果有多个喷油系统的故障代码为当前的或历史的，那么应进行与该故障代码相关的故障诊断和排除。

确认故障排除，检测结束。

（10）喷油驱动压力检测步骤 8——当启动柴油机时监控喷油驱动压力

① 将点火钥匙开关转到 OFF 位置。

② 断开 ECM 柴油机线束接头 J1/P1。

③ 连接 ET 旁通线束。

注意：旁通线束直接将点火钥匙开关连接到 ECM。ECM 持续接收蓄电池供电，直到蓄电池断开为止。在断开 ECM 电源之前，拆下串联熔丝（20A）。

④ 将 ET 连接到旁通线束连接器上，旁通线束连接见图 6-17。

⑤ 查看 ET 上实际的喷油驱动压力和理想的喷油驱动压力。

⑥ 启动柴油机几秒钟，将实际的喷油驱动压力和理想的喷油驱动压力进行比较。

如果实际的喷油驱动压力低于 700kPa 的理想喷油驱动压力的 76％至少 5s，那么进行柴油机无法启动的检修。

如果实际的喷油驱动压力高于 700kPa 的理想喷油驱动压力的 75％至少 5s，那么进行检测步骤 9。

(11) 喷油驱动压力检测步骤 9——连接 ET 并检测当前故障代码

① 将点火钥匙开关转到 OFF 位置。

② 断开喷油驱动压力控制阀连接在接头 J500/P500 上的柴油机线束。

③ 摇转柴油机 10s，以清除系统中的碎屑，避免阀卡在开启状态使柴油机不能启动。

④ 将点火钥匙开关转到 OFF 位置，将喷油驱动压力控制阀连接到柴油机线束接头 J500/P500 上。

⑤ 启动柴油机，使柴油机运转，直到冷却液温度达到 70℃。

⑥ 进入 ET "诊断菜单"中的"喷油驱动检测"，开始检测。

注意："喷油驱动检测"可以提高或降低喷油驱动压力。

⑦ 开始进行检测，从 ET 上监控实际的喷油驱动压力。比较不同压力设置下的实际喷油驱动压力和所需喷油驱动压力。喷油驱动压力比较见表 6-3。

如果实际的喷油驱动压力与所需的喷油驱动压力相符，喷油驱动输出压力低于 65％，那么进行检测步骤 10。

如果实际的喷油驱动压力和所需的喷油驱动压力不相符，那么进行检测步骤 11，排除故障。

如果柴油机不启动，那么进行检测步骤 18。

(12) 喷油驱动压力检测步骤 10——进行喷油器电磁阀检测

① 清除故障代码。

② 在负载下操作柴油机，直到柴油机达到操作温度。

③ 检测有无下列故障代码：

a. 故障代码 0042-11；

b. 故障代码 0164-02；

c. 故障代码 0164-03；

d. 故障代码 0164-04。

如果故障代码 0042-11 存在，那么进行喷油驱动压力控制阀电路的检测。

如果故障代码 0164-02 不存在，那么尝试启动柴油机。若柴油机没有启动，则进行喷油驱动压力传感器的检测。

如果故障代码 0164-03 或 0164-04 显示，那么进行柴油机压力传感器电路断路或短路的检测。

如果在本次检测后故障代码 0164-03 或 0164-11 为当前故障代码或历史故障代码，那么进行检测步骤 11。

确认故障排除，检测结束。

(13) 喷油驱动压力检测步骤 11——检测高压机油系统是否泄漏

① 将点火钥匙开关转到 OFF 位置。

② 拆下摇臂罩。

③ 启动柴油机，使柴油机运转，直到冷却液温度达到 70℃。

④ 进入 ET "诊断菜单" 中的 "喷油驱动检测"，开始检测。

⑤ 使柴油机低怠速运转，通过 ET 查看实际的喷油驱动压力。检测柴油机有无内部泄漏情况。

⑥ 比较每个喷油器的排放量，检查喷油器有无明显的泄漏现象。将排放量和其他的喷油器比较。喷油器会从顶部排气孔排放少量的机油。喷油器可能的漏油点见图 6-39。

如果没有看到泄漏现象，那么检测机油油位。如果机油位过低，那么断开燃油回油管，摇转柴油机，取少量燃油油样，检测燃油中有无机油。若燃油中有机油，则机油可能从高压机油系统泄漏到低压燃油系统。更换喷油器密封件，重新再检测一次。如果问题没有解决，那么进行检测步骤 13。

如果喷油器有泄漏现象，那么应检修受损的喷油器部件，进行检测步骤 12。

（14）喷油驱动压力检测步骤 12——使用 "喷油驱动检测" 证实修理完成

① 启动柴油机。

② 启动柴油机，使柴油机运转，直到冷却液温度达到 70℃。

③ 将 ET 连接到驾驶室数据自动传输器连接器上。

④ 进入 ET "诊断菜单" 中的 "喷油驱动检测"，开始检测。

⑤ 开始进行检测，从 ET 上查看实际的喷油驱动压力，比较不同压力设置下的实际喷油驱动压力读数和所需的喷油驱动压力读数。

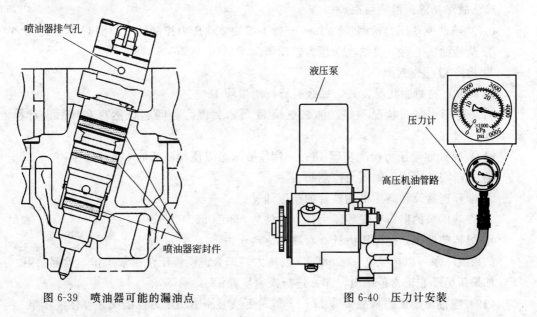

图 6-39　喷油器可能的漏油点　　　　　　　图 6-40　压力计安装

如果实际的喷油驱动压力与所需的喷油驱动压力相符，喷油驱动输出压力低于 65%，那么检测结束。

如果实际的喷油驱动压力与所需的喷油驱动压力不相符且故障代码 0164-00 或 0164-11 被记录，那么检修相关部件。如果没有故障代码且柴油机未通过 "喷油驱动检测"，那么重新进行检测。

确认故障排除，检测结束。

（15）喷油驱动压力检测步骤 13——进行喷油器电磁线圈检测

① 将点火钥匙开关转到 ON 位置。

② 将 ET 连接到驾驶室数据自动传输器连接器上。

③ 进入 ET "诊断菜单"中的"喷油器电磁线圈检测",开始检测。

注意:进行"喷油器电磁线圈检测"每次可启动一个喷油器。当电磁线圈通电时,可以听到电磁线圈发出"咔嗒"的一声。

④ 在 6 个气缸上进行检测,这样可以保证所有电磁线圈都工作正常。

注意:各个喷油器的声音可能不同,这项检测可用于检测电磁线圈的操作情况。

如果所有电磁线圈都动作,那么进行检测步骤 14。

如果所有电磁线圈不动作,那么应更换有故障的喷油器。

确认故障排除,检测结束。

(16) 喷油驱动压力检测步骤 14——塞住液压泵并检测压力

① 断开连接泵和高压机油歧管的高压油管。

② 在液压泵的出口上安装压力计(零件号:8T-0852)。压力计安装见图 6-40。

③ 摇转柴油机,使用压力计查看喷油驱动压力。

如果液压泵可以产生 0~28000kPa 的压力,那么进行检测步骤 15。

如果压力超过 28000kPa,高压泵运行正常,但是系统的其他地方堵塞,那么应进行相关检修。

如果液压泵输出压力为 0kPa,那么更换喷油驱动压力控制阀并重新检测液压泵。

确认故障排除,检测结束。

(17) 喷油驱动压力检测步骤 15——拆下喷油驱动压力控制阀,检测 O 形密封圈

① 从柴油机上拆下喷油驱动压力控制阀。

② 检测 O 形密封圈。

如果 O 形密封圈状况良好,那么进行检测步骤 16。

如果 O 形密封圈状况不好,那么更换 O 形密封圈。若问题仍然存在,则进行检测步骤 16。

(18) 喷油驱动压力检测步骤 16——塞住液压泵以便检测新的 O 形密封圈

① 重新安装喷油驱动压力控制阀。

② 断开连接泵和高压机油歧管的高压油管。

③ 在液压泵的出口上安装压力计(零件号:8T-0852)。

④ 摇转柴油机,使用压力计查看喷油驱动压力。

如果液压泵可以产生 0~28000kPa 的压力,那么说明液压泵正常工作,检测结束。

如果压力不在正常范围内,那么进行检测步骤 17。

(19) 喷油驱动压力检测步骤 17——暂时更换喷油驱动压力控制阀并塞住液压泵

① 安装新的喷油驱动压力控制阀。

② 断开连接泵和高压机油歧管的高压油管。

③ 在液压泵的出口上安装压力计(零件号:8T-0852)。

④ 摇转柴油机,使用压力计查看喷油驱动压力。

如果液压泵可以产生 0~28000kPa 的压力,那么液压系统工作正常,检测结束。

如果压力不在正常范围内,那么更换液压泵。若这样还不能解决问题,则进行电力系统检修。

确认故障排除,检测结束。

（20）喷油驱动压力检测步骤 18——检测液压油系统有无泄漏

① 将点火钥匙开关转到 OFF 位置。

② 拆下摇臂罩。

③ 启动柴油机，使柴油机运转，直到冷却液温度达到 70℃。

④ 进入 ET "诊断菜单" 中的 "喷油驱动检测"，开始检测。

⑤ 使柴油机低怠速运转，从 ET 上查看实际的喷射驱动压力。检测柴油机是否泄漏。

⑥ 比较每个喷油器的排放量，检查喷油器有无明显的泄漏情况。喷油器会从顶部排气孔排放少量的机油。

如果没有泄漏，那么检测机油油位。若机油油位过低，则断开燃油回油管。摇转柴油机，取少量燃油油样，检测燃油中有无机油。如果燃油中有机油，那么机油可能从高压机油系统泄漏到低压燃油系统。更换喷油器密封件，重新再检测一次。确认故障排除，检测结束。

如果喷油器泄漏，那么更换有故障的喷油器，进行检测步骤 12。

6.2.11　喷油驱动压力控制阀电路检测

（1）系统运行说明

喷油驱动压力控制阀可调节通往喷油器的高压机油压力。高压机油用于启动喷油器和控制喷油压力。喷油驱动压力控制阀会将过多的高压机油释放回油槽。ECM 会监控柴油机转速和喷油驱动压力传感器，以控制喷油驱动压力控制阀工作。

当存在故障代码 0042-11 时，使用该检测方法对系统进行检测。

注意：除非从 "喷油驱动系统检测" 中转到该步骤，否则对于喷油驱动系统当前的故障代码 0164-11 不要使用该步骤。如果喷油驱动系统故障代码 0164-11 是当前的故障代码。

（2）喷油驱动系统部件位置和喷油驱动压力控制阀电路

喷油驱动压力控制阀电路见图 6-41。

（3）喷油驱动压力控制阀电路检测步骤 1——检测有无故障代码

① 将 ET 连接到 ET 连接器上。

② 启动柴油机。

③ 查看 ET "自行诊断代码" 屏，检测并记录故障代码。

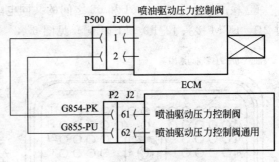

图 6-41　喷油驱动压力控制阀电路

注意：等待至少 15s，以便故障代码显示。

如果故障代码 0042-11 为当前故障代码，那么进行检测步骤 2。

如果没有故障代码，那么按柴油机无故障码故障的诊断与排除进行维修。

确认故障排除，检测结束。

（4）喷油驱动压力控制阀电路检测步骤 2——检测电气连接器和配线

① 检测喷油驱动压力控制阀接头 J500/P500 和 ECM 柴油机线束接头 J2/P2。

② 对 ECM 连接器中的各导线进行 45N 的拉力检测，这些导线和喷油驱动压力控制阀（端子 61 和 62）相连。

③ 检测连接器锁片是否正确锁住，锁片是否处于完全锁住位置。

④ 检测 ECM 连接器六方头螺钉的扭矩是否为 6N·m。

⑤ 检测从传感器到 ECM 的线束和配线是否磨损或有扭点。

如果所有连接器、插销和插座都完全配对并插入，线束和导线没有腐蚀、磨损和扭点，连接器和导线状态良好，那么进行检测步骤 3。

如果线束和连接器有故障，那么应检修或更换线束和连接器，确保所有密封件都在正确的位置上且连接器都完全配对连接。

确定故障已经排除，检测结束。

（5）喷油驱动压力控制阀电路检测步骤 3——测量喷油驱动压力控制阀电磁阀的电阻

① 将点火钥匙开关转到 OFF/RESET 位置。

② 断开喷油驱动压力控制阀接头 J500/P500。

注意：确保断开接头 P500 时，它的密封件仍在连接器上。

③ 使用数字万用表测量喷油驱动压力控制阀线束的两个端子之间的电阻，记录测量的阻值。

④ 互换数字万用表的测头再测一次。

如果喷油驱动压力控制阀电磁阀的电阻是 4～16Ω，那么喷油驱动压力控制阀没有故障。记录测量的阻值，重新连接喷油驱动压力控制阀的线束连接器，进行检测步骤 4。

如果喷油驱动压力控制阀电磁阀的电阻不是 4～16Ω，那么说明喷油驱动压力控制阀有故障，应更换喷油驱动压力控制阀。启动柴油机，确定故障已经排除，检测结束。

（6）喷油驱动压力控制阀电路检测步骤 4——通过柴油机线束测量电磁阀的电阻

① 将点火钥匙开关转到 OFF/RESET 位置。

② 断开 ECM 柴油机线束接头 J2/P2。

③ 检测接头 P2 端子 61 和 62 之间的共同电阻，阻值和上述步骤所测的阻值相差不能超过 2Ω。ECM 接头 J2/P2（ECM 侧）见图 6-42。

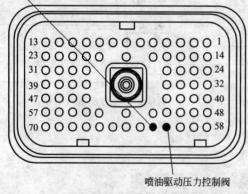

喷油驱动压力控制阀通用

喷油驱动压力控制阀

图 6-42　ECM 接头 J2/P2（ECM 侧）

④ 检测接头 P2 端子 62 和其周围端子 51、52、63 之间的电阻，以查明是否存在短路。

⑤ 检测接头 P2 端子 61 和其周围端子 50、51、52、60 之间的电阻，以查明是否存在短路。注意电阻应当大于 10Ω。

⑥ 检测接头 P2 端子 61 和柴油机接地螺柱之间，接头 P2 端子 62 和柴油机接地螺柱之间的电阻，电阻应当大于 10Ω。

如果电阻测量值在正常范围内，那么喷油驱动压力控制阀线束没有故障，进行检测步骤 5。

如果电阻测量值不在正常范围内，那么喷油驱动压力控制阀线束有故障，应检修或更换喷油驱动压力控制阀线束。

确定故障已经排除，检测结束。

（7）喷油驱动压力控制阀电路检测步骤 5——使用检测灯检测线束

① 将 ET 连接到 ET 连接器上。

② 将点火钥匙开关转到 ON 位置。

③ 进入"喷油驱动压力驱动器检测"。

④ 从液压泵上拆下柴油机线束。

注意：不要将任何太粗的导线或测试灯的探针插入喷油驱动压力驱动器线束连接器 P500 内，这样做会张开连接器的插座，从而使连接器损坏，连接器损坏能导致接触不良。

⑤ 将 ECM 针脚端子（零件号：9X-7200）插入每个喷油驱动压力驱动器线束连接器 P500 中。

⑥ 将检测灯连接到插在连接器 P500 内的 ECM 针脚端子上，使用 ET 开始"喷油驱动压力驱动器检测"。

注意：本检测可能造成故障代码 0042-11 产生，这属于正常现象。

如果检测时检测灯亮，那么进行检测步骤 6。

如果检测时检测灯不亮，那么进行检测步骤 7。

（8）喷油驱动压力控制阀电路检测步骤 6——进行喷油驱动压力检测

① 断开喷油驱动压力控制阀连接在接头 J500/P500 上的柴油机线束。

② 摇转柴油机 30s，摇转 3 次。这样可以将空气从系统中排出。

③ 连接喷油驱动压力控制阀连接在接头 J500/P500 上的柴油机线束。

④ 启动柴油机，进行"喷油驱动压力检测"。"喷油驱动压力检测"位于 ET 的"诊断菜单"中，逐步进行所有压力范围的检测。

⑤ 在进行"喷油驱动压力检测"之后，检测是否有当前或历史故障代码 0042-11。

如果柴油机能启动且未触发任何故障代码，故障已经排除，那么检测结束。

如果柴油机不能启动或触发了故障代码，那么喷油驱动压力控制阀有故障，应更换喷油驱动压力控制阀。确定故障已经排除，检测结束。

（9）喷油驱动压力控制阀电路检测步骤 7——使用 ET"喷油驱动压力驱动器检测"来检测 ECM

① 断开 ECM 柴油机线束接头 J2/P2。

② 将点火钥匙开关转到 ON 位置。

③ 进入 ET"特殊检测菜单"中的"喷油驱动压力驱动器检测"。

④ 将 70 个端子的 T 形连接盒连接到接头 J2 上。

⑤ 将检测灯连接到喷油驱动压力控制阀的柴油机线束连接器、T 形连接盒的端子 61 和 62 上。

⑥ 开始"喷油驱动压力驱动器检测"。

注意：本检测可能造成故障代码 0042-11 产生，这属于正常现象。

如果检测时检测灯亮，那么更换喷油驱动压力控制阀线束。

如果检测时检测灯不亮，那么临时安装检测用的 ECM，重复检测步骤。若这样做能够解决故障，重新安装原来的 ECM 时故障再次发生，则应更换 ECM。

确定故障已经排除，检测结束。

6.2.12　喷油驱动压力传感器检测

（1）系统运行说明

喷油驱动压力传感器测量高压机油歧管的机油压力，歧管内的高压机油用于驱动喷油器并控制喷油压力。喷油驱动压力传感器向 ECM 输送信号，ECM 调用输入信号来计算喷油压力。ECM 使用喷油驱动压力传感器的读数来控制喷油驱动压力控制阀工作。

当存在故障代码 0164-02 时，对系统进行检测。

注意：本步骤能够检测喷油驱动压力传感器的精确度。

（2）喷油驱动系统部件位置和喷油驱动压力传感器电路

喷油驱动压力传感器电路见图 6-43。

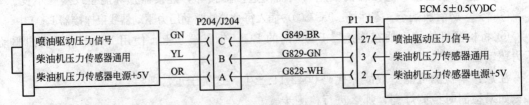

图 6-43　喷油驱动压力传感器电路

（3）喷油驱动压力传感器检测步骤 1——检测有无故障代码

① 将 ET 连接到 ET 连接器上。

② 将点火钥匙开关转到 ON 位置。

③ 查看 ET "自行诊断代码" 屏，检测并记录故障代码。

注意：等待至少 15s，以便故障代码显示。

若故障代码 0164-02 不存在，柴油机不启动，则进行检测步骤 2。

若故障代码 0164-02 存在，柴油机不启动，则进行检测步骤 2。

如果故障代码 0164-03 或 0164-04 为当前故障代码，那么进行柴油机压力传感器电路断路或短路的检测。

确定故障已经排除，检测结束。

（4）喷油驱动压力传感器检测步骤 2——断开喷油驱动压力传感器

① 将点火钥匙开关转到 OFF/RESET 位置。

② 断开柴油机线束上的喷油驱动压力传感器接头 J204/P204。

③ 尝试启动柴油机。

如果柴油机启动，那么进行检测步骤 3。

如果柴油机不启动，那么重新将喷油驱动压力传感器接头 J204/P204 连接到柴油机线束上，进行柴油机无法启动的检修。

确定故障已经排除，检测结束。

（5）喷油驱动压力传感器检测步骤 3——检测电气连接器和配线

① 检测喷油驱动压力传感器接头 J204/P204 和 ECM 柴油机线束接头 J2/P2。详细内容参见电气接头的检测。

② 对 ECM 连接器内的每根导线进行 45N 的拉力检测，这些导线和喷油驱动压力控制阀（端子 61 和 62）相连。

③ 检测连接器锁片是否正确锁住，锁片是否处于完全锁住位置。

④ 检测 ECM 连接器六方头螺钉的扭矩是否为 6N·m。

⑤ 检测从传感器到 ECM 的线束和配线是否磨损或有扭点。

如果所有连接器、插销和插座都完全配对并插入，线束和导线没有腐蚀、磨损和扭点，连接器和导线状态良好，那么进行检测步骤 4。

如果线束和连接器有故障，那么应检修或更换线束和连接器。确保所有密封件都在正确的位置上且连接器都完全配对连接。

确定故障已经排除，检测结束。

（6）喷油驱动压力传感器检测步骤 4——检测柴油机熄火时传感器的状态。

① 将 ET 连接到 ET 连接器上。

② 将点火钥匙开关转到 ON 位置。

③ 查看显示屏上的喷油驱动压力。

注意：下列故障代码将导致喷油驱动压力传感器默认压力值为 17500kPa。

a. 故障代码 0164-03。

b. 故障代码 0164-04。

c. 故障代码 0232-03。

d. 故障代码 0232-04。

如果喷油驱动压力传感器数值是 0kPa，那么进行检测步骤 6。

如果喷油驱动压力传感器数值不是 0kPa，那么进行检测步骤 5。

（7）喷油驱动压力传感器检测步骤 5——检测喷油驱动压力传感器的电压供给

① 将点火钥匙开关转到 OFF/RESET 位置。

② 断开柴油机线束上的喷油驱动压力传感器接头 J204/P204。

③ 只将 3 端子 T 形转接盒连接到接头 J204 上。

④ 将点火钥匙开关转到 ON 位置。

⑤ 使用数字万用表测量 T 形连接盒端子 A 到端子 B 的供电电压。

如果电压读数是 4.5～5.5V，那么进行检测步骤 6。

如果电压读数不是 4.5～5.5V，那么说明喷油驱动压力传感器的供电电压不正确。

确定故障已经排除，检测结束。

（8）喷油驱动压力传感器检测步骤 6——比较喷油驱动压力传感器读数和压力计读数

① 将点火钥匙开关转到 OFF/RESET 位置。

② 将压力计（零件号：8T-0852）安装在柴油机侧边的供油口上。

③ 将 ET 连接到 ET 连接器上。

④ 启动柴油机。

⑤ 进入诊断菜单的"喷油驱动压力原则"。

⑥ 开始检测并查看喷油驱动压力传感器读数。将 ET 上的压力读数和压力计上的压力读数进行比较。在不同的柴油机转速下，将这两个压力读数进行比较。喷油驱动压力比较见表 6-4。

表 6-4　喷油驱动压力比较

ET 上的压力读数/kPa	压力计上的压力读数/kPa	ET 上的压力读数/kPa	压力计上的压力读数/kPa
6000	4000～7800	15000	13000～16800
10000	8000～11800	23000	21000～24800

如果 ET 上的读数和压力计的读数一致，那么喷油驱动压力传感器和 ECM 工作正常。

如果 ET 上的读数和压力计的读数不一致，那么喷油驱动压力传感器和 ECM 工作不正常。暂时更换喷油驱动压力传感器并重新检测，若能排除故障，则更换喷油驱动压力传感器；若不能排除故障，则压力计有故障。

6.2.13　喷油器电磁阀电路检测

（1）系统运行说明

柴油机使用的喷油器由电子控制，液压驱动。电磁阀安装在喷油器壳体顶部。

每个喷油器能够单独断开，这有助于缺火故障诊断和排除，这样可以检测个别喷油器的工作情况。

喷油器电磁阀也可以在柴油机不运转的情况下被启动，以便检测电磁阀的工作情况。

如果出现下列任何故障代码，那么进行本步骤。

① 故障代码 0001-11。

② 故障代码 0002-11。

③ 故障代码 0003-11。

④ 故障代码 0004-11。

⑤ 故障代码 0005-11。

⑥ 故障代码 0006-11。

当类似这样的故障发生时，要进行本步骤。通常，当柴油机暖机或柴油机振动（重载）时，喷油器电磁阀会发生故障。

（2）喷油器电磁阀的位置和喷油器电路

喷油器电磁阀的位置见图 6-44，喷油器电路见图 6-45。

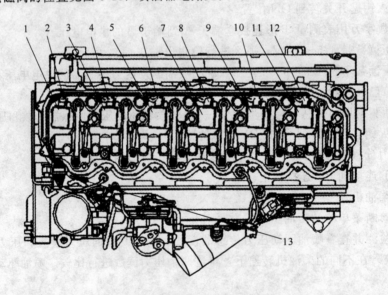

图 6-44　喷油器电磁阀的位置

1—1 缸喷油器电磁阀；2—喷油器电磁阀接头 J301/P301；3—2 缸喷油器电磁阀；4—喷油器电磁阀接头 J302/P302；5—3 缸喷油器电磁阀；6—喷油器电磁阀接头 J303/P303；7—4 缸喷油器电磁阀；8—喷油器电磁阀接头 J304/P304；9—5 缸喷油器电磁阀；10—喷油器电磁阀接头 J305/P305；11—6 缸喷油器电磁阀；12—喷油器电磁阀接头 J306/P306；13—喷油器线束接头 J300/P300

（3）喷油器电磁阀电路检测步骤 1——检测电气连接器和配线

① 将点火钥匙开关转到 OFF 位置。如果点火钥匙开关不在 OFF（关闭）的位置，可能有严重电击危险，电子控制喷油器使用 90～120V 电压。

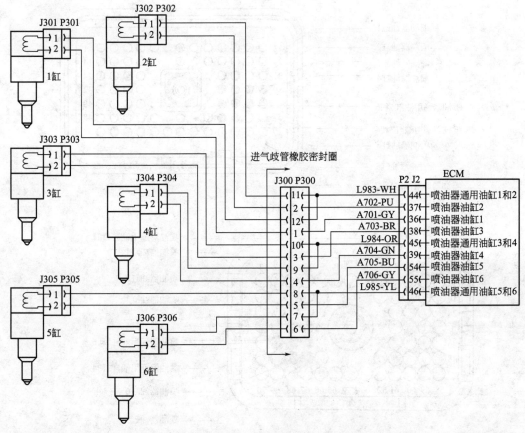

图 6-45　喷油器电路

② 检测 ECM 柴油机线束接头 J2/P2 和喷油器线束接头 J300/P300，详细内容参见电气接头的检测。

③ 对 ECM 连接器内的每根导线和喷油器线束接头 J300/P300 进行 45N 的拉力检测，这些导线和连接器是和喷油器电磁阀相连的。ECM 接头 J2/P2 见图 6-46。

④ 检测连接器锁片是否正确锁住，锁片是否处于完全锁住位置。

⑤ 检测 ECM 连接器六方头螺钉的扭矩是否为 6N·m。

⑥ 检测喷油器线束接头 J300/P300，以确保连接器正确匹配。

⑦ 检测从喷油器到 ECM 的线束和配线是否磨损和有扭点。

如果所有连接器、插销和插座都完全配对并插入，线束和导线没有腐蚀、磨损和扭点，连接器和导线状态良好，那么进行检测步骤 2。

如果线束和连接器有故障，那么应检修或更换线束和连接器。确保所有密封件都在正确的位置上且连接器都完全配对连接。

确定故障已经排除，检测结束。

(4) 喷油器电磁阀电路检测步骤 2——检测是否存有喷油器电磁阀的历史故障代码

① 将 ET 连接到 J63 维修工具连接器上。

② 将点火钥匙开关转到 ON 位置。

③ 查看 ET 显示屏上的"记录的诊断代码"。

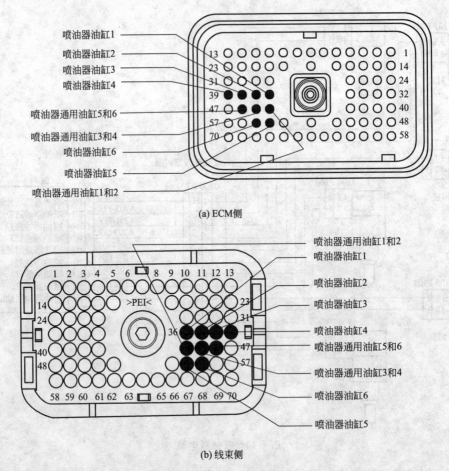

(a) ECM侧

(b) 线束侧

图 6-46　ECM 接头 J2/P2

如果记录了一个或多个下述故障代码，那么进行检测步骤 4。

a. 故障代码 001-11。

b. 故障代码 002-11。

c. 故障代码 003-11。

d. 故障代码 004-11。

e. 故障代码 005-11。

f. 故障代码 006-11。

如果未记录上述任何故障代码，那么进行检测步骤 3。

（5）喷油器电磁阀电路检测步骤 3——检测气缸和气缸之间喷油器的差别

① 将 ET 连接到数据自动传输器连接器上。

② 启动柴油机。

③ 使柴油机暖机到正常工作温度 77℃。

④ 柴油机温度升高到工作温度后，通过显示顺序"诊断"—"诊断检测"—"气缸断开检测"进入"气缸断开检测"。

⑤ 如果冷却风扇不由 ECM 控制，那么开启冷却风扇。如果 ECM 控制冷却风扇就会在检测开始时自动开启。

⑥ 关闭所有附加设备，如空调和空气压缩机，以免影响检测结果。

⑦ 关断每个气缸，查看其他气缸的"燃油配置"。

⑧ 确认在关断某个气缸时，其他气缸的"燃油配置"改变，与关断其他气缸时的"燃油配置"改变相比，比较轻微。如果关断某个气缸只会使其他气缸的"燃油配置"发生轻微改变，那么该喷油器或该气缸可能存在机械问题。

⑨ 在检测结束之后，用 ET 检测有无当前或历史故障代码。

如果进行气缸关断检测会产生气缸当前故障代码，那么进行检测步骤 4。

如果关断某个气缸会使其他气缸的"燃油配置"发生轻微改变，那么该喷油器或该气缸可能存在机械问题。如果柴油机不点火或者柴油机功率过低，那么进行柴油机温度传感器电路断路或短路的检测。

如果进行气缸关断检测会产生故障代码，那么进行检测步骤 4。

(6) 喷油器电磁阀电路检测步骤 4——应用"喷油器电磁阀检测"来检测喷油器电磁阀

① 启动柴油机。

② 使柴油机暖机到正常工作温度 77℃。

③ 将点火钥匙开关转到 OFF 位置。

④ 将 ET 连接到数据自动传输器连接器上。

⑤ 将点火钥匙开关转到 ON 位置。

⑥ 柴油机温度升高到工作温度后，通过显示顺序"诊断"—"诊断检测"—"喷油器电磁阀检测"进入"喷油器电磁阀检测"。

⑦ 启动检测。

注意：本检测属于"交互式诊断检测"。不要将喷油器电磁阀检测和气缸断开检测相混淆。气缸断开检测用于柴油机运转时切断个别气缸的燃油供给，喷油器电磁阀检测用于启动喷油器电磁阀，这能够在检测时听到喷油器电磁阀的"咔嗒"声，以判断该电路功能是否正常。

⑧ 当 ECM 给每个电磁阀通电时，能够听到气门室罩的"咔嗒"声。倾听每个气门室罩的"咔嗒"声。当气缸点火时，该气缸上面会出现方形的黑色标记。

⑨ 至少进行"喷油器电磁阀检测"两次。

如果所有气缸都是好的，那么说明喷油器没有电子故障，检测结束。

如果 ET 对每个气缸都显示"短路"，那么进行检测步骤 5。

如果 ET 对每个气缸都显示"开路"，那么进行检测步骤 6。

(7) 喷油器电磁阀电路检测步骤 5——检测从接头 P2 到接头 J300 的喷油器线束是否短路

① 将点火钥匙开关转到 OFF 位置。

② 断开 12 针脚接头 J300/P300，检测是否有明显的水汽进入。详细内容参见电气接头的检测。

③ 将点火钥匙开关转到 ON 位置。

④ 进入 ET "喷油器电磁阀检测"，开始检测。

如果断开接头 J300/P300 之前怀疑有故障的喷油器电路显示"短路"状态，断开接头 J300/P300 之后怀疑有故障的喷油器电路显示"开路"状态，那么重新连接接头 J300/P300，进行检测步骤 7。

如果断开接头 J300/P300 之前怀疑有故障的喷油器电路显示"短路"状态，断开接头 J300/P300 之后怀疑有故障的喷油器电路仍显示"短路"状态，那么重新连接接头 J300/P300，进行检测步骤 8。

(8) 喷油器电磁阀电路检测步骤 6——检测从接头 P2 到接头 J300 的喷油器线束是否开路

① 将点火钥匙开关转到 OFF 位置。

② 断开 12 针脚接头 J300/P300。

③ 将跨接导线的一端插入怀疑有故障的喷油器的插座中，将跨接导线的另一端插入接头 J300/P300 的喷油器公共线路插座中。

④ 将点火钥匙开关转到 ON 位置。

⑤ 进入 ET"喷油器电磁阀检测"，并开始检测。

如果断开接头 J300/P300 之前怀疑有故障的喷油器电路显示"开路"状态，断开接头 J300/P300 之后怀疑有故障的喷油器电路显示"短路"状态，那么进行检测步骤 9。

如果断开接头 J300/P300 之前怀疑有故障的喷油器电路显示"开路"状态，断开接头 P300 之后怀疑有故障的喷油器电路仍显示"开路"状态，那么进行检测步骤 10。

(9) 喷油器电磁阀电路检测步骤 7——检测接头 P300 和喷油器之间的喷油器线束是否短路

① 将点火钥匙开关转到 OFF 位置。

② 拆下气门室罩。

③ 断开故障喷油器和喷油器电磁阀相连的连接器处的线束。如果怀疑 1 缸喷油器有故障，就断开 J301 上的 P301。

④ 将点火钥匙开关转到 ON 位置。

⑤ 进入 ET"喷油器电磁阀检测"，进行 3 次该检测。

注意：将线束连接到连接器上之前，确保先将密封件安装到线束连接器中。如果密封件丢失，那么更换密封件。确保密封件不要粘在喷油器连接器中。

如果线束断开时连接的喷油器变为"开路"状态，那么应暂时将新的喷油器连接到线束上，进行"喷油器电磁阀检测"。如果所有气缸都是好的，那么将点火钥匙开关转到 OFF 位置，重新连接原来的喷油器。若原来的喷油器再次显示"开路"，则更换喷油器。将配线重新连接到相应的喷油器上，应用"喷油器电磁阀检测"，确定故障已经排除。在故障尚未排除之前，不要安装气门室罩。清除所有故障代码，检测结束。

如果线束断开时连接的喷油器变为"短路"状态，那么说明配线线束内存在短路。检修或更换 12 针脚接头 P300 和喷油器之间的配线线束。确定故障已经排除，检测结束。

(10) 喷油器电磁阀电路检测步骤 8——应用"喷油器电磁阀检测"检测 ECM 和线束内的电路是否短路

① 将点火钥匙开关转到 OFF 位置。

② 断开 ECM 柴油机线束接头 J2/P2，检测是否有明显的水汽进入。详细内容参见电气接头的检测。

③ 将点火钥匙开关转到 ON 位置。

④ 进入 ET"喷油器电磁阀检测"，并开始检测。

注意：当 ECM 柴油机线束接头 J2/P2 断开时，传感器和进气加热器的所有开路故障代码将被启动，这属于正常现象。完成本检测步骤后，清除所有故障代码。

如果当接头 P2 从 ECM 上断开时所有气缸均指示"开路"，那么应检修接头 P2 和 12 针脚接头 J300 之间的线束。如果线束不能修理，那么将其更换。确定故障已经排除，检测结束。

如果当接头 P2 从 ECM 上断开时所有气缸均不指示"开路"，那么暂时连接检测用的 ECM，重复该检测步骤。如果利用检测用的 ECM 能够将故障排除，那么安装原来的 ECM，以确定故障重新出现。如果检测用的 ECM 工作而原来的 ECM 不工作，那么将原来的 ECM 更换掉，检测结束。

（11）喷油器电磁阀电路检测步骤 9——检测接头 P300 和喷油器之间的喷油器线束是否开路

① 将点火钥匙开关转到 OFF 位置。

② 拆下气门室罩。

③ 断开故障喷油器和喷油器电磁阀相连的连接器处的线束。如果怀疑 1 缸喷油器有故障，那么断开 J301 上的 P301。

④ 将跨接导线跨接在从喷油器上拆下的线束连接器的端子之间。如果怀疑 1 缸喷油器有故障，那么将跨接导线跨接在 P301 端子上。

喷油器电磁阀连接器见图 6-47。

⑤ 将点火钥匙开关转到 ON 位置。

⑥ 进入 ET"喷油器电磁阀检测"监控气缸。

如果短路的喷油器指示"开路"状态，那么线束内存在开路，检修 12 针脚接头 J300 和喷油器之间的线束。如果线束不能修理，那么将其更换。确定故障已经排除，检测结束。

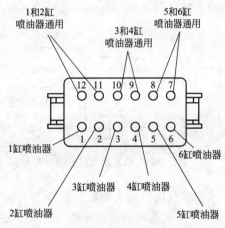

图 6-47　喷油器电磁阀连接器

如果短路的喷油器不指示"开路"状态，那么暂时将新的喷油器连接到线束上，进行"喷油器电磁阀检测"。若所有气缸都是好的，则将点火钥匙开关转到 OFF 位置，重新连接原来的喷油器。如果原来的喷油器再次显示"开路"，那么更换喷油器。将配线重新连接到相应的喷油器上，应用"喷油器电磁阀检测"，确定故障已经排除。

在故障尚未排除之前，不要安装气门室罩。清除所有故障代码，检测结束。

（12）喷油器电磁阀电路检测步骤 10——应用"喷油器电磁阀检测"检测 ECM 和线束内是否存在开路

① 将点火钥匙开关转到 OFF 位置。

② 断开 ECM 柴油机线束接头 J2/P2，检测是否有明显的水汽进入。详细内容参见电气接头的检测。

③ 将 70 个端子的 T 形转接盒连接到 ECM，不要将接头 P2 连接到 T 形连接盒上。

④ 使用跨接导线将怀疑有故障的喷油器插座和公用插座短接。

⑤ 将点火钥匙开关转到 ON 位置。

⑥ 进入 ET"喷油器电磁阀检测"，开始检测。

注意：当 ECM 柴油机线束接头 J2/P2 断开时，传感器和进气加热器的所有开路故障代码将被启动。在"喷油器电磁阀检测"过程中，所有未用跨接导线短接的喷油器将显示"开路"，这属于正常现象。完成本检测步骤后，清除所有故障代码。

如果对于用跨接导线短接的气缸，ET 显示"短路"，那么检修 12 针脚接头 J300 之间的线束。如果线束不能修理，那么将其更换。确定故障已经排除，检测结束。

如果对于用跨接导线短接的气缸，ET 不显示"短路"，那么暂时连接检测用的 ECM，重复该检测步骤。如果利用检测用的 ECM 能够将故障排除，那么安装原来的 ECM，确定故障重新出现。如果检测用的 ECM 工作而原来的 ECM 不工作，那么将原来的 ECM 更换掉。确定故障已经排除，检测结束。

6.2.14　柴油机机油压力过低指示灯电路检测

（1）系统运行说明

柴油机机油压力过低指示灯用于向操作者提供下列信息：柴油机机油压力较低或者产生了柴油机机油压力过低指示灯电路故障代码。若存在故障代码 0286-05 或 0286-06 时，ECM 向监控器发送信号，启动柴油机机油压力过低指示灯。

当 ECM 断定柴油机机油压力低时，ECM 会将输出信号调整到较高的状态。输出信号被提供给机械控制模块。当来自 ECM 的输出信号处于较高的状态时，机械控制模块将使监控器上的灯亮起来。当柴油机机油压力低时，机械控制模块将柴油机转速降低到 1450r/min。当柴油机机油压力进入安全范围后，ECM 将输出信号调整到较低的状态。

启动柴油机时，灯最少会亮 5s。

（2）柴油机机油压力过低指示灯电路

机油压力过低指示灯电路见图 6-48。

（3）柴油机机油压力过低指示灯电路检测步骤 1——检测电气连接器和配线

① 检测 ECM 接头 J1/P1 和端子 28。详细内容参见电气接头的检测。

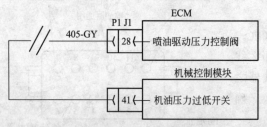

图 6-48　机油压力过低指示灯电路

② 对接头内的每根导线进行 45N 的拉力检测，这些导线和柴油机机油压力过低输出线相连。ECM 接头 J1/P1 见图 6-49。

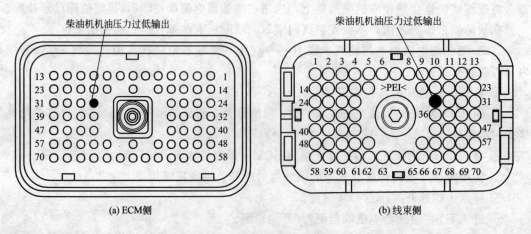

(a) ECM 侧　　　　　　(b) 线束侧

图 6-49　ECM 接头 J1/P1

③ 检测 ECM 连接器六方头螺钉的扭矩是否为 6N·m。

④ 检测从蓄电池到 ECM 的线束和配线是否磨损和有扭点。

⑤ 检测连接器锁片是否正确锁住，锁片是否处于完全锁住位置。

如果所有连接器、插销和插座都完全配对并插入，线束和导线没有腐蚀、磨损和扭点，连接器和导线状态良好，那么进行检测步骤 2。

如果线束和连接器有故障，那么应检修或更换线束和连接器。确保所有密封件都在正确的位置上，且连接器都完全配对连接。

确定故障已经排除，检测结束。

（4）柴油机机油压力过低指示灯电路检测步骤 2——检测从 ECM 到机械控制模块的配线

① 将点火钥匙开关转到 OFF 位置。

② 断开 ECM 接头 J1/P1。

③ 检测从接头 P1 端子 28 到机械控制模块针脚 41 的配线是否短路或开路。

如果从接头 P1 端子 28 到机械控制模块针脚 41 的配线没有开路或短路，那么柴油机机油压力过低指示灯电路的配线是好的，进行检测步骤 3。

如果从接头 P1 端子 28 到机械控制模块针脚 41 的配线存在开路或短路，那么检修或更换配线，检测结束。

（5）柴油机机油压力过低指示灯电路检测步骤 3——检测柴油机机油压力过低指示灯是否正常工作

① 查看柴油机机油压力过低指示灯。

② 将点火钥匙开关转到 ON 位置，指示灯应亮 5s，然后指示灯应该熄灭。

③ 如果存在当前故障代码，指示灯应该继续亮着。连接 ET，读出当前故障代码。

如果柴油机机油压力过低指示灯按上面描述那样亮和灭，那么柴油机机油压力过低指示灯电路工作正常，检测结束。

如果柴油机机油压力过低指示灯按上面描述那样亮和灭，那么进行检测步骤 4。

（6）柴油机机油压力过低指示灯电路检测步骤 4——检测 ECM 输出

① 将点火钥匙开关转到 OFF 位置。

② 拆下 P1 插座端子 28（柴油机机油压力过低输出）。

③ 将数字万用表的一个探针连接到端子 28，将另一个探针连接到柴油机接地上。将万用表调到电阻挡。

④ 启动柴油机。

⑤ 柴油机启动后，万用表在前 5s 应该指示高电阻（开路），机油压力升高后，万用表读数应该低于 10Ω（短路）。

如果柴油机工作前 5s，柴油机机油压力过低，输出电阻较高并在机油压力升高后降低，ECM 工作正常，那么柴油机配线或监控器有故障，检修柴油机配线或监控器。确定故障已经排除，检测结束。

如果柴油机机油压力过低，电阻输出较高，那么暂时连接检测用的 ECM。当安装检测用 ECM 时，检测柴油机机油压力过低输出工作情况，如果使用检测用 ECM 能够将故障排除，那么重新连接怀疑有故障的 ECM。若使用怀疑有故障的 ECM 后故障再次出现，则更换 ECM。确定故障已经排除，检测结束。

6.2.15 油门开关电路检测

（1）系统运行说明

油门开关使驾驶员能够选择理想的柴油机转速。油门开关是一种旋转开关，有 10 个位置。油门开关连接到机械控制模块的 4 个开关输入端，指令由机械控制模块发送到 ECM。油门指令指的是占空比或频率信号。

当占空比是 5%～95% 或频率信号是 1.228kHz±150Hz 时，油门指令起作用。

当产生故障代码时，ECM 忽略油门指令，而理想柴油机转速设定为通过 ECM 验证的最后转速。当检测到油门信号有故障时，驾驶员可以使用备用油门开关来设定理想的柴油机转速。如果备用油门开关固定在 ACCEL（加速）位置，那么柴油机转速将每秒升高 200r/min；如果备用油门开关固定在 DECEL（减速）位置，那么柴油机转速将每秒降低 200r/min。

油门开关位置和柴油机转速之间的关系见表 6-5。

表 6-5 油门开关位置和柴油机转速之间的关系

油门开关位置	柴油机转速/(r/min)	油门开关位置	柴油机转速/(r/min)
1	800	6	1590
2	1020	7	1700
3	1160	8	1800
4	1300	9	1900
5	1470	10	1980

（2）柴油机油门开关电路

柴油机油门开关电路见图 6-50。

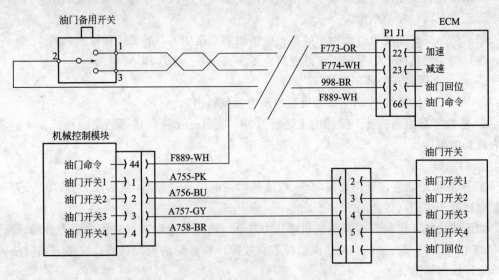

图 6-50 柴油机油门开关电路

（3）油门开关电路检测步骤 1——检测电气连接器和配线

① 将点火钥匙开关转到 OFF/RESET 位置。

② 检测 ECM 接头 J1/P1、机械连接器 J61/P61 和油门开关连接器。ECM 接头 J1/P1

（线束侧）见图 6-51。

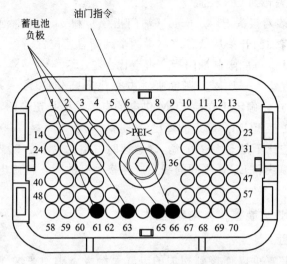

图 6-51　ECM 接头 J1/P1（线束侧）

③ 检测从油门开关到 ECM 的线束和配线是否有腐蚀、磨损或有扭点。

④ 检测连接器锁片是否正确锁住，锁片是否处于完全锁住位置。

如果所有连接器、插销和插座都完全配对并插入，线束和导线没有腐蚀、磨损和扭点，连接器和导线状态良好，那么进行检测步骤 2。

如果线束和连接器有故障，那么应检修或更换线束和连接器。确保所有密封件都在正确的位置上，且连接器都完全配对连接。

确定故障已经排除，检测结束。

（4）油门开关电路检测步骤 2——使用 ET 检测油门开关

① 将 ET 连接到 ET 连接器上。

② 将点火钥匙开关转到 ON 位置。

③ 确保柴油机没有在备用油门模式下工作。

④ 当将油门开关置于各位置时，查看油门开关的状况及 ET 上的油门输入信号。

如果 ET 显示占空比是 0%～100%，那么油门开关此时工作正常。如果故障是间歇性的，那么进行电气接头的检测。确定故障已经排除，检测结束。

如果 ET 显示占空比不是 0%～100%，那么油门开关电路有故障，进行检测步骤 3。

（5）油门开关电路检测步骤 3——检测机械控制模块的油门指令

① 将点火钥匙开关转到 ON 位置。

② 确保柴油机没有在备用油门模式下工作。

③ 用数字万用表对机械控制模块端子 44 进行测量，监控油门指令占空比，将油门开关从低怠速位置调整到高怠速位置。

如果低怠速时占空比是 5%～10%，高怠速时占空比升高到 90%～95%，油门指令正确，那么进行检测步骤 4。

如果低怠速时占空比不是 5%～10%，高怠速时占空比也不是 90%～95%，油门指令不正确，那么油门开关或机械控制模块可能有故障，检修相应部件。

确定故障已经排除，检测结束。

（6）油门开关电路检测步骤 4——检测 ECM 油门指令

① 将点火钥匙开关转到 ON 位置。

② 使用数字万用表对接头 P1 端子 66（油门指令）和 61（蓄电池负极）进行测量，监控油门指令占空比。将油门开关从低怠速位置调整到高怠速位置。

注意：某些工作状况可能限制油门指令占空比。

低怠速时占空比是 5%～10%，高怠速时占空比升高到 90%～95%，油门指令正确，ECM 不能正确处理指令。确定正在给 ECM 供电的电源电压是正确的，如果给 ECM 供电的电源电压正确，那么更换 ECM。确定故障已经排除，检测结束。

如果低怠速时占空比不是 5%～10%，高怠速时占空比也不是 90%～95%，油门指令不正确，那么机械控制模块和 ECM 之间的线束或连接器有故障，检修电路。确定故障已经排除，检测结束。

6.2.16 用户定义的熄火装置输入电路检测

（1）系统运行说明

用户定义的熄火装置可以连接到相关的电气系统设备中，在这种设备中，可以关闭柴油机。

当信号接地时，故障代码被记录到存储器中，来自 ECM 的喷油信号测试结束。

在 ECM 认可熄火信号之前，必须将输入信号调整到 0.5V 以下。

注意：这种特征的故障代码是不可用的。

（2）用户定义的熄火装置输入电路

用户定义的熄火装置输入电路见图 6-52。

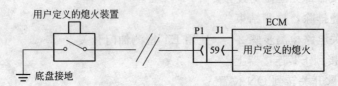

图 6-52 用户定义的熄火装置输入电路

（3）用户定义的熄火装置输入电路检测步骤 1——检测电气连接器和配线

① 将点火钥匙开关转到 OFF/RESET 位置。

② 检测 ECM 接头 J1/P1，检测相关的连接器和配线。ECM 接头 J1/P1 见图 6-53。

③ 检测从用户定义的熄火装置到 ECM 的线束和配线是否有腐蚀、磨损或有扭点。

④ 检测连接器锁片是否正确锁住，锁片是否处于完全锁住位置。

如果所有连接器、插销和插座都完全配对并插入，线束和导线没有腐蚀、磨损和扭点，连接器和导线状态良好，那么进行检测步骤 2。

如果线束和连接器有故障，那么应检修或更换线束和连接器。确保所有密封件都在正确的位置上，且连接器都完全配对连接。

确定故障已经排除，检测结束。

（4）用户定义的熄火装置输入电路检测步骤 2——检测 ET 的状态

① 将 ET 连接到 ET 连接器上。

② 将点火钥匙开关转到 ON 位置。

③ 查看 ET 上面的"用户熄火"状态。

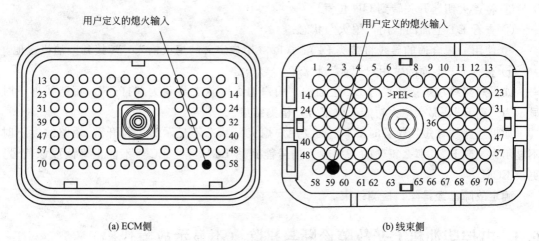

(a) ECM侧　　　　　　　　　　(b) 线束侧

图 6-53　ECM 接头 J1/P1

如果 ET 上面的"用户熄火"状态显示为"断开"，那么进行检测步骤 3。

如果 ET 上面的"用户熄火"状态不显示为"断开"，那么进行检测步骤 4。

（5）用户定义的熄火装置输入电路检测步骤 3——短接 ECM 输入

① 使用一根合适的导线将接头 J1 端子 59（用户定义的熄火输入）短接到底盘接地上。

② 查看 ET 上面的"用户熄火"状态。

如果端子接地时 ET 上面的"用户熄火"状态显示为"打开"，那么熄火性能工作正常。确定故障已经排除，检测结束。

如果端子接地时 ET 上面的"用户熄火"状态不显示为"打开"，那么进行检测步骤 5。

（6）用户定义的熄火装置输入电路检测步骤 4——检测线束是否短路

① 断开 ECM 接头 J1/P1。

② 测量接头 P1 端子 59（用户定义的熄火输入）和柴油机接地之间的电阻。

如果阻值大于 20000Ω，那么进行检测步骤 6。

如果阻值小于 20000Ω，那么说明线束内存在短路或者用户定义的熄火装置正发挥熄火作用。确保用户定义的熄火装置没有起熄火作用，检修电路。

确定故障已经排除，检测结束。

（7）用户定义的熄火装置输入电路检测步骤 5——检测线束的电阻

① 将点火钥匙开关转到 OFF/RESET 位置。

② 断开 ECM 接头 J1/P1。

③ 启动用户定义的熄火装置。

④ 测量接头 P1 端子 59（用户定义的熄火输入）和柴油机接地之间的电阻。

如果用户定义的熄火装置处于启动状态时电阻小于 10Ω，那么进行检测步骤 6。

如果用户定义的熄火装置处于启动状态时电阻大于 10Ω，那么线束开路或电阻过大，检修电路。

确定故障已经排除，检测结束。

（8）用户定义的熄火装置输入电路检测步骤 6——短接 ECM 输入

① 将点火钥匙开关转到 OFF/RESET 位置。

② 拆下接头 P1 端子 59（用户定义的熄火输入）。

③ 将点火钥匙开关转到 ON 位置。

④ 查看 ET 上面的"用户熄火"状态。

⑤ 使用一根合适的导线将接头 P1 端子 59（用户定义的熄火输入）短接到柴油机接地。

⑥ 查看 ET 上面的"用户熄火"状态。

如果短路线在短接位置时 ET 上面的"用户熄火"状态显示为"打开"，短路线拆下时显示为"断开"，那么熄火功能工作正常，检测结束。

如果短路线在短接位置时 ET 上面"用户熄火"状态不显示为"打开"，短路线拆下时不显示为"断开"，那么正确的开关输入信号能到达 ECM，但 ECM 不能正确读取该信号，更换 ECM。

确定故障已经排除，检测结束。

6.3 电控柴油机 C-9 故障诊断与排除（不显示故障代码）

6.3.1 柴油机无法启动

（1）故障原因

① 蓄电池亏电。

② 蓄电池电缆连接不牢。

③ 存在某些故障代码或事件故障代码，使柴油机无法启动。

④ ECM 无电源供给。

⑤ 机油油位过低。

⑥ 启动电路或启动机电磁线圈有故障。

⑦ 启动机损坏。

⑧ 飞轮齿圈磨损过度。

⑨ 启动辅助装置进气加热器有故障。

⑩ 柴油机停车开关在 ON 位置。

⑪ 速度/正时传感器有故障，安装不正确，需要校准。

⑫ 喷油驱动压力不正常。

⑬ 喷油器不工作。

⑭ 燃油供给系统有故障。

⑮ 燃烧故障。

⑯ 柴油机内部零件弯曲、卡死。

（2）检查柴油机速度/正时

① 摇转柴油机，观察 ET 屏幕上的柴油机转速。如果 ET 显示 0r/mim，那么检查速度/正时传感器。初次摇转时，可能显示柴油机转速信号异常。一旦 ECM 能根据信号计算出柴油机转速，此信息就将被柴油机转速所取代。

② 检查柴油机速度/正时传感器校准情况。

③ 确认正时参考齿轮安装正确。若齿轮装反了，则柴油机无法启动。检查曲轴和凸轮轴驱动齿轮之间的定位是否正确。如有必要，修正定位并/或更换驱动齿轮。

（3）检查喷油驱动压力

① 查看机油油位。

② 如果近期对柴油机进行过维修，那么喷油驱动压力回路中可能有空气。让柴油机完全暖机并负载操作柴油机，以便排出喷油驱动压力回路中的空气。

③ 比较 ET 上实际的驱动压力和所需的驱动压力，如果故障发生期间两个读数的差值不超过 2MPa，就说明问题不出在喷油驱动压力回路。

④ 检查喷油驱动压力控制阀的密封情况。如果有密封故障，那么更换密封件并重复步骤③。

⑤ 检查连到喷油驱动压力控制阀上的配线线束是否断路和/或短路。

⑥ 测量喷油驱动压力控制阀的线圈电阻，应为 4～16Ω；否则，更换喷油驱动压力控制阀。

⑦ 使用 ET 执行喷油驱动压力超量测试。如果喷油驱动压力偏低，那么高压机油回路可能泄漏。

a. 拆下喷油驱动压力控制阀和喷油器连接器的塞子。

b. 用 ET 或柴油机停车开关使喷油器停止喷油。

c. 拆下气门机构罩盖。

d. 检查喷油器连接器的排放口和跨接气缸体密封件是否泄漏，摇转柴油机。

e. 排除泄漏故障并重复步骤 d。

f. 如果摇转期间喷油驱动压力还是偏低，那么喷油驱动压力控制阀可能有故障，更换喷油驱动压力控制阀并重复步骤③。

（4）检查燃油系统

① 目测检查燃油油位，不要只依靠燃油表。如有必要，则添加燃油。如果柴油机的燃油用完了，那么必须将空气从燃油系统中排出。

② 检查燃油管有无节流、瘪塌和夹住的管线等问题。如果燃油管有故障，那么修理或更换。

③ 检查油箱内有无异物，异物会阻碍燃油供应。

④ 在更换燃油滤清器、维修低压燃油供油回路或更换喷油器后，应检查低压燃油供给系统中有无空气。可利用低压供油管路中的观察窗判断燃油中有无空气。连续摇转启动柴油机不要超过 30s。在再次摇转启动柴油机前，要让启动机冷却 2min。

⑤ 将空气从低压燃油供油回路中排出来。

⑥ 检查燃油质量。如果温度低于 0℃，那么检查是否有凝固的燃油（蜡状物）。

⑦ 摇转柴油机时，在燃油滤清器后面检查燃油压力。若燃油压力偏低，则更换燃油滤清器。如果燃油压力还是偏低，那么检查燃油输油泵、燃油输油泵联轴器和燃油压力调节阀。

（5）其他检查

① 存在某些故障代码和/或事件故障代码会使柴油机无法启动。连接 ET 并检查有无当前故障代码和/或历史故障代码。继续此程序前，先对存在的故障代码进行故障诊断和排除。

如果 ET 无法与 ECM 通信，那么问题最有可能出在供给 ECM 的电源上，请参考 ECM 供电电路检测的内容。

② 检查机油油位。如有必要，则添加机油。

③ 确认进气加热器已至开启位置。

④ 柴油机停车开关应位于 OFF 位置，用 ET 检查柴油机停车开关的状态。停车时，点

火钥匙开关应转到 OFF 位置至少 15min 后，才能再次启动柴油机。

6.3.2　冷却液温度过高

（1）故障原因

① 散热器翅片有脏物、碎屑或损坏。

② 冷却液不足。

③ 散热器盖或压力安全阀损坏。

④ 冷却系统有空气。

⑤ 冷却风扇工作不正常，风扇皮带过松。

⑥ 节温器损坏。

⑦ 冷却系统管路堵塞或泄漏。

⑧ 冷却液温度表损坏。

⑨ 水泵叶轮损坏或腐蚀。

（2）故障排除

① 目测检查冷却系统是否有断裂的软管或其他节流部件。

② 检查散热器散热片上是否有脏物、碎屑和损坏。清除脏物和碎屑，清洁并冲洗散热器，将弯曲的散热片修直。

③ 检查冷却液液位，必要时添加冷却液。

④ 检查冷却系统是否泄漏，立即修理泄漏部位。

⑤ 检测冷却系统压力。

⑥ 检查压力安全阀和散热器盖。若有必要，则清洁和更换部件。

⑦ 检查压力安全阀的座表面和散热器盖是否清洁和损坏。

⑧ 检查冷却系统中有无燃烧气体，冷却液中是否有气泡。若有气泡，则说明燃烧气体可能送入冷却系统。

⑨ 检查冷却风扇工作是否正常。检查皮带和泵工作是否正常。

⑩ 检查节温器是否正确运行。如有必要，更换节温器。

⑪ 比较 ET 的冷却液温度读数和机械测量仪器的冷却液温度读数。

⑫ 检查水泵叶轮是否损坏或腐蚀。如有必要，则修理或更换水泵。

⑬ 检查故障是否是因系统过载而引起的，减少负载并检查该状况是否再次出现。

6.3.3　ECM 不接受工厂密码

（1）故障原因

① 输入密码不正确。

② 没输入出厂编号或输入不正确。

③ 没输入原因代码或输入不正确。

（2）故障排除

① 检查是否正确输入了密码，检查密码中的每一个字符，将点火钥匙开关转到 OFF 位置 30s，然后重试。

② 检查 ET 是否在工厂密码屏幕上。

③ 使用 ET 检查是否已正确输入柴油机出厂编号、ECM 出厂编号、ET 出厂编号和原因代码。

6.3.4　ECM 不与其他系统或显示模块通信

（1）故障原因

① ECM 有故障。

② 连接器连接错误或不可靠。

③ 数据自动传输器有故障。

（2）故障排除

① 将 ET 连接到维修工具连接器上。如果 ECM 不与 ET 通信，那么进行 ECM 供电电路的检测。

② 确保 ECM 连接器 J1/P1、机器连接器、显示模块配线及连到其他控制模块的配线安装正确并未损坏。

③ 诊断和排除数据自动传输器的故障。

6.3.5　电子维修工具不与 ECM 通信

（1）故障原因

① 通信适配器配置错误。

② 连接器连接不良。

③ 通信适配器或电缆连接不良。

④ 供给维修工具连接器的电源不良。

⑤ ET 和相关硬件故障。

⑥ ECM 无电源供给。

⑦ 个性化模块（闪示文件）不正确。

⑧ 数据自动传输器有故障。

（2）故障排除

① 启动柴油机。如果柴油机启动后 ECM 不与 ET 通信，那么继续执行该程序。柴油机无法启动。

② 在 ET 上的 Utilities（通用）菜单中选择 Preferences（偏好）。

③ 确认已选择正确的通信界面。

④ 检查是否已选择正确的通信适配器 Port（孔）。注意最常使用的孔是 COMI。

⑤ 检查是否有任何硬件和通信适配器使用同一个孔。若有任何设备被设定成使用同一个孔，则退出或关闭此设备的软件程序。

⑥ 检查 ECM 连接器 J1/P1 和 J2/P2 和维修工具连接器安装是否正确。

⑦ 如果使用的是通信适配器，那么确认通信适配器的程序语言和驱动器文件是最新的。如果程序语言和驱动文件不相容，那么通信适配器无法和 ET 通信。

⑧ 从维修工具连接器上断开通信适配器和电缆，再将通信适配器接回维修工具连接器。

⑨ 确认通信适配器和维修工具连接器之间所用的电缆正确。

⑩ 检查供给维修工具连接器接线柱的蓄电池电压。如果通信适配器没有通电，那么通信适配器上的显示屏会是空白的。

⑪ 检查 ET 硬件，为了确认 ET 和相关硬件有无故障，将 ET 连到另一台柴油机上。如果另一台柴油机也发生了同样的问题，那么检查 ET 和相关硬件，以确定故障的起因。

⑫ 检查通往 ECM 的电源。

如果 ECM 没有接收到蓄电池电压，那么 ECM 便无法通信。

⑬ 确认正确的个性化模块已正确地安装在 ECM 中。新的 ECM 中的个性化模块是空白的，直到闪示了个性化模块，柴油机才启动通信。

⑭ 诊断和排除数据自动传输器的故障。

6.3.6　不能达到柴油机最高转速

（1）故障原因

① 柴油机在高海拔、空气滤清器堵塞等状况下降低负载运行。

② 在冷模式下操作柴油机，柴油机转速将受到限制。

③ 油门工作不正常。

④ 增压压力传感器有故障。

⑤ 大气压力传感器有故障。

⑥ 燃油系统有故障。

⑦ 进气、排气系统有故障。

⑧ 附属设备有造成柴油机过载的问题。

（2）增压压力传感器或大气压力传感器检查

① 当柴油机在满负荷下运转时，ET 上的燃油配置值、额定燃油极限值和 FRC 燃油极限值的关系应为：

- 燃油配置值＝额定燃油极限值
- 燃油配置值＜FRC 燃油极限值

如果燃油配置值等于额定燃油极限值且小于 FRC 燃油极限值，就说明电子部件工作正常；否则，进行下一步骤。

② 检查 ET 上的增压压力和大气压力是否正常。当柴油机停止运转时，增压压力应为 0kPa。加速时，FRC 故障会造成冒黑烟。运行平稳时，FRC 故障不会造成冒黑烟。

（3）燃油系统故障检查与排除

① 检查燃油管是否堵塞、断裂。如果发现燃油管有问题，那么修理或替换燃油管。

② 检查油箱中有无堵塞燃油供给系统的异物。

③ 检查低压供油系统中有无空气。若有空气，则排除空气，将点火钥匙开关转到 ON 位置，但不要启动柴油机，燃油输油泵会启动 120s。低压供油管路中的观察窗有助于诊断燃油中的空气。

④ 检查燃油质量。若温度在 0℃ 以下，则检查有无固化燃油（蜡状物）。

⑤ 柴油机启动时，在燃油滤清器后面检查燃油压力是否正常。如果燃油压力过低，那么更换燃油滤清器。如果燃油压力还是太低，那么检查燃油输油泵、燃油输油泵联轴器和燃油压力调节阀。

（4）进气、排气系统故障检查与排除

① 检查进气系统有无节流或泄漏现象。

a. 目测检查进气系统有无节流和/或泄漏现象。

b. 将 ET 连到维修工具连接器上。

c. 比较大气压力传感器和涡轮增压器压缩机入口压力传感器的读数。

d. 检查空气滤清器堵塞指示器。清洁或更换堵塞的空气滤清器。

e. 检查滤清器有无节流现象。

　　f. 检查有无降低负载或报警现象。

　　② 检查涡轮增压器有无故障。

　　③ 检查排气系统有无节流、堵塞或泄漏现象。

　　④ 修理泄漏部位，解决节流问题，更换损坏的部件。

6.3.7　柴油机早期磨损

　　(1) 故障原因

　　① 机油中有污垢。

　　② 进气系统漏气，密封不严。

　　③ 机油压力过低。

　　(2) 故障排除

　　① 排空曲轴箱，将清洁的柴油机机油注满曲轴箱。安装新的机油滤清器。

　　② 检查滤清器旁通阀上的弹簧是否失去弹性或断裂。如果弹簧断裂，那么更换弹簧。

　　③ 检查进气系统是否泄漏。检查所有密封垫和接头。

6.3.8　柴油机不着火、运转不顺利或不稳定

　　(1) 故障原因

　　① 存在故障代码。

　　② 连接器不可靠、不正确。

　　③ 在冷模式下运转。

　　④ 从低怠速位置到高怠速位置的信号不稳定。

　　⑤ 喷油驱动压力不正常。

　　⑥ 喷油器不工作。

　　⑦ 燃油系统有故障。

　　⑧ 进气、排气系统有故障。

　　(2) 故障排除

　　如果仅在某些运行情况下（高怠速、满负荷和柴油机工作温度高等）出现故障，那么在这些情况下检测柴油机。

　　① 检查 ET 上有无故障代码。继续此程序前，先对所有故障代码进行故障诊断和排除。

　　② 检查 ECM 连接器 J1/P1 和 J2/P2 及喷油器连接器是否安装正确，进行电气接头的检测。

　　③ 使用 ET 检查柴油机是否脱离了冷模式。在冷模式下运转会使柴油机运行不稳定，并使柴油机功率受到限制。

　　④ 对 ET 上的节流信号进行监控。检查节流信号从低怠速位置到高怠速位置是否稳定。

　　⑤ 检查喷油驱动压力。

　　⑥ 检查燃油系统。

　　⑦ 检查空气滤清器堵塞指示器。清洗或更换堵塞的空气滤清器。

　　⑧ 检查进气、排气系统是否堵塞和/或泄漏。

6.3.9　柴油机振动

　　(1) 故障原因

① 减振器或螺栓损坏。

② 柴油机支架松动、破裂。

③ 驱动附件有故障。

④ 柴油机燃烧不良或运转粗暴。

（2）故障排除

① 检查减振器是否损坏。如有必要，安装新的减振器。检查装配螺栓是否损坏或磨损。更换已损坏的螺栓。

② 使柴油机在允许速度范围内运转，检查支座和托架，查看是否松动、破裂。拧紧所有的装配螺栓。如有必要，安装新的部件。

③ 检查驱动附件的对准和平衡情况。

④ 排查柴油机不着火或运转不稳定故障。

6.3.10 柴油机冒黑烟

（1）故障原因

① 进气、排气系统堵塞或泄漏，涡轮增压器有故障。

② 速度/正时传感器有故障，安装不正确，需要校准。

③ 大气压力传感器有脏物或碎屑。

④ 增压压力传感器有故障。

⑤ 燃油配置或 FRC 燃油极限值失准。

⑥ 个性化模块不正确。

⑦ 燃油质量不好。

⑧ 气门间隙调整不当。

（2）故障排除

① 检修进气、排气系统。

② 检修速度/正时传感器。

③ 检修增压压力传感器或大气压力传感器。

④ 检查是否安装了正确的个性化模块。

⑤ 检查燃油系统。

⑥ 检查并调整气门间隙。

6.3.11 机油消耗过多

（1）故障原因

① 机油泄漏。

② 曲轴箱通气孔脏堵。

③ 机油油位过高。

④ 机油温度过高。

⑤ 涡轮增压器损坏。

⑥ 气门导管磨损。

⑦ 活塞环磨损、断裂。

（2）故障排除

① 找到所有的机油泄漏处，进行修理。

② 检修曲轴箱通气孔。

③ 除去多余的机油，找出机油过多的原因，重新检查所有油面。

④ 检修机油温度过高故障。

⑤ 检查涡轮增压器进气歧管有无机油。如有必要，修理或更换涡轮增压器。

⑥ 检修气门导管。

⑦ 检查柴油机内部构件，更换磨损的部件。

6.3.12　燃油消耗量过大

（1）故障原因

① 操作习惯不良。

② 燃油系统泄漏。

③ 燃油质量不良。

④ 速度/正时传感器有故障，安装不正确。

⑤ 喷油器不工作。

⑥ 进气、排气系统堵塞或泄漏。

⑦ 有辅助设备使机器过载。

（2）故障排除

① 检查燃油系统是否泄漏，修理或更换泄漏的燃油管路或部件。

② 检查燃油质量，更换油箱的燃油，安装新的燃油滤清器，给油箱加注高质量的清洁燃油。

③ 校准速度/正时传感器。

④ 检查 ECM 连接器 J1/P1 和 J2/P2 及喷油器连接器是否安装正确。

⑤ 在 ET 上进行喷油器电磁线圈试验，以确定是否所有的喷油器电磁线圈都由 ECM 供电。用 ET 进行气缸断缸试验，以鉴定不点火的喷油器。

⑥ 检修进气、排气系统。

⑦ 检查所有辅助设备是否有引起机器过载的故障。修理或更换损坏的部件。

6.3.13　柴油机冒白烟

（1）故障原因

① 燃油质量不良。

② 冷却液温度传感器或回路有故障。

③ 喷油器不工作。

④ 燃烧不良。

⑤ 进气加热器不工作。

⑥ 冷却液温度传感器和进气温度传感器工作不正常。

⑦ 进气系统堵塞。

（2）检查冷却液温度回路

① 将 ET 连接到数据自动传输器连接器上。

② 检查与冷却液温度回路相关的故障代码。

③ 监控 ET 屏幕上的冷却液温度传感器的状态。检测到有断路或短路的故障代码。

（3）检查喷油器

① 确保喷油器连接器 J300/P300 连接正确且没有腐蚀。

② 确保 ECM 连接器 J1/P1 和 J2/P2 连接正确且没有腐蚀。

③ 在 ET 上进行喷油器电磁线圈试验，以确定是否所有的喷油器电磁线圈都由 ECM 供电。

④ 将 ET 连接到数据自动传输器连接器上，进行气缸断缸试验，通过选择诊断菜单和诊断方法菜单来进行气缸断缸试验。进行气缸断缸试验可以找出不着火的气缸。

⑤ 检查不着火气缸的喷油器。

（4）其他故障排除

① 要知道标准的工作条件，寒冷的外部条件会影响白烟的产生。

② 检查燃油系统。

6.3.14　排气温度过高

（1）故障原因

① 速度/正时传感器有故障，安装不正确，需要校准。

② 喷油器连接器连接不正确。

③ 进气、排气系统堵塞、泄漏。

④ 排气歧管和涡轮增压器之间泄漏。

（2）故障排除

① 用 ET 检查故障代码，若有必要，则校准柴油机正时。

② 检查 ECM 连接器 J2/P2 及喷油器连接器安装是否正确。

③ 检查进气、排气系统。

6.3.15　柴油机间歇性熄火

（1）故障原因

① 存在某些故障代码或事件故障代码，使柴油机无法启动。

② ECM 连接器、速度/正时传感器连接器连接有问题。

③ 电路断路器跳闸。

④ 速度/正时传感器失准。

⑤ 燃油系统有故障。

⑥ 喷油器不工作。

（2）故障排除

① 连接 ET 并检查有无当前故障代码和/或历史故障代码。继续此程序前，先对存在的故障代码进行故障诊断和排除。当有故障代码存在时，会使柴油机无法启动。

② 检查 ECM 连接器 J1/P1、连接器 J2/P2、连接器 J3/P3 及速度/正时传感器连接器安装是否正确。

③ 检查由 ECM 背面到蓄电池间隔室的蓄电池导线，检查导线和功率继电器，检查 ECM 的电源和接地线。

④ 检查电路断路器。过热时，电路断路器可能跳闸。如果电路断路器跳闸了，就要重调电路断路器。

⑤ 安装新的 ECM 后，应校准速度/正时传感器。

⑥ 检查燃油系统。

6.3.16　功率间歇性低或功率降低

（1）故障原因

① 柴油机在高海拔、空气滤清器堵塞等状况下降低负载运行。

② 油门开关工作不正常。

③ ECM 电源、接地线或连接器有故障。

④ 燃油系统有故障。

⑤ 喷油驱动压力过低。

（2）故障排除

① 使用 ET 检查记录的柴油机降低负载和/或当前存在的柴油机降低负载情况。如果柴油机降低负载运行是当前存在的，那么 ET 会显示减载运行状态信号。在高海拔、空气滤清器脏堵和其他状况下，柴油机会降低负载运行。

② 监控 ET 上的油门开关，检验油门开关是否工作正常，进行油门开关电路的检测。

③ 确保 ECM 连接器 J1/P1 和 J2/P2、喷油器连接器 J300/P300、凸轮轴位置传感器连接器 J401/P401 和 J402/P402 安装正确。

④ 使用电子维修工具检修故障代码 0168-02（到 ECM 的间歇蓄电池功率），检查 ECM 的电气接头和接地线，如果怀疑有故障，那么用电线做出旁路，进行 ECM 供电电路检测。

⑤ 通过 ET 监控燃油配置值、额定燃油极限值和 FRC 燃油极限值。

a. 如果燃油配置值等于额定燃油极限值且小于 FRC 燃油极限值，就说电子部件工作正常。

b. 如果燃油配置值不等于额定燃油极限值且/或大于 FRC 燃油极限值，那么柴油机关闭时，点火钥匙开关转到 ON 位置，电子维修工具屏幕上的涡轮增压器出口压力应为 0kPa。

⑥ 检查燃油系统。

⑦ 检查喷油驱动压力。

6.3.17　功率低时对油门的响应差或无响应

（1）故障原因

① 在高海拔、空气滤清器堵塞等状况下柴油机降低负载运行。

② 在冷模式下运转。

③ 油门开关工作不正常。

④ 喷油驱动压力不正常。

⑤ 连接器不正确、不可靠。

⑥ 喷油器不工作。

⑦ 增压压力传感器有故障。

⑧ 进气、排气系统有故障。

⑨ 燃油系统有故障。

（2）故障排除

① 使用 ET 检查记录的柴油机降低负载运行和/或当前的柴油机降低负载运行情况。如果降低负载运行是当前存在的，那么 ET 会显示状态信号。在高海拔、空气滤清器脏堵和其他状况下，柴油机转速将受到限制。

② 使用 ET 检查柴油机是否有冷模式。在冷模式下操作柴油机会使柴油机运转不顺利

且柴油机转速会受到限制。

③ 观察 ET 屏幕上的冷却液温度，检查读数是否正确。

④ 监控 ET 上的油门开关，检验油门开关是否工作正常。

⑤ 检查喷油驱动压力。

⑥ 确保 ECM 连接器 J1/P1 和 J2/P2 及喷油器连接器安装正确。

⑦ 检查喷油器。

⑧ 检查涡轮增压器出口压力传感器。

⑨ 检查进气、排气系统。

⑩ 检查燃油系统。

6.3.18 柴油机有机械噪声（敲击声）

（1）故障原因

① 辅助设备有噪声。

② 配气机构部件有噪声、气门间隙过大等。

③ 连杆和主轴承响。

④ 燃油质量不好。

⑤ 喷油器有故障。

（2）故障排除

① 隔离噪声源，拆下可疑的柴油机辅助设备，检查可疑的柴油机辅助设备。若发现有故障，则修理或更换柴油机辅助设备。

② 卸下气门机构罩盖，检查凸轮轴、滚轮、随动体、气门弹簧、气门挺杆、气门推杆等部件是否损坏，彻底清洁配气机构部件。如果更换凸轮轴，也要更换气门挺杆。确保所有的气门都能自由活动。更换损坏的部件。

③ 检查连杆轴承和主轴承及其轴颈。更换损坏的部件。

④ 更换掉油箱中不合格的燃油并安装新的燃油滤清器。

⑤ 检查喷油器。

⑥ 检查气门间隙。

6.3.19 加速不良或反应不良

（1）故障原因

① 个性化模块安装不正确。

② 在高海拔、空气滤清器堵塞等状况下柴油机降低负载运行。

③ 在冷模式下运转。

④ 油门开关工作不正常。

⑤ 喷油驱动压力不正常。

⑥ 连接器不正确、不可靠。

⑦ 喷油器不工作。

⑧ 增压压力传感器有故障。

⑨ 进气、排气系统有故障。

⑩ 燃油系统有故障。

（2）故障排除

① 使用 ET 检验柴油机是否有冷模式。在冷模式下运行会延缓油门的反应。

② 检查个性化模块安装是否正确。

③ 监控 ET 上的油门开关是否在运行中。

④ 检查喷油驱动压力，进行柴油机压力传感器电路断路或短路的检测。

⑤ 检查 ECM 连接器 J1/P1 和 J2/P2 及喷油器连接器是否安装正确。

⑥ 检查喷油器。

⑦ 检查涡轮增压器出口压力传感器。

⑧ 检查进气、排气系统。

⑨ 检查燃油系统。

6.4　320C 柴油机故障排除

6.4.1　控制器 LED 指示灯的检查——故障诊断和排除

关于控制器 LED 指示灯详见图 6-54、表 6-6、表 6-7。

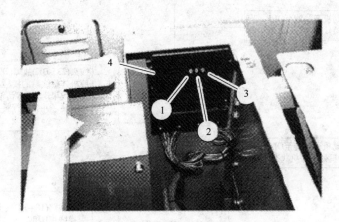

图 6-54　在驾驶室后部的控制器

1—绿色 LED；2—黄色 LED；3—红色 LED；4—控制器

表 6-6　LED 的正常指示

钥匙启动开关	绿色 LED	黄色 LED	红色 LED	注　　释
ON	ON	OFF	OFF	当钥匙启动开关从 OFF 位置转到 ON 位置时,红色 LED 立即亮起
OFF	OFF	OFF	OFF	钥匙启动开关转到 OFF 位置后,绿色 LED 持续发光约 10s

表 6-7　LED 对故障的指示

LED 显示	描述和动作
LED 不亮	未给控制器供电。进行测试与调整部分的"不给控制器供电—故障诊断和排除"
黄色 LED 亮着	在控制器与监控器之间的通信有故障。进行测试与调整部分的"不给控制器供电—故障诊断和排除"
红色 LED 闪烁或亮着	在控制器有故障。更换控制器。参见测试与调整部分的"控制器—更换"

6.4.2　不给控制器供电——故障诊断和排除

不给控制器供电故障排除步骤见图 6-55。

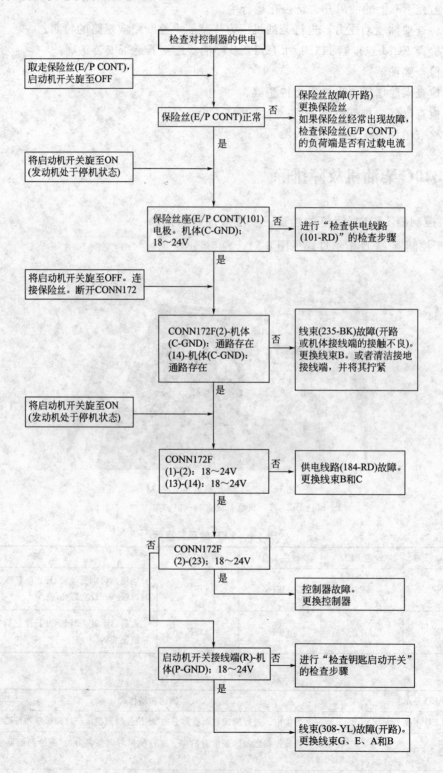

图 6-55　不给控制器供电故障排除步骤

电源线（101-RD）故障排除步骤见图 6-56。

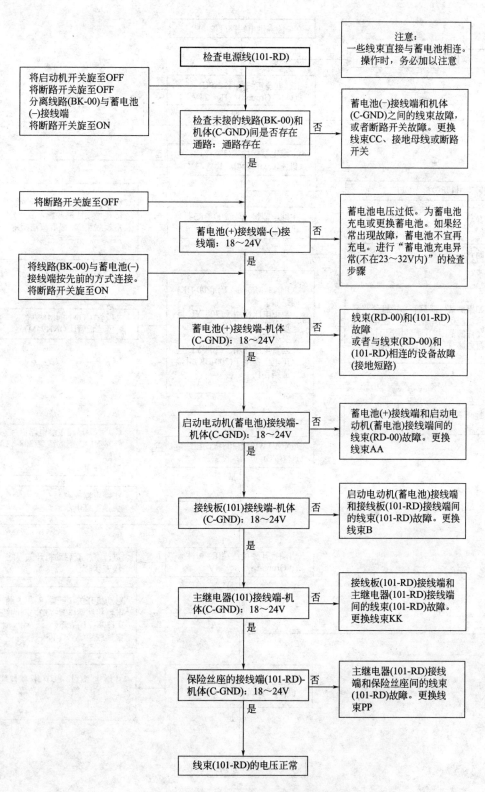

图 6-56　电源线（101-RD）故障排除步骤

电源线（112-PU）故障排除步骤见图 6-57。

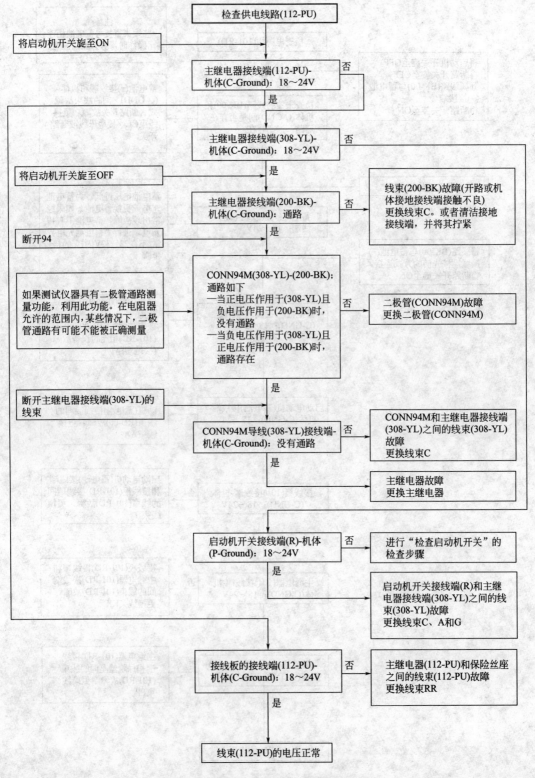

图 6-57 电源线 （112-PU） 故障排除步骤

供电原理图见图 6-58。

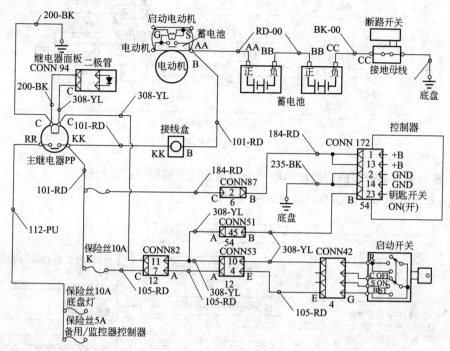

图 6-58　供电原理图

启动机开关见图 6-59。

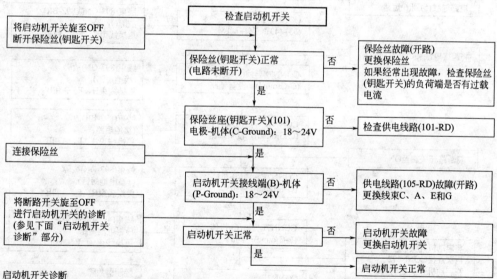

启动机开关诊断

断开所有与启动机开关相连的线束，将开关置于 ON/OFF 以检查接线端之间是否存在通路。如果没有显示下列的结果，则开关接触不良

接线端＼开关位置	OFF	ON	发动机启动
接线端(B)-(C)	存在通路	没有通路	没有通路
接线端(B)-(R)	没有通路	存在通路	存在通路
接线端(B)-(S)	没有通路	没有通路	存在通路

(a) 启动机开关故障排除步骤

图 6-59

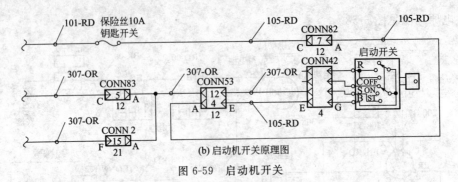

图 6-59 启动机开关

6.4.3 控制器和监控器间的通信问题——故障诊断和排除（CID 248）

控制器和监控器间的通信故障排除步骤见图 6-60。

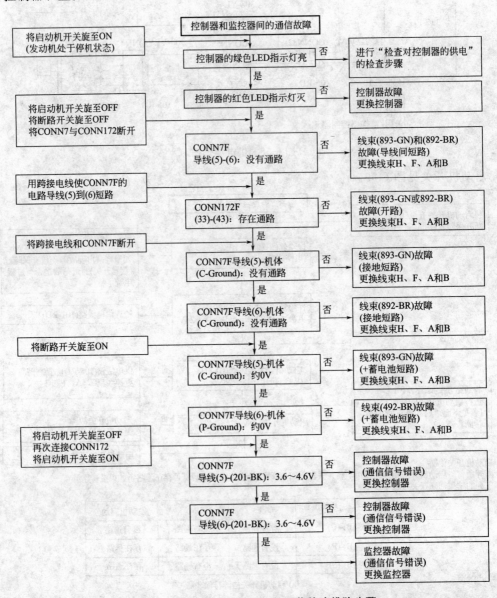

图 6-60 控制器和监控器间的通信故障排除步骤

监控器异常故障排除步骤见图 6-61。

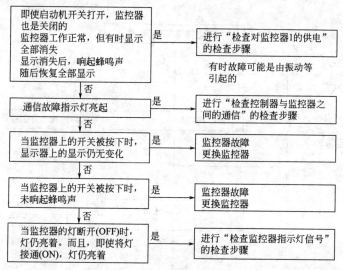

图 6-61　监控器异常故障排除步骤

监控器的供电故障排除步骤见图 6-62。

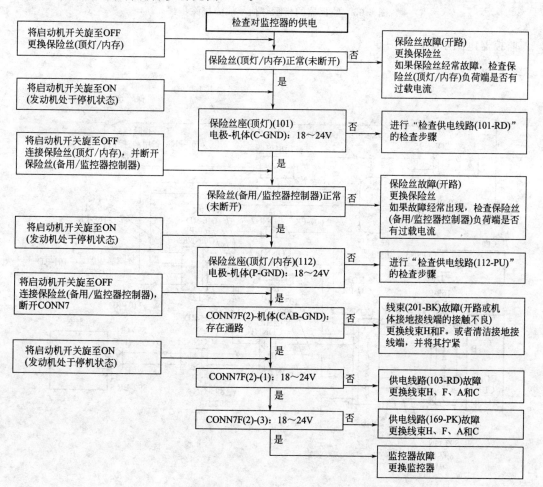

图 6-62　监控器的供电故障排除步骤

监控器的指示灯信号故障排除步骤见图 6-63。

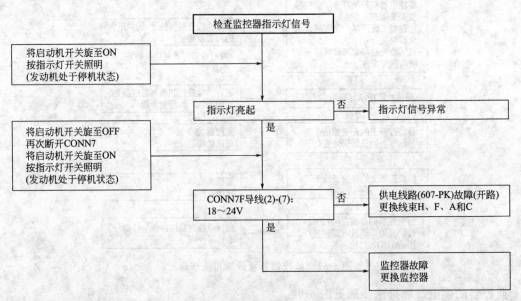

图 6-63 监控器的指示灯信号故障排除步骤

监控器电路示意图见图 6-64。

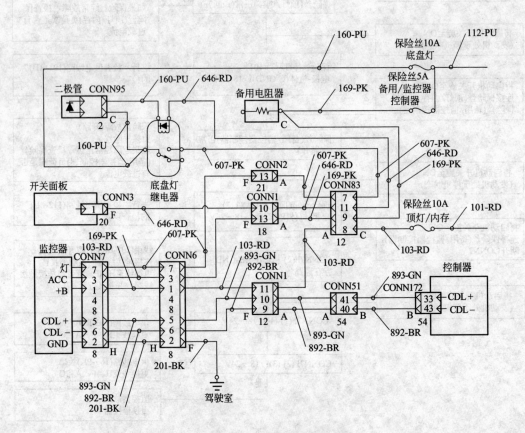

图 6-64 监控器电路图

6.4.4　显示"Fuel Leftover Is Little"的警告——故障诊断和排除（CID 96）

显示"Fuel Leftover Is Little"的警告的故障排除步骤见图 6-65。

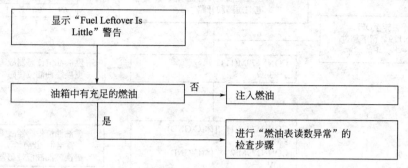

图 6-65　故障排除步骤

燃油表读数异常故障排除步骤见图 6-66。

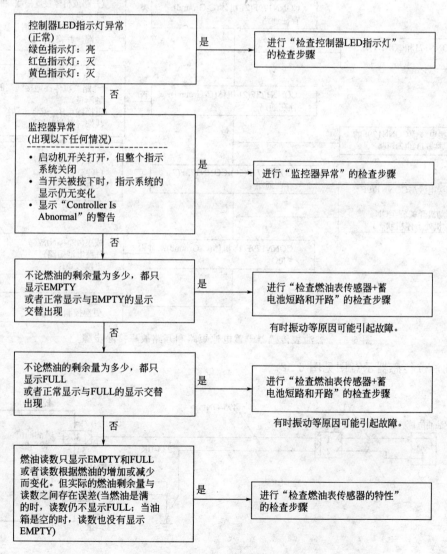

图 6-66　燃油表读数异常故障排除步骤

燃油表传感器＋蓄电池短路和开路故障排除步骤见图 6-67。

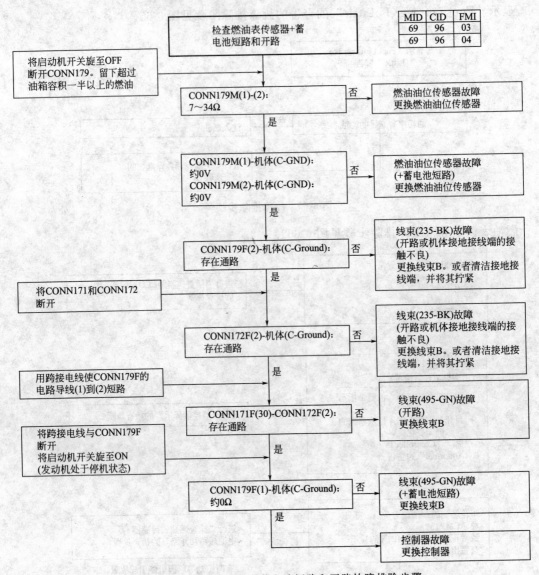

图 6-67　燃油表传感器＋蓄电池短路和开路故障排除步骤

燃油油位传感器示意图见图 6-68。

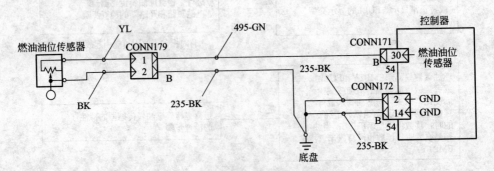

图 6-68　燃油油位传感器示意图

燃油表传感器的接地短路故障排除步骤见图 6-69。

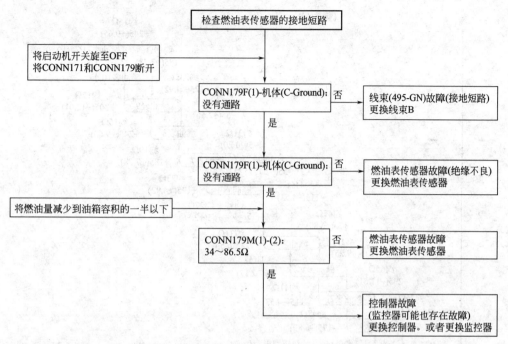

图 6-69　燃油表传感器的接地短路故障排除步骤

燃油表传感器特性的故障排除见图 6-70。

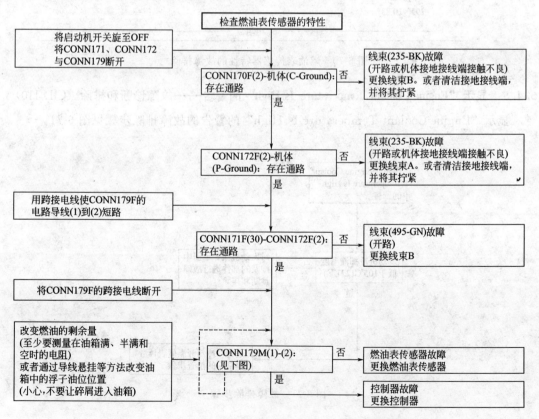

图 6-70

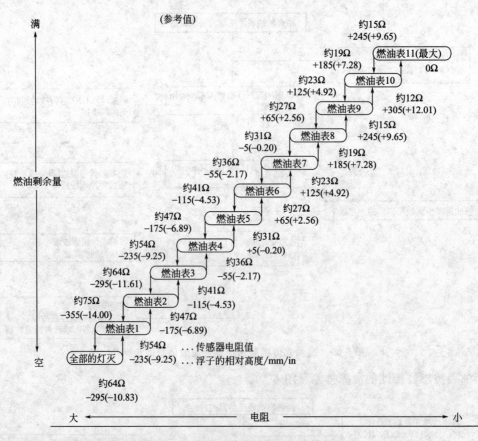

图 6-70 燃油表传感器特性的故障排除

6.4.5 显示"Engine Coolant Temperature Is High"的警告——故障诊断和排除（CID 110）

显示"Engine Coolant Temperature Is High"的警告的故障排除步骤见图 6-71。

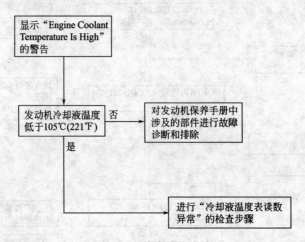

图 6-71 故障排除步骤

发动机冷却液温度表读数异常故障排除步骤见图 6-72。

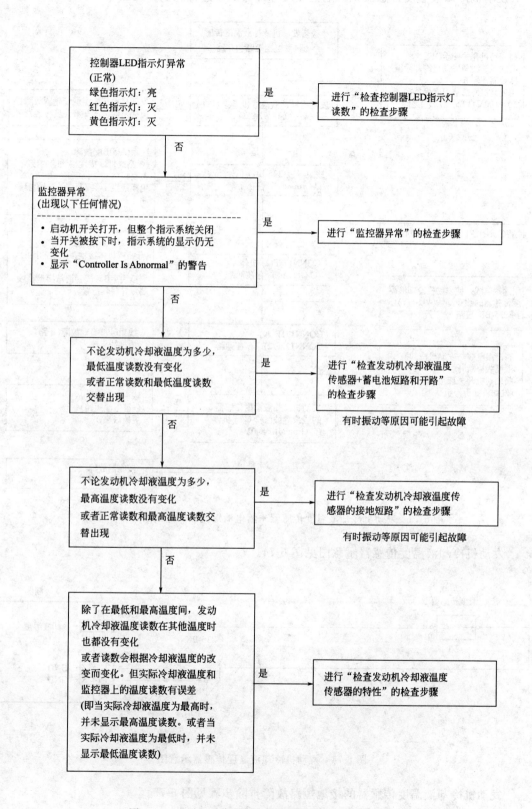

图 6-72　发动机冷却液温度表读数异常故障排除步骤

发动机冷却液温度传感器+蓄电池短路和开路的故障排除步骤见图 6-73。

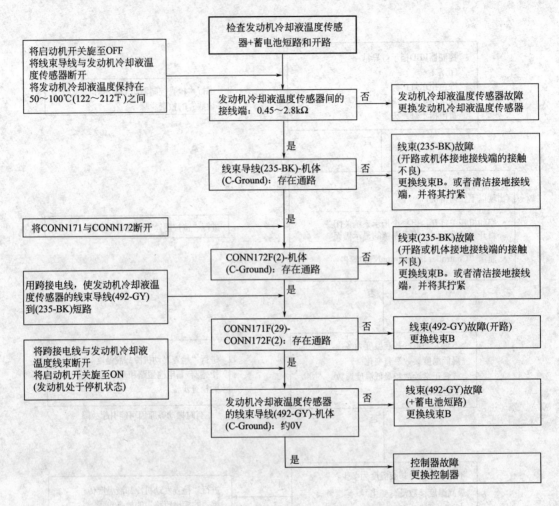

图 6-73　发动机冷却液温度传感器+蓄电池短路和开路的故障排除步骤

发动机冷却液温度传感器示意图见图 6-74。

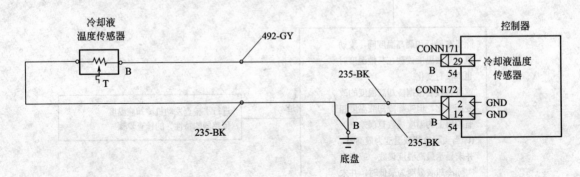

图 6-74　发动机冷却液温度传感器示意图

发动机冷却液温度传感器的接地短路故障排除步骤见图 6-75。

发动机冷却液温度传感器特性的故障排除见图 6-76。

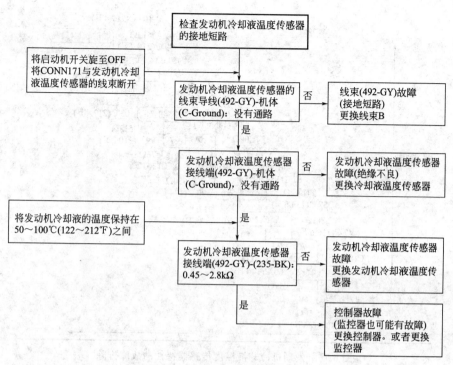

图 6-75　发动机冷却液温度传感器的接地短路故障排除步骤

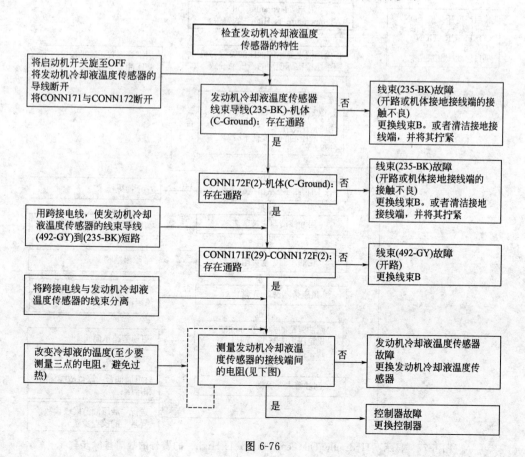

图 6-76

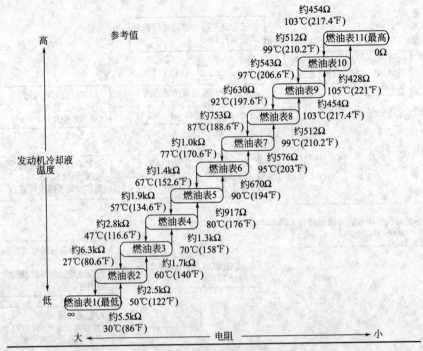

图 6-76　发动机冷却液温度传感器特性的故障排除

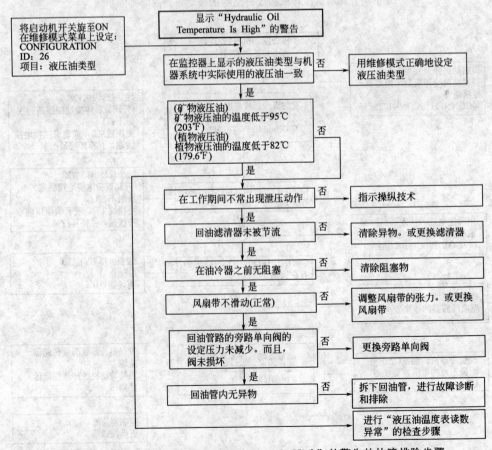

图 6-77　显示 "Hydraulic Oil Temperature Is High" 的警告的故障排除步骤

6.4.6　显示 "Hydraulic Oil Temperature Is High" 的警告——故障诊断和排除（CID 600）

显示 "Hydraulic Oil Temperature Is High" 的警告的故障排除步骤见图 6-77。

液压油温度表读数异常故障排除步骤见图 6-78。

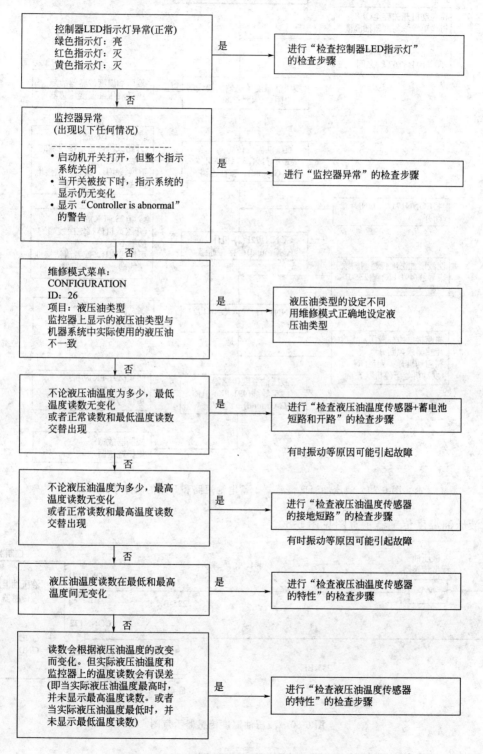

图 6-78　液压油温度表读数异常故障排除步骤

液压油温度传感器＋蓄电池短路和开路的故障排除步骤见图 6-79。

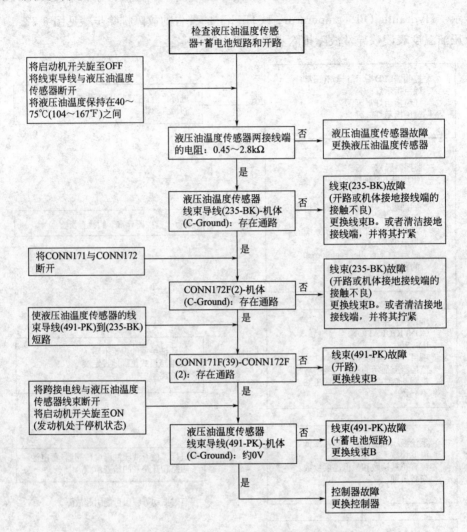

图 6-79　液压油温度传感器＋蓄电池短路和开路的故障排除步骤

液压油温度传感器示意图见图 6-80。

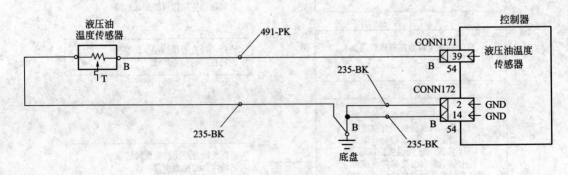

图 6-80　液压油温度传感器示意图

液压油温度传感器的接地短路故障排除步骤见图 6-81。

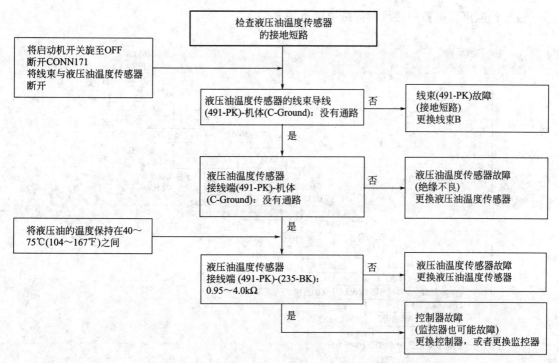

图 6-81　液压油温度传感器的接地短路故障排除步骤

液压油温度传感器特性的故障排除步骤见图 6-82。

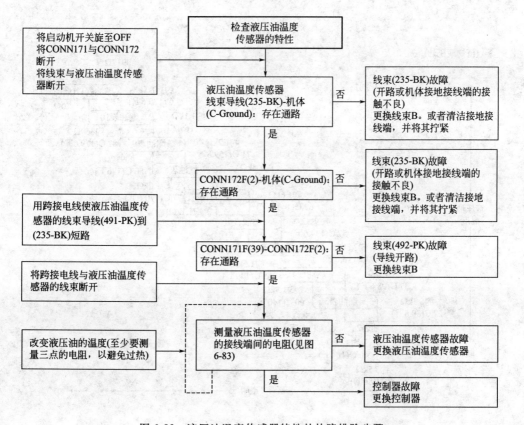

图 6-82　液压油温度传感器特性的故障排除步骤

液压油温度传感器的接线端间的电阻见图 6-83。

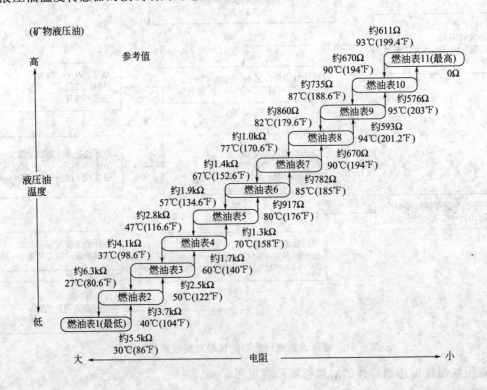

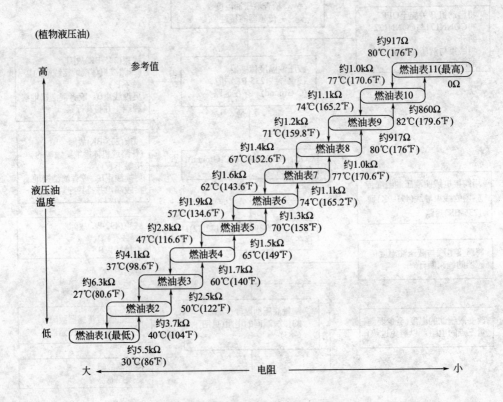

图 6-83　液压油温度传感器的接线端间的电阻

6.4.7　显示"Engine Oil Pressure Is Low"的警告——故障诊断和排除

其故障排除步骤见图 6-84。

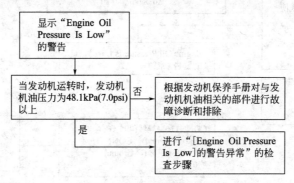

图 6-84　故障排除步骤

"Engine Oil Pressure Is Low"的警告异常的故障排除步骤见图 6-85。

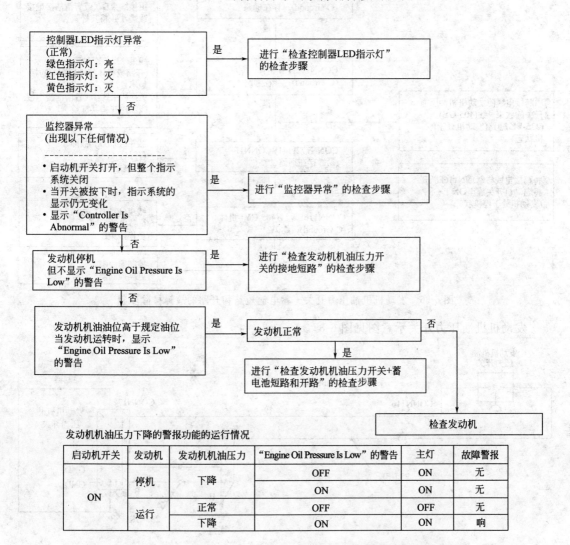

发动机机油压力下降的警报功能的运行情况

启动机开关	发动机	发动机机油压力	"Engine Oil Pressure Is Low"的警告	主灯	故障警报
ON	停机	下降	OFF	ON	无
			ON	ON	无
	运行	正常	OFF	OFF	无
		下降	ON	ON	响

图 6-85　"Engine Oil Pressure Is Low"的警告异常的故障排除步骤

发动机机油压力开关＋蓄电池短路和开路的故障排除步骤见图 6-86。

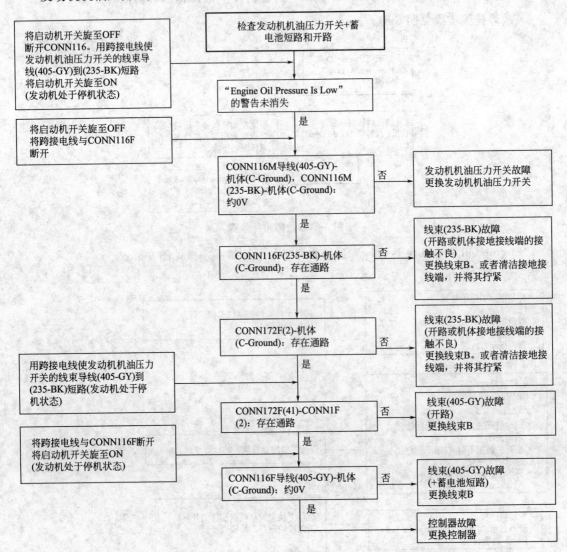

图 6-86 发动机机油压力开关＋蓄电池短路和开路的故障排除步骤

发动机机油压力开关示意图见图 6-87。

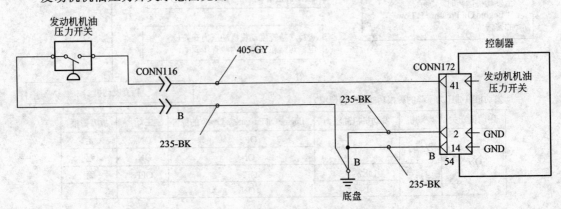

图 6-87 发动机机油压力开关示意图

发动机机油压力开关的接地短路故障排除步骤见图 6-88。

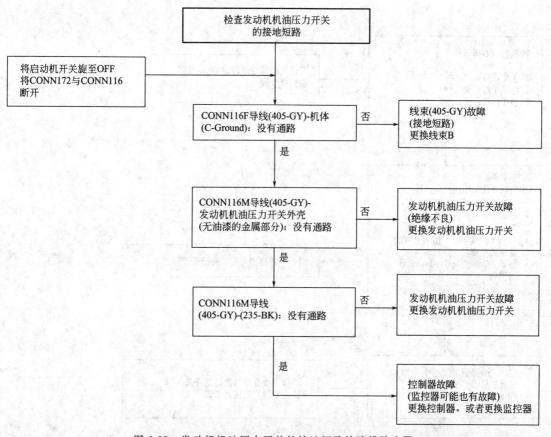

图 6-88　发动机机油压力开关的接地短路故障排除步骤

6.4.8　显示"Air Cleaner Filter Is Clogged"的警告——故障诊断和排除

"Air Cleaner Filter Is Clogged"的警告的故障排除步骤见图 6-89。

"Air Cleaner Filter Is Clogged"的警告异常的故障排除步骤见图 6-90。

堵塞的空气滤清器开关＋蓄电池短路和开路的故障排除步骤见图 6-91。

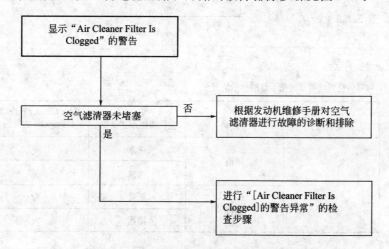

图 6-89　"Air Cleaner Filter Is Clogged"的警告的故障排除步骤

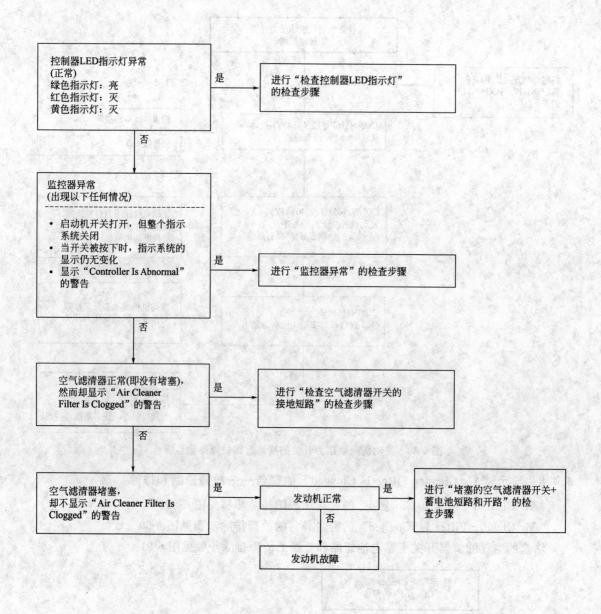

堵塞的空气滤清器的指示灯的显示情况

启动机开关	发动机	空气清洁剂滤清器	"Air Cleaner Filter Is Clogged" 的警告
ON	停机	正常	灭
		堵塞	灭
	运行	正常	灭
		堵塞	亮

图 6-90 "Air Cleaner Filter Is Clogged" 的警告异常的故障排除步骤

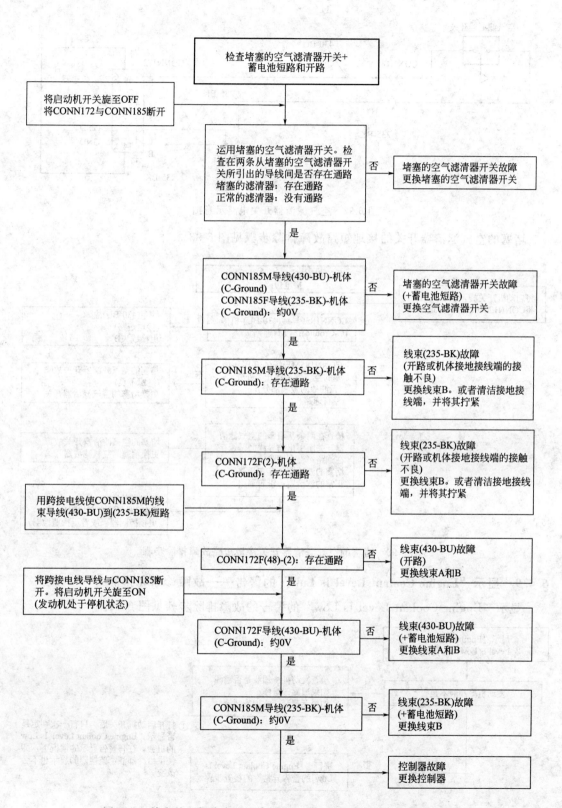

图 6-91　堵塞的空气滤清器开关＋蓄电池短路和开路的故障排除步骤

空气滤清器开关电路示意图见图 6-92。

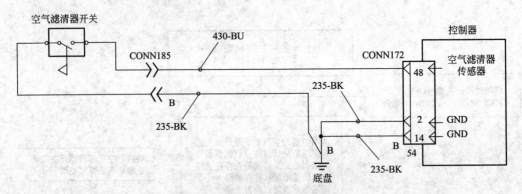

图 6-92 空气滤清器开关电路示意图

堵塞的空气滤清器开关的接地短路故障排除步骤见图 6-93。

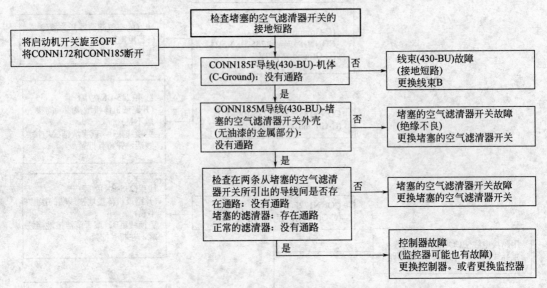

图 6-93 堵塞的空气滤清器开关接地短路故障排除步骤

6.4.9 显示 "Engine Coolant Level Is Low" 的警告——故障诊断和排除

显示 "Engine Coolant Level Is Low" 的警告的故障排除步骤见图 6-94。

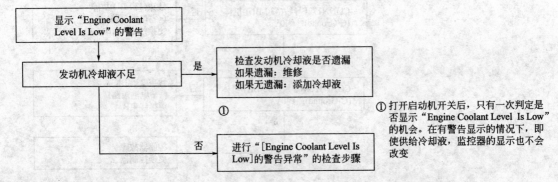

图 6-94 显示 "Engine Coolant Level Is Low" 的警告的故障排除步骤

"Engine Coolant Level Is Low"警告异常的故障排除步骤见图 6-95。

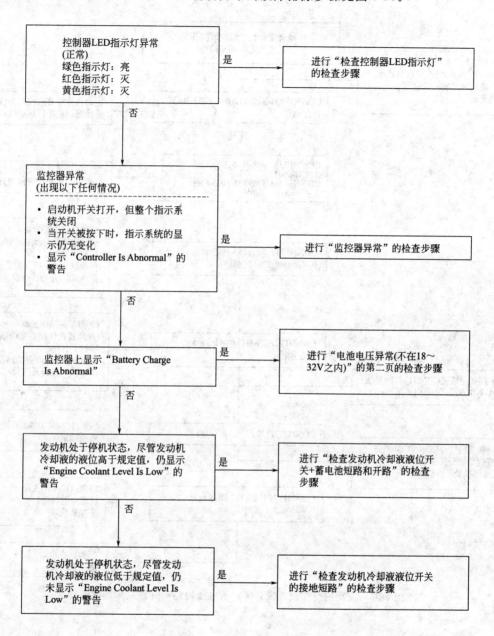

"Engine Coolant Level Is Low"警告的运行状况

启动机开关	发动机	冷却液液位	"Engine Coolant Level Is Low"的警告
ON	停机	高于规定的液位	OFF
		短路	ON
	运行	高于规定的液位	OFF
		短路	ON

图 6-95　"Engine Coolant Level Is Low"警告异常的故障排除步骤

发动机冷却液液位开关、蓄电池短路和开路故障排除步骤见图 6-96。

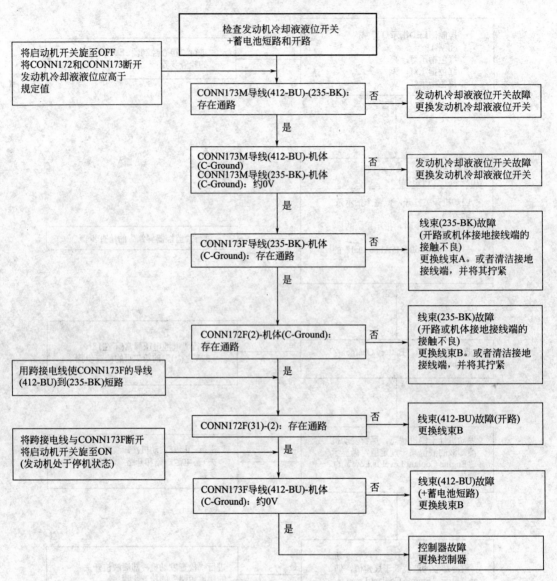

图 6-96　发动机冷却液液位开关、蓄电池短路和开路故障排除步骤

参 考 文 献

[1]　王国荣，宋正臣，黄福献．新型柴油车结构与维修．广州：广东科技出版社，2009．
[2]　邓东密，邓萍．柴油机喷油系统．北京：机械工业出版社，2009．
[3]　李鲲．电控发动机原理与维修．济南：山东科学技术出版社，2010．
[4]　J. F. Dagel，R. N. Brady 著．柴油机燃油系统结构及维修．司利曾译．北京：电子工业出版社，2004．

欢迎订阅工程机械类图书

书　号	书　名	定价/元
	挖掘机日野电喷柴油机构造与拆装维修	79.00
	挖掘机卡特电喷柴油机构造与拆装维修	79.00
12992	挖掘机康明斯电喷柴油机构造与拆装维修	79.00
11970	挖掘机五十铃电喷柴油机构造与拆装维修	79.00
12145	工程机械液压系统及故障维修(第二版)	58.00
12707	混凝土机械构造与维修手册	58.00
11726	小型液压挖掘机维修手册	78.00
11157	起重机械钢结构设计	49.00
11237	图解叉车构造与拆装维修	98.00
10700	起重机构造与使用维修手册	98.00
10757	装载机构造与维修手册	58.00
09049	液压挖掘机构造与维修手册	68.00
10583	卡特挖掘机构造原理及拆装维修	58.00
07673	神钢挖掘机构造原理及拆装维修	68.00
06929	沃尔沃挖掘机构造原理及拆装维修	68.00
06163	小松挖掘机构造原理及拆装维修	68.00
04947	现代挖掘机构造原理及拆装维修	56.00
07985	零起点就业直通车-叉车驾驶作业	16.00
07503	零起点就业直通车-装载机驾驶作业	16.00
07504	零起点就业直通车-挖掘机驾驶作业	16.00
04404	工程机械液压、液力系统故障诊断与维修	58.00
03888	最新挖掘机液压和电路图册	68.00
06336	工程机械概论	39.00
05093	工程机械结构与设计	48.00
03214	工程起重机结构与设计	49.00
03465	起重机操作工培训教程	29.00
03215	叉车操作工培训教程	26.00
02683	挖掘机操作工培训教程	26.00
03216	装载机操作工培训教程	24.00
02234	液压挖掘机维修速查手册	68.00
06141	工程机械驾驶室设计与安全技术	58.00
03011	桥式起重机构造与检修	20.00
06599	图解工程机械英汉词汇	49.00
03001	移动式工程起重机操作与维修	28.00

如需以上图书的内容简介、详细目录以及更多的科技图书信息，请登录www.cip.com.cn。

邮购地址：(100011) 北京市东城区青年湖南街 13 号　化学工业出版社

服务电话：010-64518888，64518800（销售中心）

如要出版新著，请与编辑联系。联系方法：010-64519270，zxh@cip.com.cn